攀西优质特色烟叶生产理论与实践

张文友　尹福强　谢华英◎编著

西北农林科技大学出版社
Northwest A&F University Press

图书在版编目（CIP）数据

攀西优质特色烟叶生产理论与实践 / 张文友，尹福强，谢华英编著 . —杨凌：西北农林科技大学出版社，2023.3

ISBN 978-7-5683-1158-8

Ⅰ. ①攀… Ⅱ. ①张… ②尹… ③谢… Ⅲ. ①烟叶—栽培技术—研究—四川 Ⅳ. ① S572

中国版本图书馆 CIP 数据核字 (2022) 第 187327 号

攀西优质特色烟叶生产理论与实践

张文友　尹福强　谢华英　编著

出版发行　西北农林科技大学出版社
地　　址　陕西杨凌杨武路 3 号　　**邮　编**　712100
电　　话　总编室：029-87093195　　发行部：029-87093302
电子邮箱　press0809@163.com
印　　刷　陕西金德佳印务有限公司
版　　次　2023 年 3 月第 1 版
印　　次　2023 年 3 月第 1 次印刷
开　　本　710 × 1000　1/16
印　　张　20
字　　数　334 千字

ISBN 978-7-5683-1158-8

定价：98.00 元

前　言 PREFACE

烟草是重要经济作物，烟叶生产是卷烟生产的第一车间，是烟草行业生存和发展的基础。随着烟叶和卷烟市场竞争的加剧，中式卷烟的发展对烟叶原料质量的要求不断提高。随着烟草行业改革发展的持续推进，重点骨干品牌加快发展，对优质烟叶原料的需求急剧增加，原料的保障已成为关系行业发展的全局性、战略性课题。提高烟叶的工业可用性是提高烟草整体经济效益、保证烟草行业可持续发展的重要课题之一。

烟叶原料保障上水平是实现卷烟上水平的重要基础。发展特色优质烟叶是原料保障上水平的关键。特色烟叶是指具有鲜明的地域特点和质量风格，能够在卷烟配方中发挥独特作用的烟叶，是构建中式卷烟原料体系的重要组成部分。攀西山地烟区是四川省第一大烟区，产量占四川省烟叶产量的80%以上。因其特殊的地理气候条件，其产出的烟叶外观质量好、化学成分协调、配伍性强，具有山地“清甜香”的风格特点，是我国重要的战略优质烟叶生产基地，烤烟产业已成为攀西烟区尤其是凉山烟区“烟农增收离不得、财政增税弱不得、卷烟工业缺不得、乡村振兴少不得”的骨干支柱产业，“清甜香”烤烟获得“国家地理保护标志”，受到全国工业企业的青睐，进入宽窄、天子、娇子等重点品牌主料配方。近年来，全国十八家中烟工业企业有十七家在凉山州和攀枝花市调拨烟叶。

为进一步发挥攀西山地烟区自然生态优势和增强攀西山地特色优质烟叶原料保障能力，自2009年起，西昌学院与凉山州烟草公司、攀枝花市烟草公司、川渝中烟工业有限责任公司、湖南中烟工业有限责任公司、四川中烟工业有限责任公司等合作，围绕提升烟区土壤的优质丰产能力，在烟田种养管理、特色品种的良法配套技术、田间群体结构优化、提高烟叶成熟度和中上部烟叶耐熟性、烟叶调制技术等方面开展研究，打造山地“清甜香”烟叶特色，构建符合工业需求的烟叶原料生产技术体系，提升攀西烟区对核心原料供应的保障能力。

本书的编写是基于攀西山地特色优质烟叶开发项目的部分成果，全书共九章，内容包括攀西烤烟生产概况（张文友、夏明忠）、植烟土壤pH及土壤养分特征（尹福强）、特色优质烟叶原料评价研究（张文友）、攀西烟叶生产技术研究（张文友）、攀西烟区种植制度与间套作研究（张文友、涂勇、谢华英）、红花大金元烘烤技术研究（尹福强）、攀西烤烟生产病虫害研究（刘铭、张文友）、攀西烤烟逆境生产研究（尹福强、赖先军）、烤烟最佳陈化时间研究（张文友、赖先军）、附录（谢华英）等，以供科研人员、管理干部、技术骨干以及烟草专业高年级学生学习参考。

本书在编写中，也参阅了大量文献资料，并引用了其中一些内容，因篇幅有限不能一一列出，恳请各位作者见谅，并在此向作者们致以崇高的敬意。尽管我们做出了很多努力，但不当之处在所难免，敬请同行专家和读者批评指正！

编著者
2022年6月于西昌

目　录 CONTENTS

目 录 CONTENTS

第一章
攀西烤烟生产概况

第一节　攀西烟区概况

一、攀西烤烟发展历史

攀西烤烟生产具有较长的历史。早在1941年，会理王守庸组建华康烤烟股份有限公司，从云南玉溪引种种植，修建烤房10座，产烟销往玉溪烟厂。1942年，西康技艺专科学校（西昌学院前身）教授詹维廉与西昌裕民公司合作引种烤烟，并创办卷烟厂，生产“泸山牌”“学府牌”香烟。1958年西昌地区农场引种烤烟，1959年会东县派人到资阳学种烤烟，1964年西昌又从云南引进烤烟品种种植，但均未形成大面积生产和产业化。直到1974年会理县引种烤烟6.1公顷，收烟叶0.8吨，次年扩大到会东县，两县总产烟草674.5吨。1978年凉山种植面积扩大到1 480公顷，总产烟叶2 555吨。1983年，四川省烟草公司凉山分公司和凉山烟草专卖局成立；1985年凉山种植面积达到7 320公顷，总产烟草1.2万吨。同年，西昌卷烟厂建成投产，年产卷烟5万箱。从此以后，种植面积逐渐扩大，卷烟产量逐渐增加。

2010年10月，中国凉山彝族自治州（以下简称“凉山州”）与津巴布韦签订了烟叶生产技术合同协议，津巴布韦“世界金叶”烟草引入凉山。2011年11月，凉山烤烟种植搭乘“神舟8号”飞船遨游太空，选出优质烤烟品种“太空号”。2012年，攀西地区仅凉山州就收购35个等级烟叶281.81万担，烟农现金收入30.09亿元；烟叶税收6.62亿元；西昌卷烟厂生产卷烟30万箱，产值20.4亿元，实现划拨税费15亿元。全年凉山“两烟”销售收入82亿元，实现税利28亿元。凉山州会东县2012年实现种烟1.4万公顷，生产烟叶70.44万担，烟农收入7.8亿元，会东县也因此成为“四川第一烤烟大县”。

攀枝花地区也为优质烤烟产区，所产烟叶与凉山州烟叶质量风格相同。1946年，会理、米易叶汝和周露九等合股在米易组织华康烤烟公司，从河南聘请技术人员指导烤烟种植和加工，同时从云南引入品种和技术。

1948年收购烟叶3.5万千克，加工后销往昆明卷烟厂。1949—1987年，攀枝花市并未形成烤烟规模种植；1988—1992年，派出人员外出考察学习，并制定鼓励政策，年均种植烤烟67公顷，单产不足80千克。1997年后烤烟生产稳步发展，当年种植烤烟179.13公顷，产烟711.23吨。到2000年，种植面积390.87公顷，总产达627.9吨。

2012年根据现代烟草产业规划，攀西开始加快建设全国重要的战略性优质烟叶基地，攀西“清甜香”烟叶逐渐进入全国主流市场。到2013年年底，仅凉山计划种植烟叶7.33万公顷，生产烟叶330万担，收购35个等级烟草280万担，烟农销售收入33亿元以上，实现“两烟”销售收入84.63亿元，税利30亿元。

攀西地区是四川烤烟的最大产区，攀西地区烤烟生产在全省占举足轻重地位。2007年全省启动“现代烟草农业试点建设”，全省共安排11个村进行试点，其中凉山6个，攀枝花1个。攀西地区烤烟面积和烤烟产量占四川省的70%左右。

二、攀西烤烟生产探索与创新

（一）攀西烤烟生产存在的主要问题：

攀西烤烟在长期的探索发展过程中存在和经历很多过阶段，各个阶段都会遇到各种各样的问题，但主要的问题有以下这些：

（1）技术措施不到位。种植技术基础较差，粗放耕种，随意种植，尤其一些新烟区存在乱施肥等问题，使烟叶原始品质较差。

（2）用地与养地难以兼顾。掠夺式种植和不合理连作、轮作、间套作破坏土壤地力与结构，导致病虫害滋生。

（3）从业人员素质偏低。现代烟草农业科技推广体系不健全，烟农文化素质不高，规范化种植技术难以落实。

（4）新型烘烤技术不普及。受传统烘烤技术的影响，科学的烘烤、复烤技术难以接受，导致烟叶质量不高，等级较低。

（5）农业设施投入不够。基础设施配套较差，干旱涝灾严重，春旱导致前期不能按时育苗移栽；洪涝导致中后期烟田积水。配套设施差，抗御能力低下，导致烟叶品质及产量下降。

（6）病虫害严重。攀西自然条件优越，有益于生物良好生长的同时，病虫害的发生也严重。病毒病、黑茎病、青枯病、地老虎、烟青虫等病虫害严重。

（二）攀西烤烟发展的原则

凉山烤烟生产自1941年试种成功，1974年开始起步；后来随着烟草机构的不断努力以及烟草生产技术的进步，烤烟出产逐年上升。地方政府也更加重视烟叶生产，把它定位于农民增收，财政增收，企业增收的支柱产业，因此，凉山烟草生产只有紧紧依靠科技进步，不断强化烟叶生产水平，提高烟叶的香气质、香气量和可用性，才能保持烟叶生产的持续发展。在生产中坚持以下原则：

（1）质量优先原则。让“清香型”优质烟叶满足全国主流市场的需要，并成为名牌卷烟主料配方。

（2）市场需求原则。控制烟叶生产规模，优质适产，以销定产；拓展市场，以质优价高获得最大的比较效益。

（3）优化布局原则。将烤烟布局在生态条件最好、土壤条件最适宜、有种植技术基础的区域。

（4）科学生产原则。推进现代烟草生产技术，保护生态，可持续发展，实现“一基四化”的基本要求。

三、攀西烤烟的企划

以生态条件为基础，依照烟叶栽培区域生态因子的差异性、主要技术途径的相似性和烟叶风格多样性，以市场为导向，坚持科学规划，整合优势资源，突破行政格局，调整布局，使烟叶布局在生态条件最好、土壤条件最适宜、有种植技术基础和规模稳定并具有发展前景的区域。四川烟叶生产布局规划为四个区域：2013年度全省烤烟收购及出口备货383.05万担，“十二五”末四川烤烟收购及出口备货要达到630万担。攀西地区占比达到70%以上。

攀西地区是四川省川西南横断山山地河谷烤烟生产最适宜区（凉山、攀枝花），分布于安宁河、雅砻江和越西河流域，含凉山州会理、会东、德昌、宁南、西昌、普格、冕宁、越西和盐源9个县（市），攀枝花米易、仁和、盐边3个县（区），共12个县（市、区），277个乡（镇）、1 262个行政村。

此区域生态条件优越，是烟叶生长最适宜区，生产水平高，烟叶质量上乘，清香型风格突出，自然资源独特，是典型的资源开发区域，发展立体农业前景极其广阔，是优势的后发地区，空间广阔，发展潜力极大。到2013年，该区域共规划基本烟田10×10^4 hm^2，生产收购烤烟300万担。“十三五”末攀西烤烟收购及出口备货达到400万担，根据其区域差异性再规划为三个生产区。

（一）安宁河中下游河谷、丘陵、低中山烤烟生产区

安宁河的下游与金沙江流经四川省最南河段的河谷、丘陵、低中山，本区位于凉山州中南部，地貌类型为河谷、平坝、低中山和丘陵，海拔多为1 300～2 000m。包括凉山的西昌、德昌、会理、会东、宁南、普格等县（市），攀枝花的米易、仁和、盐边三县（区）。属农业较发达区域。

区内年太阳辐射为4 960～5 630 MJ/m^2，年日照时数达2 000～2 700 h，年均温为14.2～20.3℃，大于等于10℃活动积温4 697～6 223℃，大于等于20℃持续天数80～172 d，年降水量940～1 223.2 mm，无霜期为240～346 d，日照百分率45%～59%，光热资源丰富，作物产量高，品质好。其河谷地带属南亚热带半干旱气候类型，光热富足，气候干暖而不燥热。土壤类型为冲积土、水稻土、紫色土、红壤、红色石灰土、红黄壤。土壤碱解氮丰富，速效磷较高，速效钾中等，硼缺少，部分锌、镁量不足，pH适中。南部地区水利设施，主要以微型水利工程为主。中部安宁河流域水利设施较完备。

主要问题是低产田、河谷地区部分红壤地酸度大的改良和干旱危害，尤其是在烟叶移栽期易出现干旱少雨。区域内有农业耕地26.9×10^4 hm^2，宜烟耕地16.272×10^4 hm^2，海拔1 500～2 000 m。2013年烤烟种植面积为5.33×10^4 hm^2，占宜烟耕地的26%。

（二）安宁河上游宽谷、越西河、漫滩河流域烤烟生产区

该区位于凉山州北部，包括冕宁、越西两县。安宁河全线贯通，河谷宽敞，谷底平坦，地貌属中山宽谷，区内海拔多为1 500 ~ 1 800 m，土地资源丰富。冕宁农田集中，人口密集，地势平坦，灌溉方便，是主要的农业生产区域。

气候属于康滇季风型亚热带类型，年太阳辐射量为4 290 ~ 5 630 MJ/m^2，年日照时数为1 600 ~ 2 004h，大于等于10℃活动积温4 075.5 ~ 4 113℃，大于等于20℃持续天数58 ~ 153 d，年降水量为1 100 ~ 1 200 mm，年均温13.1 ~ 13.9℃，日照百分率40% ~ 45%，光热资源充裕，能满足大小春稻麦两熟需要。土壤类型为冲积土、水稻土、紫色土、黄红壤。土壤碱解氮中等，速效磷富裕，速效钾偏少，硼、锌、镁缺少，pH微酸。

本区冬炕田多，有干旱危害，时有冰雹灾害，土壤浸蚀较严重，烟叶苗期低温频繁。可通过加强河道整治，种植绿肥增加土壤有机质改良土壤。区内农业耕地4.76 × 10^4 hm^2，其中宜烟耕地为2.29 × 10^4 hm^2。

（三）雅砻江流域、低中山烤烟生产区

本区位于凉山州中西部，包括盐源县和西昌、德昌县市部分乡（镇）。地貌类型主要为河谷、低中山，区内海拔多为1 300 ~ 2 000m。年太阳辐射量4 960 ~ 6 300 MJ/m^2，年日照时数1 900 ~ 2 700 h，年均温12.3 ~ 18.8℃，大于等于10℃活动积温4 880 ~ 6 050℃，大于等于20℃持续天数120 ~ 160 d，年降水量为950 ~ 1 200 mm，无霜期达270 ~ 310 d，日照百分率为45% ~ 59%。土壤类型为冲积土、紫色土、红壤、黄红壤。土壤碱解氮中等，速效磷中等，速效钾中等，有机质较少，硼、锌、镁缺少，pH适中。

本区主要问题是移栽期易干旱。区内农业耕地5.38 × 10^4 hm^2，其中宜烟耕地21.89 × 10^4 hm^2。目前没有纳入规划范围的有凉山的昭觉、布拖、美姑、金阳和雅安的汉源、石棉等八个县，地理位置与攀西烟叶主产县接近，气候相似，具备良好生态条件，是可发展潜力区域。

第二节　攀西烤烟生产的自然条件

四川是中国烤烟的重要产区之一，2008年烤烟种植面积和收购烤烟数量进入全国前三位。攀西地区则是四川省烤烟的最大产区，种植面积和产量占四川省的70%左右。此区域生态条件优越，是烟叶生长最适宜区，生产水平高，烟叶质量上乘，尤其是清香型风格突出。其原因在于攀西地区具有烤烟等特色农产品生产得天独厚的自然条件。

一、攀西地区烤烟农业地理条件

（一）攀西地区地势地貌

攀西地区是个地域概念，由攀枝花市两县三区和凉山州十七个县（市）共二十个县级行政区构成。攀西地区位于四川省西南部，是云、贵、川攀西地区–六盘水“金三角”经济开发区的重要组成部分。其地处长江上游，北紧靠青藏高原，南接云贵高原，东邻四川盆地；地理位置介于东经100° 15' ~ 103° 53'，北纬26° 13' ~ 29° 27'之间，南北长370 km，东西宽360 km，面积6.75×10^4 km^2，占四川省总面积的11.90%。

攀西地区地貌以山为主，占整个幅员面积的95%以上。山脉走向以南北向为主，境内山脉纵横，金沙江、雅砻江、大渡河、安宁河及其支流分布其间。地形地貌十分复杂，地势西北高东南低。最低海拔在东部雷波县渡口乡大岩洞，仅365 m；最高海拔在西北部木里县麦日乡大雪山，达5 999 m，相对高差5 634 m。山峰兀立、山石嶙峋，构成一幅幅层峦叠嶂的壮丽画卷。

（二）攀西地区资源优势

攀西地区因特殊的地质构造和地理环境，孕育了丰富的国土资源，是我国西南部罕见的地上、地下资源富集的“聚宝盆”。一是矿产资源种类多，储量大，配套全。钒钛储量名列全国第一和世界前茅；铁矿储量102亿吨，占西南三省的71%，四川省的92%，仅次于我国东北的鞍本地区，名列全国第二；有色金属铅、锌、铜、锡等储量均分别占四川总量的70%以上，达900万吨。二是水能资源举世瞩目。总蕴藏量近4 000万千瓦，约占攀西地区–六盘水地区的40%，年发电量近2 000亿度，相当于西北五省、区的总和。三是农业资源独特。优异的气候资源、广阔的土地资源、丰富的水能资源、众多的生物资源得天独厚，农林牧三业出产丰富，粮食、豆类、甘蔗、蚕桑、烟草等独具地方特色，产量高，品质优，享誉省内外。所以，对攀西地区国土资源的综合开发，对于增强四川农业发展后劲，带动西南经济起飞，促进民族团结和国际交往，具有重要意义。

（三）攀西地区农业地理条件

图1-1 安宁河流域行政区域简图

攀西地区为四川省西部地区最重要的农业区，历史上曾被誉为“西康粮仓”。金沙江自西北绕过南缘，滚滚而去；雅砻江及其最大支流安宁河贯穿境内；其余较大的河流还有普隆河、黑水河等等。这些河流源远流长，穿越高山峻岭，夹带大量泥沙，在中下游冲积或淤积成较为空阔的谷地或盆地。著名的安宁河，全长326 km，南北展布，两侧有2～3台阶地，全流域呈串珠河谷盆地地貌。攀西地区的冕宁县、西昌市、德昌县、米易县依次自北向南嵌于河谷平原上（见图1-1）。河谷宽窄相间，支流众多，近10×10^4 hm^2作物成片分布。其为横断山区温光资源最好、面积最大的农业区。加之土肥地平，人口稠密，并有成昆铁路和川滇公路纵贯全境，故安宁河流域农业的发达程度为川西南之最，是攀西地区农业的精华所系，也是四川省仅次于成都平原的第二大平原。其他较大的河谷区还有会理、盐源、会东、宁南等盆地，这些盆地极适宜于如烤烟等经济作物的种植，如会理、会东、德昌、宁南、西昌、普格、冕宁、越西、盐源、米易、仁和、盐边等12个县（市、区）辖277个乡（镇）、1 260余个行政村。这些区域是四川烤烟生长最适宜区，生产水平高，烟叶质量上乘，清香型风格突出（见图1-2）。

图1-2　攀西地区烤烟

这些宽谷和盆地，水热条件较好。其基本气候特点是：热量丰富，冬暖夏凉，气温年变化小、日变化大，干湿季节分明，干季多大风，蒸发量大。

二、攀西地区烤烟农业资源特征

（一）光照资源

攀西地区因海拔较高，纬度较低，大气尘埃少，空气稀薄而干洁，透明度大。光照资源非常丰富，为作物高产提供了极为有利的条件。年日照时数1 600 ~ 2 700 h，多数地方日照百分率达45% ~ 60%，攀枝花市高达63%，远高于成都（28%）、内江（29%）等地。除雷波县西宁全年日照时数只有920 h外，大部分县（市）均高达2 000 h以上（见表1-1），南部地区最高。太阳总辐射量441 ~ 630 kJ/cm^2，攀枝花市仁和区可高达649 kJ/cm^2。

充足的太阳辐射能量是攀西地区自然资源优势。西南部光照时间是四川盆地的1.6 ~ 2.8倍，是同纬度湘、赣地区的1.2 ~ 1.5倍。优越的光照资源为本区提高粮食、蔬菜、水果、经济作物的产量、产品质量创造了良好的条件。加之昼夜温差大，更有利于干物质的积累。故作物的千粒重比川西平原高40%左右，安宁河流域的单产比全省平均高30%以上。这也在一定程度上弥补了本区热量不足的缺陷。

攀西地区光照资源的另一个特征是日照时数的季节分布与川西平原极不相同。以3～4月份最多，6月最少。10月至次年3月的日照时数一般超过全年的50%，而同期川西平原的日照时数只占全年的34.4%。因此，充分利用冬季有利光照条件发展作物生产，是提高复种指数、增加全年作物生产力的重要途径。

表1-1 攀西地区部分县（市）光照时数和辐射量

县（市、区）		月份				
		1～3	4～6	7～9	10～12	全年
米易	日照（h）	719	652	492	559	
	辐射（kJ/cm^2）	149	177	147	117	
仁和	日照（h）	812	740	622	615	
	辐射（kJ/cm^2）	165	191	171	122	
冕宁	日照（h）	639	522	436	449	
	辐射（kJ/cm^2）	132	149	131	95	
西昌	日照（h）	717	611	526	572	
	辐射（kJ/cm^2）	142	164	146	108	
盐源	日照（h）	770	656	494	686	
	辐射（kJ/cm^2）	158	178	142	132	
宁南	日照（h）	661	579	502	526	
	辐射（kJ/cm^2）	133	156	140	105	
会理	日照（h）	721	634	469	561	
	辐射（kJ/cm^2）	147	172	137	113	

攀西光照资源特点有利于烟草生长发育和提升品质。育苗和团棵期短光波较强，能抑制烟株徒长，有利于蹲苗，防治病虫害。大田生长期，晴间多云，干物质

积累多，叶片厚薄适中，栅栏组织细胞增大，调制后，光泽好、弹性强。但在成熟期阴雨增多，不利于品质提升。

（二）热量资源

气温往往决定着农业的发展方向，攀西地区气温变化存在着十分明显的垂直变化和非地带性变化特征。由于海拔高差很大，达到5 634 m，气温最高的金沙江河谷，年平均气温可达22℃，大于等于10℃积温可达8 000℃，最冷月平均气温可达16℃，可以种植芒果、香蕉、番木瓜等热带作物。但木里县西部的夏俄多季峰却终年皑皑白雪。显然各地气温差异很大（见表1-2）。尽管如此，攀西地区大多数地方年平均气温14～20℃，大于等于10℃积温4 000～7 400℃，冬季偏暖，最冷月平均气温6～12℃，早春气温回升快。南部河谷地带平均气温和积温明显高于四川盆地和同纬度地区，相当于我国华南地区北部水平。由于冬季暖和，不仅全年日温≥10℃时间长，为300～360 d，而且气温年较差小。以攀枝花市为代表的南部河谷地带，日温≥10℃的时间可达340 d以上，最冷月与最热月气温差仅12～14℃左右。同时，本区还具有山地气候特征，即气温日较差大，逆温现象显著，年平均日较差8～14℃，其中河谷区达10～14℃，攀枝花市可达18.7℃，远高于东部同纬度地区。

表1-2　攀西地区部分县（市、区）平均气温　℃

县（市、区）	月份												
	1	2	3	4	5	6	7	8	9	10	11	12	全年
甘洛	6.5	8.4	13.8	17.6	20.1	21.8	24.5	24.8	20.7	16.8	12.1	8.3	16.2
越西	3.9	5.9	10.8	14.7	17.1	19.0	21.6	20.9	17.7	13.5	9.3	5.5	13.3
冕宁	5.6	7.4	11.8	15.4	18.0	19.1	21.1	20.5	17.8	14.6	10.3	6.9	14.1
喜德	5.5	7.6	12.4	15.7	18.0	19.0	21.0	20.4	17.8	14.4	9.9	6.6	14.0
西昌	9.5	11.8	16.4	19.5	21.2	21.1	22.6	22.2	19.9	16.6	12.9	10.0	17.0
金阳	5.9	8.1	13.4	17.9	20.4	21.2	23.9	23.1	19.8	15.9	11.5	7.6	15.7
盐源	5.2	7.1	10.9	14.3	17.1	17.7	18.2	17.5	16.0	12.9	8.3	5.3	12.6
德昌	10.2	12.6	17.1	20.3	22.2	22.0	23.1	22.6	20.2	17.4	13.5	10.7	17.6

续表

县（市、区）	月份												
	1	2	3	4	5	6	7	8	9	10	11	12	全年
普格	8.8	11.7	16.6	19.9	21.5	21.5	22.4	21.6	19.5	16.4	12.0	9.2	16.8
宁南	10.8	13.5	19.4	22.7	24.4	23.6	25.2	24.7	22.3	18.8	14.7	11.6	19.3
会理	7.0	9.4	13.3	17.1	20.3	20.7	21.0	20.3	18.6	15.5	10.9	7.5	15.1
会东	8.1	11.0	15.2	18.7	21.3	21.4	21.8	21.2	19.1	16.0	11.4	8.1	16.1
米易	11.4	14.8	19.8	23.2	25.5	24.7	25.0	24.3	22.2	19.3	15.0	11.5	19.7
仁和	12.5	15.7	20.6	23.5	26.9	25.7	25.7	24.9	23.1	19.6	15.4	12.0	20.5

攀西地区最热月一般为7月，金沙江干热河谷雨季开始之前的5月为最热月（见表1-2），平均气温最高。但攀西地区大部分幅员区域夏季气温不高，平均气温低于20℃，加之昼夜温差大，大春作物夜间生长近乎停滞，使作物生长发育缓慢，生长期普遍较长，故大春作物一般比内地多1～3个节令，但也有利于植株营养生长的完善，因而产量较高，品质较优。但因8月下旬平均气温低于20℃，水稻、玉米灌浆成熟期会遭到相对低温危害，故尽管该区热量指标看来很高，但因上述原因，多数地方积温强度不足。

攀西地区最冷月一般为1月，金沙江干热河谷有的地方最冷月也出现在12月。除高山地区外，大部分地方并非十分寒冷，1月平均气温多数在0℃以上。

金沙江干热河谷1月平均气温可达12～16℃，接近海南岛1月平均气温水平，比同纬度的湘、赣地区高4～9℃。

南部地区春温回升快，稳定通过10℃的初日多在1月中旬至2月上旬，这种热量特有利于南部地区早市蔬菜，包括豆类的生产和多熟间套种植，更有利于春耕早播，大春生产比内地早1～2个节令（见表1-3）。

另外，大于等于10℃积温是衡量一个地方热量条件优劣的重要指标，许多喜温作物能否栽培，需要根据该数据及其强度来判别，对农业结构、布局有重要意义。攀西地区≥10℃积温大于4 000℃的区域主要限制在河谷地区。从总体上讲，大多数地方≥10℃积温大于4 000℃·d，只能满足一年一熟的热量条件。加之夏温不高，下半年雨水集中，阴雨低温灾害出现频率较高，加上其他自然灾害，成为限制攀西地区大部分地方生产水平提高的主要因素。但是，攀西地区适烟生产区烟草生长成熟期间大于10℃的有效积温多为1 200～1 600℃以上，能满足生产优质烟叶的需求。加之，攀西地区烟区昼夜温差大，多在10～14℃，有利于同化物向根、茎、叶转移和贮藏，对生长发育和提升品质有利。

表1-3　攀西地区部分县（市）最冷月气温、日均温≥10℃的积温

县（市）	最冷月气温（℃）	日均温≥10℃		稳定通过10℃的初日（月/日）
		日数	积温（℃）	
越西	3.9	220.0	3 894.4	3/29
冕宁	5.6	239.7	4 186.1	3/23
西昌	9.5	277.7	5 329.9	2/25
米易	11.4	335.3	6 933.0	1/16
会理	7.0	265.6	4 746.2	2/28
会东	8.1	274.1	5 100.6	2/21
盐源	5.2	197.0	3 111.1	4/4

（三）水分资源

作物生长要从土壤中吸收大量的水分，而土壤水分主要来自大气降水。攀西地区的大气年降水量一般都在1 000 mm左右。由于受典型的东亚季风环流影响，冬季风和夏季风分别源自不同特征下垫面地区，各自携带的水汽含量差异很大，所以冬半年的降水量不到全年的10%，夏半年集中全年降水90%以上，形成了本区干雨季节气候十分明显的特征。同时，由于季风本身的形成、消长受其他种种复杂因素的影响，因此它具有波动性较大的气候特点，气候上反映出各季节之间、各季节的年际之间降水量差异都比较大，冬半年的某些月份降水变异指数甚至接近2.0。另外，由于南北向的山脉、河流走向，地形降水的特征也十分明显。例如冕宁北部，普格县养窝、拖木沟地区，雷波县西宁地区，会理、会东的北部山地都是凉山州内几个地形降水明显的区域，其量可多达1 400～2 000 mm。与此相反，在气流越山下沉的河

谷地区，年降水量多在1 000 mm以下，形成相对应的少雨区，金沙江河谷年降水量甚至只有600 mm左右，形成本区特殊的干热河谷气候。攀西地区的降水量分布情况见表1-4。

表1-4 攀西地区部分县（市）平均降水量 mm

县（市）	月份												全年
	1	2	3	4	5	6	7	8	9	10	11	12	
甘洛	2	6	18	66	118	141	168	127	130	69	23	4	873
越西	5	10	19	53	119	202	203	194	176	94	27	8	1 113
冕宁	3	6	11	41	91	213	226	208	188	90	17	4	1 096
喜德	2	5	12	41	99	207	199	173	171	88	15	4	1 006
昭觉	7	14	18	54	117	196	197	149	152	88	21	9	1 022
布拖	10	12	22	50	132	230	178	164	170	99	33	10	1 113
盐源	3	3	5	20	58	140	208	166	117	45	10	3	776
德昌	5	4	6	20	89	212	219	165	197	104	20	6	1 048
宁南	10	11	9	24	89	221	169	137	170	93	25	9	961
会理	7	6	9	16	66	232	266	220	185	97	22	8	1 131
会东	7	6	11	19	80	226	227	182	168	107	23	7	1 056
米易	4	4	5	16	71	228	235	180	213	81	30	9	1 076
盐边	3	2	5	8	42	169	240	261	219	109	16	9	1 083
西昌	5	6	9	26	89	203	216	178	170	85	20	6	1 013

1. 干季降水情况

在攀西地区，从天气特征上将11月至翌年4月划分为干季。干季这半年时间，本区上空受西风环流及其引导气流的控制，气流成云致雨的物理因素很小，因此，冬半年的雨雪量很少，而且变异指数很大，保证率很小。冬半年多数地区的总降水量小于100 mm；雅砻江西部、会理会东南部、金沙江河谷地区总降水量甚至小于50 mm，即使在“华西雨屏”的东北部，降水总量也只有100 ~ 150 mm。冬半年的干旱少雨气候，给季节性很强的种植业带来极为不利的影响。

2. 雨季降水情况

攀西地区的雨季一般情况于5月最末一个星期至6月第一个星期间开始，10月中旬结束。东北部雨季开始期略早于西南部，结束期略晚于西南部；南部金沙江河谷地区雨季开始期较大多数地区晚，结束早。

由于受南亚大陆热低压引导的孟加拉湾西南暖湿气流和西太平洋副热带暖高压引导的东南季风气流影响，攀西地区夏半年集中了全年90%以上的降水量，大多数地区降水量都在800～1 100 mm左右，雅砻江西部、金沙江河谷700～800 mm。

3. 降水变异指数

由于攀西地区受季风的影响，降水具有季节分配不均，年际之间差异甚大的特点。从总体上讲，攀西地区东北部地区降水变异指数（RV）比西南部小，即东北部的降水比西南部相对要调匀一些，降水的利用价值要大一些。西南部的降水季节分配不均，常导致出现旱涝相间的情况，对于这种不稳定的降水，合理利用的效益要低一些。因此，对西南部的农业影响比较大。

从时间上看，冬半年各月的RV都要比夏半年各月的大，冬半年各月的降水变异指数除大凉山及北部、东北部各县以外，西南部地区各月变异指数多数都大于1。这一降水变异大的气候特点，对于山区以“雨养农业”的自然经济，是极为不利的自然条件。在某些无水利可兴的地方，大气干旱，土壤干燥，甚至连人畜用水都无法保证，丰富的光、热资源也只有白白浪费掉。

雨季降水不少，但阴雨低温、洪涝、夏旱、伏旱、风、雹自然灾害仍较频繁。海拔较高的地区常常云雾缭绕，“日出暖烘烘，下雨变成冬”，天气转晴，强烈的太阳辐射可以杀死幼弱的嫩苗，只适合高山栎、暗针叶林、杜鹃一类植物生存。

以位于安宁河谷的西昌为例，据凉山州气象局黄建清等人（1985）计算，西昌的干旱指数（见表1-5），大致情况是：正常月份（1≤I≥–1）占统计年代的46%，偏旱（2 < I > 1）的月份占统计年代的19%，旱（I≥2）的月份占统计年代的10%；偏涝（–1 < I > –2）的月份占统计年代的11%，涝（I≤–2）占统计年代的14%。由此看来，西昌这个攀西地区的中部地区，虽然旱、涝的频率只占24%，但正常情况只有46%，时间序列的54%处于非旱即涝的不正常状态。可见兴修水利是攀西地区农业发展重要的措施之一。

从表1-5的数据可见，干季各月出现偏旱的频率大于干旱的频率。因此，攀西地区干季主要的自然灾害是干旱，雨季主要自然灾害是涝、阴雨低温。气温不高是农业发展中尤其突出的障碍因素。单一从气象条件考虑，大多数地区农业发展的气候生态条件并不很理想，必须改变农业结构来适应这种条件。

表1-5 西昌市干旱指数各级频数

干旱指数等级	1	2	3	4	5	6	7	8	9	10	11	12	%
正常（1≤I≥−1）	13	10	18	12	14	12	13	11	16	15	11	21	46
偏旱（2 < I > 1）	9	11	4	7	5	6	6	6	2	2	7	4	19
旱（I≥2）	1	1	3	2	3	3	4	3	4	6	3	2	10
偏涝（−1 < I > −2）	3	2	1	3	3	4	3	5	7	3	6	1	11
涝（I≤−2）	4	6	4	6	5	5	4	5	1	4	3	2	14

4. 气候干燥度指数

干燥度指数，即最大可能蒸散量与降水量减去通流量的比值：

$$K=ET/R-D$$

*ET*是依据联合国粮农组织计划最大可能蒸散量的彭曼修正公式，根据本区各地的平均气温、日照百分率、平均水气压、平均风速四个气象要素计算出来的湿润农田的最大蒸发量。在计算干燥度指数（*K*）的时候，考虑到攀西地区雨季降水集中，地表径流量较大的特点，降水量（*R*）应减去径流量（*D*）。根据上式计算攀西地区凉山州干燥度指数如表1-6所示。参照中国气候区划干燥度分级指标，雅砻江东部、金沙江北部属湿润气候，小相岭、乌科梁子一线以西，全年农田蒸发量在700 mm以上；安宁河下游、宁南金沙江河谷、会理会东以南蒸发量在900 mm以上，盐源在1 000 mm以上。又据郑宇亨等（1984）计算米易县干燥度（*K*）、水分盈亏（*D*）情况，河谷区旱地*D*值为−175 mm，即年亏缺量为1 755m^3/hm^2，而半山区旱地*D*值为223.6 mm，即年盈余量为2 233 m^3/hm^2。一年各时期水分供应不平衡，故*D*值不等。其中3月中旬至5月上旬水分亏缺最严重，河谷区亏缺量为455 ~ 528 m^3/hm^2，半山区亏缺量345 ~ 458 m^3/hm^2。而6月中旬至7月下旬以及9月中下旬，水分盈余较多，河谷

区盈余305～563 m^3/hm^2，半山区达450～1 075 m^3/hm^2。

表1-6　凉山州全年最大可能蒸散量与干燥度指数

地　名	最大可能蒸散量/mm	径流量/mm	干燥度指（K）数
甘　洛	764.3	450	1.80
越　西	647.2	450	0.97
冕　宁	843.2	400	1.21
美　姑	685.7	400	1.64
喜　德	840.3	400	1.39
雷　波	515.2	450	1.28
木　里	834.2	350	1.76
昭　觉	664.1	350	0.99
西　昌	916.6	350	1.38
布　拖	698.6	350	0.92
金　阳	717.6	450	2.10
盐　源	1006.7	350	2.40
德　昌	958.1	350	1.37
荞　窝	888.9	450	0.88
普　格	871.4	450	1.14
宁　南	940.7	350	1.54
会　理	869.7	350	1.12
会　东	924.4	350	1.30

5. 昼晴夜雨特点

上述分析可见，攀西地区多数地方常年降雨在1 000 mm左右，且90%集中于5～10月，加之海拔多在2 000 m以上，气温不高，对农业生产不利。但是，攀西地区盛夏气候具有十分突出的昼晴夜雨特点，这是攀西地区农业气候中得天独厚之处。

攀西地区多数地区夜雨达70%～80%，白天降雨只有20%～30%。西昌市20年气象资料表明，夜间降雨占75%，白天降雨只有25%；甘洛县二者分别达80%和20%；宁南县二者分别为76%和24%。但雅砻江西部（如盐源、木里）、会理南部的夜雨量稍小，盐源县夜雨量和白天降雨分别占全年总降雨量的63%和37%，会东县分别占66%和34%。然而即使是这些地区，雨季的日照时数仍在800 h以上，如盐源县达1 100 h以上，相当于盆地西部全年日照的85%～95%。盐源盆地的苹果色艳味美，誉满国内外，这与多雷阵雨和高日照的特殊气候有十分密切的关系。

综上，攀西烟叶生长季节，总雨量适宜，昼晴夜雨又有利于干物质积累。但因育苗移栽期往往干旱对于移栽不利，另外，生长中后期6～8月，有的烟区降雨增多，影响烟质；加之高旱、伏旱影响，严重影响烟草成熟，有的导致“逼熟”现象。

（四）气候资源综合情况

农业生产受全部气候要素的支配，光热水条件配合的好坏，对作物生长发育及产量影响极大。根据上述一年中攀西地区各时期光热水配置的不同特点，可将全年大致划分为四个时期（以米易为例）（见图1-3）。

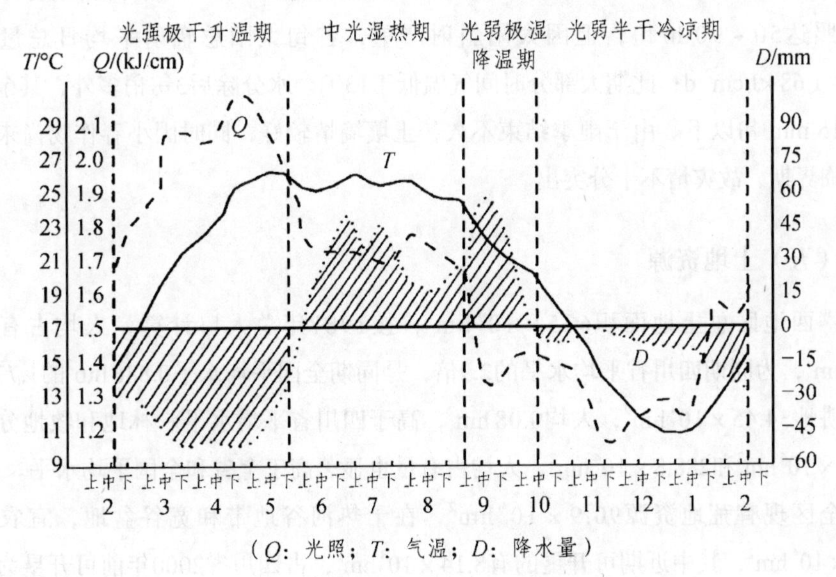

图1-3 米易河谷区光热水配置状况

1. 强光极干升温期

时间2月中旬至5月下旬。光热条件优越而水分供应不足。该期日照时数70～90 h/旬，各旬太阳辐射平均日总量1.68～2.23 kJ/cm²·d。前期气温回升快，后期达全年最高水平。河谷区水分亏缺21～53 mm/旬，折成灌溉量195～525 m³/hm²·旬。该期水分不足限制了光热资源优势的发挥，因光强温高蒸发量大引起严重春旱。

2. 中光湿热期

时间5月下旬至9月上旬。光照条件居中，但热量为全年最优裕时期，水分有盈余。该期日照50～60 h/旬，各旬平均辐射日总量为1.68 kJ/cm²·d左右；河谷区气温基本稳定在25℃左右。此期除6月中旬至7月下旬水分有余应注意农田排水外，光热水配合良好，为农业生产提供了较有利的气候条件。

3. 弱光极湿降温期

时间9月上旬至10月中旬。阴雨多，光照少，水分过多，气候由炎热降为冷凉。该期日照40～58 h/旬，太阳辐射平均日总量为1.26～1.38 kJ/cm²·d。河谷区水分盈余量达50 mm/旬，半山区达73～110 mm/旬。该区阴雨寡照，对大春作物后期生长不利。

4. 弱光半干冷凉期

时间10中旬至次年2月中旬。光能资源差，气候冷凉，水分供应略有亏缺。虽日照达50～90 h/旬，但因太阳斜射严重，各旬太阳总辐射平均日总量只有1.09～1.68 kJ/cm²·d；此期大部分时间气温低于13℃。水分除后3旬稍多外，其余时间均在15 mm/旬以下。由于雨季结束不久，土壤墒情较好，同时因小春作物尚未处于水分临界期，故灾情不十分突出。

（五）土地资源

攀西地区总土地面积675×10⁴ hm²，按1987年总人口计算，人均占有土地1.57 hm²，为同期四川省平均水平的2.9倍，是同期全国平均水平0.888 hm²的1.77倍。现有耕地34.45×10⁴ hm²，人均0.08 hm²，高于四川省平均水平。林地和牧地分别为171.5×10⁴ hm²和288.8×10⁴ hm²，人均占有量也显著高于全省和全国平均水平。

全区现有荒地资源90.9×10⁴ hm²，在干热河谷地带和宽谷盆地，宜农荒地29.1×10⁴ hm²，其中近期可开垦的有8.14×10⁴ hm²，占四川省2000年前可开垦为耕地的荒地总量20×10⁴ hm²的40%。合理开发利用后，不仅可以一年两熟或三熟，而且见效快，产量高，可谓四川省农业跃上新台阶的潜力之一。

尽管本区作物单产记录水平大大超过内地水平，但总体来讲，产量并不高。在现有耕地中，有中低产田土$21.13\times10^4\,hm^2$，占耕地面积的79%。由于缺乏灌溉条件，常年性冬闲田$13.3\times10^4\,hm^2$。由此可见，攀西地区广阔的土地资源及大量的中低产田，增产潜力极大，为农业开发提供了诱人前景。

本区土壤类型齐全，水平分布明显，共有8个土区：

（1）安宁河上、中游中山宽谷新积土、水稻土区。本区土壤肥力高，农业生产基本性能良好，集约化经营水平比较高，是本区主要的粮经基地。

（2）安宁河下游、雅砻江、金沙江中山、窄谷燥红土区。这类地区海拔低，谷底宽窄不一，阶地狭窄，耕地零星分散，具有南亚热带气候特点。河谷主要土壤为燥红土、红壤、褐土，低山河谷有赤红壤以及红色石灰土、黄色石灰土，是发展亚热带经济作物的理想地。

（3）会理、会东、米易低山丘陵紫色土、红壤区。土壤矿物质营养丰富，由于有机质缺乏，灌溉条件差，未能充分发挥土壤潜在肥力。低山和山间盆地发展旱粮和烤烟、蚕桑较适宜。

（4）盐源盆地红壤、棕红壤区。其包括盐源盆地、牦牛山以西、雅砻江流域的谷间盆地，是发展苹果、梨、花椒等经济林木的基地。

（5）西部高中山森林土区。本区土肥，腐殖质多，有机质含量高，宜林优势显著。林间草场适于发展草食性牲畜。

（6）雷波高山深黄土壤区。因受东南季风影响，形成了多雨、温暖、湿润季风气候，母质种类复杂。土壤瘦薄、板结、夹石、缺磷，适于发展桑树等经济林木。

（7）越西中山宽谷山地紫色土、黄红壤区。河谷、低山分布有水稻土、紫色土、新积土、黄土壤等，宜于发展玉米、马铃薯、花椒等。

（8）昭觉中山山原盆地紫色土、黄棕壤区。土壤瘠薄，粗骨性强，盆地、河谷地区排水不畅，多冷湿土类，是玉米、黄豆、马铃薯、荞麦等旱粮的集中产区。

（六）农业生物资源

攀西地区复杂的地理条件和立体气候优势，给各种植物生长和繁衍创造了极为有利的条件，带来了丰富多彩的生物群落。据调查，本区有高等植物200余科，5 000多种，占全省高等植物总数的50%。植物生长量大，生长速度快，产量高，品质优。相当一部分农产品独具地方特色，以早、稀、高、优的竞争优势，在国内外享有盛誉。

粮食作物中，水稻、玉米、小麦、蚕豆、马铃薯、荞麦等的高产水平居全省之冠。如水稻产量记录为12 000 kg/hm²以上；玉米高达12 750 kg/hm²；小麦9 090 kg/hm²；蚕豆4 875 kg/hm²。德昌的香米历史上有“贡米”之称；西昌大白胡豆远销日本、东南亚、欧洲；以西昌大白豆制成的“玉带蚕豆”，在国内外享有盛名；攀西地区荞麦为无污染的保健食品，出口创汇；高山芸豆，皮色红、黄、白、灰、花各异，为出口贸易物资；秋播豌豆等也是国内很有名气的农产品。

经济作物中，烤烟、甘蔗、蚕桑、早特蔬菜生产优势十分突出。甘蔗由于冬春温度高，有利早生快发，加之生长季节日照足，昼夜温差大，降水多，有利提高糖分转化积累，为全国甘蔗最适种植区之一。单产高达270 t/hm²，含糖量平均达13.51%，居全国蔗区之首。烤烟种植区气候相似于滇中、滇东烟区，略优于玉溪烟区，以“色泽好、纯度高、阴燃保火力强、干性好”的优势特点名列四川榜首。独特的气候特点，使蚕桑生产集南方蚕区桑树生长快、桑叶肥大和北方蚕区家蚕发育快、病虫害少的优势于一体，既宜蚕又宜桑。一年四季均可养殖，蚕、茧、丝品十大指标超过省内其他蚕区，宁南县的生丝一级产品占40%，使该县被列为全国生丝出口免检县。南部河谷区“天然温室”，使蔬菜不仅上市比内地早2个月，而且生产成本低，高产优质，目前已远销东北、华北、西北地区许多大中城市。蒜苔、青椒等品种已出口日本和香港。攀西地区的其他产品，如盐源县的苹果畅销香港市场；宁南、米易、仁和等地也是四川芒果、香蕉、番木瓜的唯一产地；松茸、竹笋、核桃、蜡虫等土特产也占有优势地位。

图1-4　攀西地区桑树与荞麦

第二章
植烟土壤pH及土壤养分特征

根据2010年凉山州烟草公司“现代烟草农业单元建设测土项目”于普格所采集的35个土壤样品的分析结果，参照《中国植烟土壤及烟草养分综合管理》（陈江华等编著，科学出版社，2008）和《四川土壤》（四川省土壤普查办公室编著，成都科学技术出版社，1997）上提出的植烟土壤主要养分丰缺标准（见表2-1、表2-2），对所采集分析的土壤主要养分丰缺状况评价如表2-1、表2-2所示。

表2-1　植烟土壤酸碱度级别划分

pH*	≤4.5	4.5～5.5	5.5～6.5	6.5～7.5	≥7.5
级别	极强酸性	强酸性	微酸性	中性	碱性

注：*引自四川省土壤普查办公编著《四川土壤》（四川科学技术出版社，1997）。

表2-2　植烟土壤养分含量丰缺划分标准

项目	含量	很丰富	丰富	中等	缺乏	很缺
有机质	g/kg	>35	25～35	15～25	<15	
碱解氮		>200	150～200	100～150	65～100	<65
速效磷（P_2O_5）	mg/kg	>80	40～80	20～40	10～20	<10
速效钾（K_2O）		>350	220～350	150～220	80～150	<80
交换性钙	cmol/kg	>10	6～10	4～6	2～4	<2
交换性镁		>3.2	1.6～3.2	0.8～1.6	0.4～0.8	<0.4

注：引自陈江华等编著《中国植烟土壤及烟草养分综合管理》（科学出版社，2008）。

（一）土壤质地

相关研究表明，根据烤烟生长发育和养分需求规律，最适宜生产烟草的土壤是质地偏轻的砂质壤土和粉砂质壤土。我国植烟区土壤有62.2%为砂质壤土，31.0%为粉砂质壤土。表2-3表明，普格县植烟区采集分析的350个土样中只有11.43%的土样为壤土，比较适合烟叶生产，有25.71%的土样为黏壤土，62.86%的土样为黏土，这两部分土壤对烟叶生产而言，质地有点偏重，生产中应注意开沟排水并适当多施难矿化的粗有机肥以改善土壤结构。

表2-3　普格县植烟土壤质地统计

质地	样本数	占总数比例/%
壤土	40	11.43
黏壤土	90	25.71
黏土	220	62.86

（二）土壤pH

土壤pH是影响烤烟生产的一个重要土壤因素，多数学者认为适宜烤烟生长的土壤pH范围为中性到弱酸性（pH5.5~7.5），最适宜的为弱酸性（pH5.5~6.5）。从表2-4可看出，此次普格县植烟区所采集的36个土样中，土壤pH介于适宜烤烟生长范围内（pH5.5~7.5）的样品数占总数的69.45%，介于最适宜烤烟生长范围内（pH5.5~6.5）的样品数占总数的63.89%，说明仅从土壤pH角度考虑，此次采集大部分土壤所代表的区域是很适合发展烤烟生产的。

表2-4　普格第一单元植烟土壤酸碱度级别划分

等级	范围	样本数	占总数比例/%
强酸性	4.5 ~ 5.5	11	30.55
弱酸性	5.5 ~ 6.5	23	63.89
中性	6.5 ~ 7.5	2	5.56

（三）土壤有机质

土壤有机质对改善土壤理化特性和提供烟叶生长所需养分等方面都具有重要作用。相关研究表明，南方烟区土壤有机质适宜含量为15 g/kg，当高于此值时，在烟株生长后期由于土壤有机质的矿化，会出现土壤氮素供应过量，烟叶贪青晚熟，不容易正常落黄，甚至出现黑暴的现象。从表2-5可知，普格县植烟区采集分析的35个土样中，只有2.86%的土样有机质处于缺乏水平，生产中应注意适当多施用优质有机肥；只有5.71%的土样有机质含量处于中等水平，比较适合烟草生长发育；有22.86%的土样有机质含量处于丰富水平；有68.57%的土样有机质含量处于很丰富水平。因此，对有机质含量处于丰富和很丰富水平的土壤一方面要控制有机肥的施用，另一方面施用有机肥时必须要使用充分腐熟后的优质有机肥，并应控制氮肥用量。

表2-5 普格植烟土壤有机质分布范围

等级	范围/（g/kg）	样本数	平均值/（g/kg）	占总数比例/%
缺乏	<15	1	10.01	2.86
中等	15～25	2	23.14±1.39	5.71
丰富	25～35	8	30.81±2.95	22.86
很丰富	>35	24	56.21±16.97	68.57

（四）土壤速效氮

表2-6表明，普格县植烟区所采集分析的35个土样中，碱解氮含量总体处于中等偏高的水平，其中处于100 mg/kg以下的缺乏和很缺乏水平的占34.29%，中等水平的占22.86%，这部分土壤代表的植烟区土壤碱解氮含量有利于烟叶生产过程中对氮素供应的调节。因此，该区域在今后烟草生产过程中在施用氮肥和设计烟草专用肥配方时，烟叶生长前期需要适当增加氮肥用量。

表2-6 普格植烟土壤碱解氮分布范围

等级	范围/（mg/kg）	样本数	平均值/（mg/kg）	占总数比例/%
很缺	<65	4	50.14±12.57	11.43

续表

等级	范围/（mg/kg）	样本数	平均值/（mg/kg）	占总数比例/%
缺乏	65～100	8	84.81±11.00	22.86
中等	100～150	8	117.49±16.00	22.86
丰富	150～200	10	174.79±10.47	28.57
很丰富	>200	5	221.23±7.00	14.28

（五）土壤速效磷

从表2-7可以看出，普格县植烟区所采集的35个土样中，土壤速效磷含量总体处于中等偏高水平，其中处于缺乏水平的仅占11.43%，处于中等水平的有25.71%，这部分土壤表明的植烟区土壤在烟叶生产过程中应注意适当多施磷肥；有62.86%的土样速效磷含量处于丰富以上水平，这部分土壤代表的植烟区土壤在烟叶生产过程中应注意控制磷肥施用量。

表2-7　普格植烟土壤速效磷（P_2O_5）分布范围

等级	范围/（mg/kg）	样本数	平均值/（mg/kg）	占总数比例/%
缺乏	10～20	4	16.73±4.34	11.43
中等	20～40	9	27.37±7.07	25.71
丰富	40～80	6	52.45±7.55	17.14
很丰富	>80	16	198.77±72.80	45.72

（六）土壤速效钾

烤烟属于喜钾作物，钾对烟草生长发育和烟叶品质至关重要。表2-8表明，普格县植烟区所采集的35个土样中，速效钾含量有37.15%的样品处于缺乏以下水平；处于中等水平的有11.43%，这部分土壤代表的植烟土壤在烟叶生产过程中应注意适当多施钾肥；有51.42%的土壤速效钾含量处于丰富以上水平，这部分土壤代表的植烟区域在烟叶生产过程中应该注意适当控制钾肥施用量。

表2-8 普格第一单元植烟土壤速效钾（K_2O）分布范围

等级	范围/（mg/kg）	样本数	平均值/（mg/kg）	占总数比例/%
很缺	<80	3	64.54 ± 16.67	8.58
缺乏	80～150	10	120.09 ± 23.40	28.57
中等	150～220	4	176.82 ± 17.89	11.43
丰富	220～350	9	282.59 ± 46.22	25.71
很丰富	>350	9	428.06 ± 53.47	25.71

（七）交换性钙

普格县植烟区所采集的35个土样交换性钙含量总体处于中等偏低水平，其中有45.71%的样品交换性钙含量处于缺乏以下水平；有22.86%的样品交换性钙含量处于中等水平，这部分土样所代表的植烟区域应注意适当补充钙素营养，以免出现钙素不足现象；有31.43%的样品交换性钙含量处于丰富以上水平，这部分土样代表的植烟区在烟草生产过程中不需要施钙肥。

表2-9 普格县植烟土壤交换性钙分布范围

等级	范围/（cmol/kg）	样本数	平均值/（cmol/kg）	占总数比例/%
很缺	<2.00	7	1.11 ± 0.46	20.00
缺乏	2.00～4.00	9	3.21 ± 0.74	25.71
中等	4.00～6.00	8	5.31 ± 0.56	22.86
丰富	6.00～10.00	6	7.12 ± 0.93	17.14
很丰富	>10.00	5	18.78 ± 8.65	14.29

（八）交换性镁

普格县植烟区所采集的35个土样交换性镁含量总体处于中等偏高水平，其中有17.14%的样品处于缺乏以下水平；有40.00%的样品处于中等水平，这部分土壤代表的植烟区在烟草生产过程中应适当施用镁肥；其余42.86%的样品交换性镁含量为丰富以上水平，该部分土壤代表的植烟区在烟草生产过程中不需要施用镁肥。

表2-10　普格植烟土壤交换性镁分布范围

等级	范围/（cmol/kg）	样本数	平均值/（cmol/kg）	占总数比例/%
很缺	<0.4	1	0.08	2.86
缺乏	0.4～0.8	5	0.65±0.12	14.28
中等	0.8～1.6	14	1.27±0.19	40.00
丰富	1.6～3.2	14	2.23±0.42	40.00
很丰富	>3.2	1	3.55	2.86

第三章
特色优质烟叶原料评价研究

第一节　烟叶物理特性与化学成分含量研究

一、研究的目的

研究烟草物理特性与化学成分间的相互关系，有利于深入了解烟草的物理特性形成机理，并可为通过化学成分间接评价烟草的物理特性提供依据。烟叶的物理特性主要包括叶片大小、叶面密度、单叶重、含梗率等，与烟叶的类型、品种、等级、烟叶加工与贮存工艺密切相关，直接影响卷烟生产过程及风格、吸味，影响卷烟的成本和其他经济指标，是体现烟叶加工性能的重要指标。由于烟叶的物理性状与烟叶的化学成分以及内在质量密切联系，因而物理性状的变化必然会影响烟叶内在化学成分发生相应的变化。肖吉中等认为，烟碱含量随叶重的增加而增加，并认为中部叶质量较优的单叶重范围是5~9 g。吴殿信等认为糖含量与烟叶长度成反比。凉山州是我国最适宜种植烤烟的区域之一，当地烟叶是国内许多知名卷烟产品不可替代的主要原料。近几年来，由于特色品种更新换代进展缓慢，极大制约了凉山州烟叶质量提高。本研究在凉山地区选取5个不同基因型的烤烟品种，对初烤叶片物理特性、化学成分（常规化学成分、多酚类和有机酸类）含量的变化规律及其相关性进行研究，旨在为凉山州烟叶生产选择适宜的栽培品种、改进配套栽培技术以及合理使用原料提供理论依据。

二、试验设计与方法

（一）实验材料

选取2012年四川凉山中国农业科学院青州烟草研究所西南烟草试验基地种植的红花大金元（红大）、云烟87、中烟103、中烟100和翠碧一号5个品种的C3F样品3 kg作为材料。

（二）实验方法

1. 物理农艺指标及测定

主要考察叶长、宽、长宽比、单叶重、含梗率、叶面密度指标。具体操作为：分别在五种材料中随机抽取10片烟叶，测量其长度与宽度，并分别计算长度与宽度的平均值作为结果进行列表分析。再随机抽取各材料烟叶10片，分别用电子天平称单叶重和去梗重，以10片烟叶称量结果的平均值作为该样品的单叶重并计算含梗率。再随机抽取10片含水率适中的烟叶，每片烟叶沿主脉任取半叶，沿着下半叶的叶尖、叶中及叶基部等距离取5个点，用圆形打孔器打5片直径为15~20 mm的圆形小片，将50片圆形小片放入水分盒中，在100℃条件下烘2 h，冷却30 min后称重。根据公式计算叶面密度：叶面密度（g/m^2）=（烘后重量－水分盒重量）÷[$50\times\pi\times(D/2)^2$]×厚度。所有材料的物理特性检测项目按烟草行业标准进行测定。

2. 化学组成及含量测定

烟叶化学成分主要测定包括总糖、还原糖、总氮、烟碱、总植物碱、K^+和Cl^-以及多酚（绿原酸、莨菪亭、芸香苷等）和有机酸（草酸、丙二酸、苹果酸、棕榈酸等）。烟叶化学成分测定方法：总糖和还原糖含量采用3,5-二硝基水杨酸比色法。总氮含量采用凯氏定氮法，烟碱含量采用紫外分光光度计法。氯含量采用硝酸银容量法。钾含量采用原子吸收分光光度计法。其中多酚含量测定采用色谱仪分析，有机酸成分和含量的测定采用气相色谱–质谱联用仪检测。

（三）数据处理

利用Excel 2007和SAS 9.0进行数据处理和统计分析；采用LSD（方差齐性）进行多重比较；采用Pearson法进行简单相关分析。

三、结果与分析

（一）不同品种烤烟烟叶物理特性的差异

表3-1 不同烤烟品种的物理特性

品种	长/cm	宽/cm	单叶重/g	含梗率/%	长宽比	叶面密度/（g/m^2）
红花大金元	63.45	20.7	14.83	29.54	3.07	85.38
云烟87	62.38	17.77	12.01	34.87	3.51	80.78
中烟103	65.43	24.8	14.45	33.73	2.64	65.03
翠碧一号	55.37	18.96	9.53	25.87	2.92	79.76
中烟100	66.41	27.46	12.79	32.04	2.42	55.76
平均值	62.61	21.94	12.72	31.21	2.91	73.34
标准差	4.35	4.08	2.13	3.6	0.42	12.45
变异系数	6.94%	18.58%	16.73%	11.52%	14.35%	16.97%

由分析结果可知（见表3-1），6种物理特性存在不同的变异系数。以宽的变异系数最大（18.58%），长的变异系数最小（6.94%），呈现宽>叶面密度>单叶重>长宽比>含梗率>长的趋势。烟叶长的平均数为62.61 cm，宽平均为21.94 cm。中烟100的长宽均为最长，叶面积最大；其次为中烟103；烟叶最小的为翠碧一号。烤烟烟叶的单叶重一般要求在7~14 g，5个品种均在该范围内。红大的单叶重最多（14.83 g），且它的含梗率（29.54%）低于平均水平（31.21%）。云烟87的单叶重（12.01 g）低于平均水平（12.72 g），而其含梗率（34.87%）却是最高。中烟100的叶面密度最小（55.76 g/m^2），远低于红大，是红大的65.31%。

（二）不同品种烤烟烟叶化学成分的差异

表3-2 不同烤烟品种的化学成分含量

品种	总氮/%	总糖/%	还原糖/%	总植物碱/%	K_2O/%	Cl/%	烟碱/（mg/g）
红大	2.02	27.3	21.6	2.67	2.26	0.31	24.61

续表

品种	总氮/%	总糖/%	还原糖/%	总植物碱/%	K_2O/%	Cl/%	烟碱/（mg/g）
云烟87	2.12	23.9	19.8	2.37	2.55	0.2	21.27
中烟103	1.9	23.1	20.6	1.24	2.91	0.47	10.4
翠碧一号	2.58	25.2	21.6	2.89	2.4	0.16	26.7
中烟100	1.53	37.8	27.2	1.27	2.76	0.36	11.43
平均值	2.03	27.46	22.16	2.09	2.58	0.3	18.88
标准差	0.38	5.99	2.92	0.78	0.26	0.12	7.53
变异系数	18.72%	21.83%	13.16%	37.48%	10.21%	41.57%	39.90%

从表3-2可以看出，凉山地区烤烟中，除翠碧一号的总糖、还原糖含量偏高，氯的含量偏低；云烟87的氯含量偏低外，总氮、烟碱、钾含量等化学指标均符合优质烟叶的要求。各化学指标平均值的变异系数大小排序是：氯>烟碱>总植物碱>总糖>总氯>还原糖>钾。其中氯、烟碱、总植物碱和总糖的变异系数在20%以上，说明烟叶的这些化学成分与品种生物遗传特性有关。中烟100的总氮、总植物碱含量最低，总糖、还原糖含量最高。翠碧一号的总氮、总植物碱和烟碱含量均为最高。多酚类物质被认为是影响烟叶风格的重要指标之一，其含量较高的烟叶有利于烟叶风格指向清香型。

表3-3　不同烤烟品种的多酚类物质含量

品种	新绿原酸	绿原酸	隐绿原酸	莨菪亭	芸香苷
红花大金元	1.90d	15.03b	1.94d	0.10c	12.53a
云烟87	1.89d	12.63c	1.94d	0.11b	11.75b
中烟103	2.22c	11.39d	2.32c	0.10c	10.84c
翠碧一号	2.73a	16.17a	3.15a	0.15a	10.61ed
中烟100	2.35b	12.46c	2.69b	0.09d	10.34e
平均值	2.22	13.54	2.41	0.11	11.21
标准差	0.35	1.98	0.52	0.02	0.91
变异系数	15.75%	14.66%	21.54%	21.32%	8.08%

根据表3-3可以看出，凉山5个品种烟叶间的多酚类物质含量存在显著差异，以翠碧一号的多酚类物质含量最高，明显高于其它四个品种。红大的多酚类物质含量次之，翠碧一号和红大被认为是典型的清香型品种。中烟103的多酚类物质含量最低。在多酚类成分中，绿原酸含量最高，芸香苷含量次之，莨菪亭最低。绿原酸和芸香苷含量占多酚类物质的比例红大为87.49%，云烟87为86.09%，中烟103为82.73%，翠碧一号为81.62%，中烟100为81.63%。其中比例最低的两个品种翠碧一号和中烟100的新绿原酸和隐绿原酸含量显著高于其他3个品种。

表3-4 不同烤烟品种的有机酸含量

品种	草酸	丙二酸	丁二酸	肉豆蔻酸	苹果酸	十五烷酸	棕榈酸	硬脂酸	柠檬酸	油酸	亚油酸	亚麻酸
红大	11.1	2.19	0.2	0.08	39.6	0.029	2.24	0.47	4.28	0.47	1.22	2.46
云烟87	8.34	2.99	0.21	0.09	47.7	0.028	2.29	0.46	2.43	0.77	1.42	2.48
中烟103	16.7	2.35	0.21	0.084	55.1	0.03	2.75	0.52	4.45	0.78	1.27	3.24
翠碧一号	12.4	1.86	0.19	0.094	33.9	0.03	2.67	0.51	2.94	0.79	1.17	2.89
中烟100	12	1.69	0.19	0.057	43	0.03	2.45	0.49	6.27	0.4	1.09	3.11
平均值	12.09	2.22	0.2	0.08	43.86	0.03	2.48	0.49	4.07	0.64	1.23	2.83
标准差	3.01	0.51	0.01	0.01	8.04	0	0.23	0.03	1.5	0.19	0.12	0.36
变异系数	24.85%	22.83%	4.66%	17.87%	18.32%	3.12%	9.11%	5.17%	36.78%	29.40%	10.00%	12.58%

从表3-4测定结果可以看出，共测出12种有机酸，各成分在不同品种间存在广泛的变异，以柠檬酸（36.78%）最大，油酸（29.40%）次之，硬脂酸（5.17%）、丁二酸（4.66%）和十五烷酸（3.12%）最小。在这些有机酸中，苹果酸的含量最高，平均为43.86 mg/g。含苹果酸量最高的是中烟103，最低的是翠碧一号。含柠檬酸量最多的是中烟100，由于柠檬酸的含量与烟叶质量呈负相关，导致烤烟的吃味变差，可推测中烟100较其他品种吃味较差。各品种中有机酸总量由高向低的顺序依次为：中烟103>中烟100>云烟87>红大>翠碧一号。

（三）烤烟物理特性与化学成分含量之间的简单相关

表3-5　烤烟物理特性与化学成分之间的简单相关系数

评价指标	长	宽	单叶重	含梗率	长宽比	叶面密度
总氮	−0.950	−0.829	−0.649	−0.610	0.532	0.737
总糖	0.423	0.679	0. 051	−0.036	−0.606	−0.632
还原糖	0.372	0.748	−0.003	−0.106	−0.730	−0.713
总植物碱	−0.800	−0.880	−0.458	−0.625	0.688	0.916
K_2O	0.581	0.698	0.225	0.625	−0.564	−0.850
Cl	0.808	0.806	0.788	0.470	−0.648	−0.643
烟碱	−0.798	−0.861	−0.464	−0.647	0.664	0.902
新绿原酸	−0.558	0.170	−0.692	−0.654	−0.527	−0.306
绿原酸	−0.804	−0.556	−0.497	−0.917	0.250	0.657
隐绿原酸	−0.536	0.192	−0.714	−0.654	−0.534	−0.332
莨菪亭	−0.986	−0.643	−0.838	−0.708	0.288	0.489
芸香苷	0.062	−0.539	0.468	0.101	0.696	0.763
草酸	0.199	0.582	0.294	−0.050	−0.715	−0.496
丙二酸	0.086	−0.565	0.169	0.644	0.803	0.449
丁二酸	0.347	−0.236	0.486	0.743	0.485	0.207
肉豆蔻酸	−0.715	−0.844	−0.377	−0.227	0.675	0.744
苹果酸	0.687	0.353	0.575	0.881	−0.081	−0.412
十五烷酸	−0.025	0.657	−0.090	−0.439	−0.906	−0.604
棕榈酸	−0.226	0.307	−0.267	−0.201	−0.553	−0.427
硬脂酸	−0.158	0.424	−0.151	−0.293	−0.683	−0.461
柠檬酸	0.697	0.948	0.472	0.114	−0.855	−0.787
油酸	−0.536	−0.548	−0.434	0.041	0.414	0.310
亚油酸	−0.017	−0.626	0.090	0.573	0.822	0.494
亚麻酸	0.251	0.766	0.002	0.055	−0.866	−0.845

简单相关分析结果表明（见表3-5），烟叶的长度与总氮、宽与总植物碱、含梗

率与绿原酸、长宽比与十五烷酸的含量呈显著的负相关，长与莨菪亭的含量呈极显著的负相关；宽与柠檬酸的含量、含梗率与苹果酸含量、叶面密度和总植物碱、烟碱含量呈显著的正相关；单叶重与化学成分评价指标间相关性不显著。该研究中叶面密度与烟碱含量呈显著的正相关，这与孙建生的结果一致。

四、结论

（一）结果

内在品质好的烟叶一般单叶重较大，含梗率较低，叶面密度较高。在生产实践中，应采取有效措施提高烟叶的单叶重，使其达到8 g左右；降低含梗率，使之不超过30%；提高叶面密度，使之达到80 g/m^{2}以上。尽可能提高单叶重，增加叶片内含物的含量，以提高烟叶的质量。四川凉山产区烟叶物理性状的突出问题是：含梗率普遍偏高，云烟87（34.87%）、中烟103（33.73%）和中烟100（32.04%）；叶面密度偏小，中烟103（65.03%）、翠碧一号（79.76%）和中烟100（55.76%）。烟叶的单叶重，除翠碧一号（9.53 g）较低外，其它均大于12 g。

烟叶主要化学成分是鉴定烟叶品质的重要指标，表现了外观质量和内在品质上的外观和烟气特征。烟叶中主要化学成分的含量及其派生值确定了烟叶及其卷制品的烟气特征，进而决定了烟叶的工业可用性。本试验的5个品种中所测出的各种化学成分相同，但各组分的含量差异较大。化学成分在品种中存在广泛的变异，说明各种化学成分与品种存在密切的关系，不同品种烟叶中主要化学成分氯的变异系数最大（41.57%），说明在相同的栽培施肥条件下，各个品种的吸收能力存在差异。本试验中云烟87和翠碧一号的吸氯能力较弱，在生育期可适当增施氯肥。宗浩在大理5个主栽品种间，研究发现红大的多酚类物质含量最高，在四川凉山的试验中，红大的多酚类物质含量仍较高，说明红大本身遗传稳定，清香型风格突出。烤烟中的非挥发性有机酸和高级脂肪酸含量与品种之间存在密切关系，表现为不同的品种其酸性成分的含量存在较大差异，这与王树会等的研究结论相似。

（二）讨论

烟叶物理性状的稳定性强于化学成分指标，而化学成分是烤烟色、香、味等内在品质的体现，这表明技术措施可以调控烤烟的风格特色。本试验中发现柠檬酸含量与宽呈显著的正相关，苹果酸含量和含梗率呈显著的正相关，王树会、张锦韬等研究发现草酸、苹果酸等非挥发性有机酸含量相对较高，柠檬酸含量相对较低可能是红大品质优异的原因，因此，可以通过农业措施来相应减少烟叶的宽，适当提高含梗率，为具体地方生产要求服务。

第二节　凉山州烟叶质量风格研究

一、研究目的

生态条件对烟叶质量和风格的形成具有重要影响，其中气候因素对烤烟品质的影响更为明显。已有不少研究表明，适宜的气候因素是烟叶优质适产的关键外因之一，也是烤烟种植区划分的重要依据之一。四川凉山彝族自治州地处东经100° 15'～103° 52'、北纬26° 03'～29° 18'，位于四川省西南部，境内地貌类型以山地为主，占幅员总面积的80%以上，山原次之，丘陵、冲积平原及宽谷和断陷盆地总计约占10%。地势西北高、东南低，高山、深谷、平原、丘陵相互交错。海拔最高5 958 m，最低325 m，相对高差达5 453 m。凉山州烤烟自然条件优越，是全国优质烤烟最适宜区域，在《全国烟草种植区划研究报告》中被列为西南部烟区烤烟生态类型最适宜区之一。气候具有全国烤烟重要生产基地滇中、滇北同类型的优势。主产区烤烟全生育期内日照时数约为1 000 h，年均温14～19℃，无箱期258～346 d，降水充沛，夜雨多，空气相对湿度适宜，昼夜温差较大，高温补偿作用强，5～9月气温日较差平均8.3～10.0℃，有利于烤烟光合作用的高积累和低消耗，获得优质烟叶，同时也有利于产量的提高，更有利于烟叶“清香型”风格的形成，具备生产优质烟的自然条件。有研究阐述了凉山烤烟中性致香物质，凉山烤烟香气质量与中性致香成分的关系以及凉山烟区主要气候因素与烤烟质量特点的关系。但随着近年来烟草界对凉山烟叶质量特色认识的深人，随着国内重点工业企业对凉山烟叶特色的挖掘，人们对凉山烟叶有了新的认识。本研究着重分析凉山烟叶质量特色及风格特征，旨在为凉山特色烟叶开发提供理论依据。

二、试验设计与方法

（一）烟叶样品采集

2006—2007年，在凉山州会理、会东、普格、宁南、德昌、西昌、冕宁、盐源、越西9个县采集烟叶样品。2006年在全州20个监测点，2007年在全州38个监测点，分上部（14～16叶位）、中部（8～12叶位）、下部（4～6叶位）三个部位，共采集257个烟叶样品。

（二）烟叶质量评价

1. 外观等级质量评价

组织烟叶等级专家按照部位、颜色、成熟度、油分、身份、结构、色度7项，对烟叶样品X2F、C3F、B2F逐一进行了外观质量评价与记载。

2. 烟叶化学成分分析

采用近红外光谱（NIR）定量分析技术。近红外分析仪为VERCTOR 22/N型傅立叶变换近红外光谱仪（德国BRUKER光谱仪器公司制造），使用积分球漫反射检测器，镀金漫反射体作背景。首先将烤烟烟叶样品烘干，研磨成粉末，粒度为40目。取样品粉末50 g置石英测量杯中，按下述实验条件进行光谱扫描：分辨率：8cm-1，扫描次数：64次，谱区范围：4 000～8 000 cm-1（室温24℃，湿度60%）。

烟叶化学成分：烟碱、总糖、还原糖、总氮、钾、氯、糖碱比、氮碱比、两糖比和钾氯比等。

3. 感官质量评价

将烟叶样品卷制单料烟，进行感官质量评价。感官评价项目：香型、劲头、浓度、香气质、香气量、余味、杂气、刺激性、甜度以及主要特征、优点、缺点及工业使用评价10项指标。香气质、香气量、余味、杂气、刺激性、甜度6项指标进行定量打分。香型、劲头、浓度和工业使用评价进行文字定性描述。

三、结果与分析

（一）烟叶外观质量评价

上部烟叶：多数凉山烟叶颜色为橘黄色，成熟度较好，叶片结构尚疏松至疏松，身份稍厚至中等，油性反映较强，油润，弹性好，色度饱满，纯净度高。总体外观质量处于好的档次。

中部烟叶：多数凉山烟叶颜色为橘黄色或深柠檬黄色，成熟度高，叶片结构疏松，身份中等油性反映强，油润感强，油分多，弹性好，色度饱满，视觉色彩反映强。总体外观质量很好。

下部烟叶：多数凉山烟叶颜色为橘黄色，成熟度高，叶片结构疏松，身份稍薄，油分多，均匀性和饱和度较好，有一定弹性和韧性，视觉反映较突出。总体外观质量较好（见表3-6）。

表3-6　2006—2007年烟叶外观质量

年份	部位	颜色（15）	成熟度（20）	叶片结构（20）	身份（10）	油分（20）	色度（15）
2006	上部	9.87	13.35	12.38	6.01	11.15	8.24
	中部	11.22	15.15	15.59	7.29	12.95	9.49
	下部	10.56	13.63	15.10	5.94	10.29	7.75
2007	上部	11.25	16.51	15.55	6.74	14.61	10.36
	中部	11.34	15.99	16.38	7.48	14.33	10.37
	下部	12.08	16.15	16.32	6.65	10.87	9.24

（二）烟叶化学成分分析（表3-7）

表3-7　2006和2007年烟叶化学成分

产地	年份	部位	总糖/%	还原糖/%	总植物碱/%	总氮/%	氯/%	钾/%	糖碱比	氮碱比
中国凉山州	2006	上部	28.5	22.8	3.72	2.34	0.15	1.71	7.3	0.71
		中部	33.2	26.0	2.59	1.80	0.10	1.81	11.1	0.75
		下部	31.6	25.9	1.76	1.68	0.27	2.33	16.3	1.03

续表

产地	年份	部位	总糖/%	还原糖/%	总植物碱/%	总氮/%	氯/%	钾/%	糖碱比	氮碱比
中国凉山州	2007	上部	30.6	25.1	3.04	2.20	0.17	1.86	9.2	0.75
		中部	34.9	28.3	2.17	1.78	0.19	1.91	13.9	0.85
		下部	31.3	26.3	1.77	1.69	0.19	2.91	15.7	0.99
津巴布韦		中部	26.38	25.05	2.04	2.02	0.47	3.23	12.93	0.99
巴西		中部	25.54	23.52	2.08	1.97	0.59	2.96	12.27	0.95
中国云南大理		中部	29.59	24.85	2.25	2.08	0.14	1.76	13.16	0.92

（三）烟叶感官评吸分析

凉山烟叶总糖和还原糖含量较高，中部叶总糖含量分别为33.20%和34.90%，高于津巴布韦、巴西及中国云南大理烟叶。部位间烟碱含量差异明显，基本在适宜范围内；中部叶烟碱含量分别为2.59%和2.17%，平均值为2.38%，与云南大理烟叶相近，但与津巴布韦和巴西相比稍偏高。烟叶总氮含量比进口烟叶和云南大理烟叶都偏低。凉山烟叶钾含量和氯含量都表现为比进口烟叶低，比云南大理烟叶高。烟叶糖碱比和氮碱比在适宜范围内，其中氮碱比进口烟叶和云南大理烟叶偏低。总之，凉山烟叶主要化学成分基本在适宜范围内，化学成分协调（见表3-8、表3-9）。

表3-8　2006和2007年烟叶感官评吸结果I（平均值）

产地	年份	部位	香气质	香气量	余味	杂气	刺激性	总分
中国凉山州	2006	上部	16.28	16.13	13.83	8.31	8.41	62.96
		中部	17.73	17.81	14.97	9.64	9.71	68.86
		下部	13.91	14.81	13.33	8.59	8.41	59.05
中国凉山州	2007	上部	17.17	17.35	14.47	9.14	8368	66.81
		中部	17.60	17.81	14.51	9.32	8.72	67.96
		下部	16.04	16.29	14.12	9.03	8.56	64.04
津巴布韦		中部	18.13	18.06	15.00	9.21	8.80	69.20
中国云南大理		中部	17.25	16.81	15.60	8.23	8.50	66.89

表3-9 2006和2007年烟叶感官评吸结果

产地	年份	部位	香型
中国凉山州	2006	上部	清甜香型
		中部	清甜香型
		下部	清甜香型
	2007	上部	清甜香型
		中部	清甜香型
		下部	清甜香型
津巴布韦		中部	浓香型
巴西		中部	清香型

上部叶：绝大多数烟叶香型为清偏中或中偏清，特征香韵为清甜，香气质稍好偏上，香气量尚足偏上，劲头中等至稍大，浓度稍浓，烟气较透发、较细腻，略有杂气，略有喉部刺激，余味尚舒适、干净，甜度中等偏上；可作为中档卷烟的优质主料烟。

中部叶：绝大多数烟叶香型为清偏中或中偏清，清甜香韵较明显，香气质稍好偏上，香气量尚足偏上，劲头中等至稍大，浓度稍浓，烟气较透发、细腻，略有杂气，略有喉部刺激，余味尚舒活、干净，甜度较强；可作为高档卷烟的优质主料烟。

下部叶：绝大多数烟叶香型为清偏中或中偏清，特征香韵为清甜，香气质稍好偏下，香气量尚足偏下，劲头稍小至中等，浓度稍浓，烟气较透发、较细腻，略有杂气，略有喉部刺激，余味尚舒适、干净，甜度中等偏上；可作为高档卷烟的优质主料烟。

从单料烟评吸结果可见，四川凉山烤烟的评吸得分低于津巴布韦烤烟，稍高于云南大理。从评吸的各项指标分析，这主要表现在香气质、杂气和刺激性3项指标上的差异。津巴布韦烤烟的香气质好、香气量相对较足、杂气较轻，最为明显的是香气量足和浓郁的糖香。四川凉山烤烟相对津巴布韦烤烟在香气量和浓度上稍低。与国内烤烟相比，四川凉山烤烟香气量足，香气质好，杂气小，刺激性轻，是工业企业知名品牌的优质主料烟。

四、结论

凉山烟叶颜色为橘黄色或深柠檬黄色，成熟度高，叶片结构疏松，身份中等，油性反映强，油润感强，油分多，弹性好，色度饱满，视觉色彩反映强。总体外观质量表现很好。

凉山烟叶总糖和还原糖含量较高。凉山烟叶的烟碱含量在优质烤烟适宜范围内，与云南大理烟叶相近。烟叶糖碱比和氮碱比在适宜范围内，其中氮碱比比进口烟叶和云南大理烟叶偏低。总之，凉山烟叶主要化学成分基本在适宜范围内，化学成分协调性好。

凉山烟叶香型为清偏中或中偏清，清甜香韵较明显，香气质稍好偏上，香气量尚足偏上，劲头中等至稍大，浓度稍浓，烟气较透发、细腻，略有杂气，略有喉部刺激，余味尚舒适、干净，甜度较强。凉山烟叶可作为重点工业企业生产卷烟的优质主料烟，适合中式卷烟对烟叶原料的要求。

第四章
攀西烟叶生产技术研究

第一节　烤烟不同砂培基质育苗试验

一、研究目的

育苗是烤烟生产的首要环节，烟苗质量的好坏直接关系到烤烟的产量和品质。漂浮育苗是中国重点推广的育苗技术，具有效率高，烟苗素质好，抗性强，移栽后长势好，产量高，品质好等优点。草炭在漂浮育苗的基质配方中有着不可或缺的作用，是迄今为止最好的无土基质，在基质中所占比例最大。然而，草炭作为短期内不可再生资源，它的大量开采势必会对湿地生态系统平衡产生不可逆转的破坏后果。因此，寻找基质的替代物，降低育苗成本，保护生态环境，是漂浮育苗技术研究的一个重点。而砂培是无土育苗的技术之一，砂体取材广泛，价格低廉，化学稳定性好，用砂体替代传统基质进行育苗，可有效降低育苗材料成本，保护生态环境。李庆平等（2007）研究表明，与现行的漂浮育苗相比砂培育苗出苗整齐，存苗率和成苗率高，根系发达，成本降低56.58%。张恒等研究了以河砂为主的复配基质和两种漂浮育苗方式形成的6种砂培育苗方法，得出选用河砂进行烤烟砂培育苗可有效解决砂培育苗管理繁琐及草炭资源浪费问题。由于砂体容易渗漏，育苗管理繁杂，花费劳力多，为了克服这些缺点，本研究针对凉山特有的生态、气候和人文条件，以不同粒径的河砂为主要试材，并进行不同砂培漂浮育苗方式的对比试验，目的是选出最适合的材料作为基质，同时解决砂体在育苗过程中漏砂严重和育苗管理繁琐等问题。

二、试验设计与方法

（一）试验材料

供试品种为云烟85包衣种子；采用160孔，66 cm × 34.5 cm × 5 cm规格的漂浮盘；试验用砂为西昌安宁河河砂，现行漂浮育苗基质由凉山州烟草技术推广中心提供，育苗肥选用鑫叶牌烟草专用育苗肥，肥料配比N：P_2O_5：K_2O为19：10：20。

（二）试验设计

试验于2010年在西昌学院试验基地进行，将河砂、珍珠岩、蛭石按不同体积比混合，试验设7个处理：（1）T_1（1 mm粒径河砂）；（2）T_2（2 mm粒径的河砂）；T_3（2.5 mm粒径的河砂）；T_4（1 mm河砂：珍珠岩：蛭石=8：1：1）；T_5（2 mm河砂：珍珠岩：蛭石=8：1：1）；T_6（2.5 mm河砂：珍珠岩：蛭石=8：1：1）；CK为专用基质，三次重复。从播种到烟草苗进入大十字期的30～35 d内，营养液的添加量以不使育苗盘浮起为准；在烟苗的大十字期至移栽，营养液添加至漂浮盘并以与育苗池平齐为准。

（三）测定项目及方法

烟苗主要生物学性状调查，从播种后18 d调查出苗率、漏砂率，75 d调查成苗率、螺旋根发生率。农艺性状的调查和生育期的比较在烟苗成苗（75 d）时，每重复随机取10株，测定苗高、叶数、最大叶长宽、茎粗、烟苗地上部、地下部干鲜重、叶色、整齐度，用TTC法测定成苗期烟苗的根系活力。

出苗率（%）=每孔苗数/每盘孔数 × 100%；螺旋根发生率=螺旋根发生数/调查株数 × 100%；成苗率（%）=成苗时存苗数/播种孔穴数 × 100%。烟苗主要农艺性状调查于播种后75 d进行。

三、结果与分析

（一）出苗率、成苗率、螺旋根率

从表4-1中可以看出，不同处理的出苗率差异显著，T_6出苗率最高，为93.4%，其次是T_5，出苗率为91.5%，CK出苗率为87.5%；T_1、T_2、T_3的出苗率比对照略高，但四者间差异未达到显著水平。各处理的成苗率与对照无显著的差异。

由于采用了不同粒径的河砂作为育苗基质进行漂浮育苗，砂基较现行基质紧实，影响烟苗的根系的生长，因此本试验进行了螺旋根发生率调查。T_1的螺旋根发生率最高为1.5%；其次是T_2、T_3为1.4%；T_4、T_5、T_6与CK相比较螺旋根的发生率均无显著差异。

表4-1　出苗及成苗率的比较　%

处理	出苗率	成苗率	螺旋根率
T_1	88.6bB	95.4aA	1.5 aA
T_2	88.7bB	94.8 aA	1.4 aA
T_3	91.0abAB	96.2 aA	1.4 aA
T_4	89.4bAB	95.5 aA	1.1 abA
T_5	91.5abAB	96.2 aA	1.1 abA
T_6	93.4aA	96.4 aA	1.0 abA
CK	87.5bB	95.8 aA	0.9 abA

（二）漏砂率

T_1、T_2、T_3、T_4、T_5、T_6、CK的漏砂率分别为10.5%、9.4%、7.6%、5.8%、4.4%、2.6%、1.6%。与对照相比较，不管粒径多大，以100%河砂作为基质的漏砂率均明显高于其他处理，而以河砂为主作为复配基质的处理中，T_6的漏砂率最小，与CK基本保持一致。

（三）生育期的比较

从表4-2中对烟苗生育期的观察结果可以看出，以不同粒径河砂作为复配基质的三个处理与CK烟苗生长基本一致，到达各个生育期的时间基本相同，表明采用不同粒径作为复配基质的育苗方法，其烟苗生长与常规漂浮育苗烟苗生长速度一致。而以不同粒径河砂作为基质的三个处理出苗时间较CK慢2～3 d，生长速度没有其它几个处理快，到达各生育期的时间都比其他处理晚，成苗时间晚3 ~ 5 d。

表4-2 不同育苗方式生育期比较 d

处理	出苗期	小十字期	大十字期	猫耳期	成苗期
T_1	18	29	36	50	74
T_2	17	28	35	49	73
T_3	17	27	35	49	73
T_4	16	26	33	47	71
T_5	15	26	33	47	70
T_6	15	25	33	46	70
CK	15	25	32	46	70

（四）烟苗农艺性状调查

通过对烟苗的苗高、茎高、茎直径、最大叶长宽、叶数、叶色、整齐度等农艺性状的调查，结果表明（见表4-3）：T_5、T_6与CK的苗高、茎直径、最大叶长、最大叶宽、叶数、叶色、整齐度等农艺形状未达到显著差异；其中T_6的茎高还高于CK和T_5。在叶色上，T_1、T_2、T_3三个处理叶片颜色偏浅；在整齐度上，除T_1外，均生长整齐。说明T_5、T_6的烟苗在农艺形状上可以取代现行漂浮基质育出的烟苗。

表4-3 烟苗成苗期农艺性状

处理	苗高/cm	茎高/cm	茎直径/cm	最大叶		叶数（片）	叶色	整齐度
				长/cm	宽/cm			
T_1	21.5abAB	11.3abAB	0.44abA	12.4abA	5.3 abA	6.7abA	浅绿	较整齐
T_2	22.4abA	12.2abA	0.52aA	12.7aA	5.1abA	7.3aA	浅绿	整齐
T_3	22.4abA	12.1abA	0.50 aA	12.9abA	5.4 abA	7.2aA	浅绿	整齐
T_4	21.6abAB	11.9abA	0.55 aA	12.8 aA	5.2 abA	7.4aA	绿色	整齐
T_5	22.2 abA	12.7abA	0.55aA	13.2 aA	5.6 abA	7.6aA	绿色	整齐
T_6	23.3 aA	13.2aA	0.58aA	13.6 aA	6.1 aA	7.7aA	绿色	整齐
CK	22.8 aA	12.3abA	0.52 aA	13.3 aA	5.5abA	7.4aA	绿色	整齐

（五）烟苗干物质积累

烟苗体内的干物质积累反应了烟苗对养分的吸收状况，干物质的多少与烟苗健壮与否密切相关。在整个苗床期，由于砂体热容量小，砂培漂浮育苗的苗床温度变化大，有利于干物质的积累，因此从表4-4可以看出，以不同粒径的河砂作为基质的处理地上部分和地下部分的干鲜比均高于对照，尤其是地下部分的干物质积累多，根冠比大，根系发达，其中以2.5 mm粒径的河砂最好。由此可见，以河砂或河砂作为复配基质进行漂浮育苗，烟苗的地上部分和地下部分更协调，有利于烟苗的生长。

表4-4　烟苗干物质积累的比较

处理	茎叶/（g/株）			根系/（g/株）			根冠比
	鲜重	干重	干鲜比	鲜重	干重	干鲜比	重比
T_1	7.236	0.497	0.068 7	1.298	0.107	0.082 5	0.178 8
T_2	8.027	0.596	0.074 2	1.431	0.162	0.112 9	0.178 3
T_3	7.692	0.595	0.077 4	1.435	0.171	0.118 9	0.186 5
T_4	7.327	0.493	0.067 4	1.227	0.105	0.085 5	0.167 4
T_5	8.953	0.631	0.070 3	1.587	0.118	0.090 8	0.177 3
T_6	8.445	0.708	0.083 8	1.562	0.144	0.092 2	0.185 0
CK	7.032	0.446	0.063 4	1.022	0.09	0.088 1	0.145 4

（六）根系活力

由图4-1可知，T_6、T_5的根系活力最高，与其它处理差异达显著水平；其次T_2、T_3较其他处理根系活力略高，CK、T_1和T_4的根系活力略低，但几者之间的差异未达到显著水平。其中T_6的根系活力最为旺盛，由此可以看出以2.5 mm河砂作为复配基质进行育苗，烟苗根系发达，生长旺盛，烟苗的整体素质好。

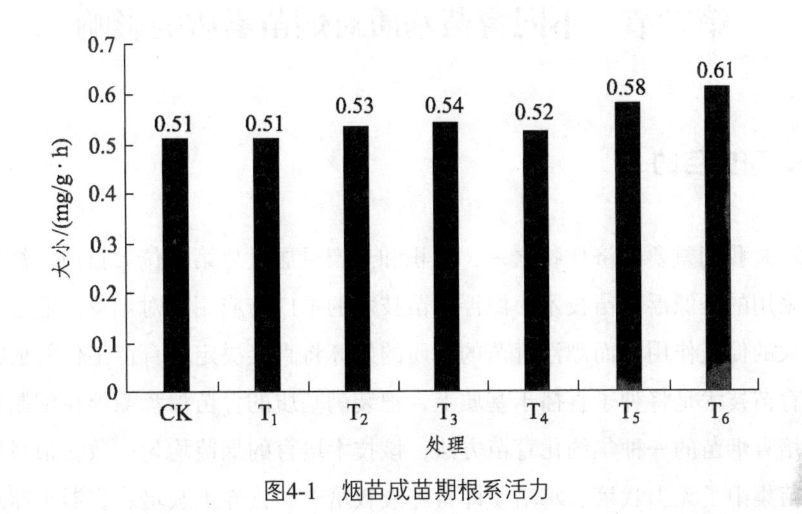

图4-1 烟苗成苗期根系活力

四、小结

以100%河砂作为基质的处理在出苗率和成苗率上略高于对照，但在生育期、农艺性状及干物质积累方面与对照均无显著差异。由于砂体营养成分低，砂基较现行基质紧实，因而烟苗在生长过程中叶色和整齐度都不及对照，且螺旋根发生率和漏砂率明显高于对照。

以河砂作为复配基质的处理由于添加了珍珠岩和蛭石，其孔隙度适中、保湿能力增强，有利于烟苗生长，因而出苗率、成苗率要高于对照。由于砂体热容量小，育苗床温度变化大，有利于烟苗干物质的积累，从而使以砂为主的复配基质的烟苗在干物质积累，根系活力等方面明显高于对照，烟苗根系发达，生长整齐，烟苗素质好。

总体来说，以不同粒径的河砂为主的复配基质进行漂浮育苗，烟苗生长速度快，根系发达，整体素质高于对照，其中以T_6（2.5 mm河砂：珍珠岩：蛭石=8：1：1）表现最为显著。因此，以河砂作为复配基质代替草炭进行育苗不仅可以保护环境，而且使育苗成本大幅下降，给烟农带来更多的利益，这种育苗方式是十分可行的。

第二节　不同育苗基质对烟苗素质的影响

一、研究目的

烟草是我国重要经济作物之一，面积和总产量居世界第一位。目前，烟草的育苗主要采用的是漂浮育苗技术。漂浮育苗技术的推广与应用，对烟草产业的发展起到了极大的促进作用，而漂浮育苗的基质的好坏将直接决定着育苗工作的成败。烟草漂浮育苗技术是将种子直播于基质上，把装满基质的育苗浮盘漂浮在配制好的营养液上培育烟苗的一种集约化育苗方法，该技术培育的烟苗均匀一致，根系发达。漂浮育苗集中了无土栽培、水培（即营养液栽培）、营养土栽培、容器（钵式）栽培、无毒保健栽培等优点于一体，是育苗技术的一大变革，在烟草、蔬菜、花卉、苗木等种苗生产上得到了广泛应用。烟草漂浮育苗已在世界范围内被广泛推广，目前是我国最主要的烟草育苗方式。育苗基质的主要原材料草炭为非可再生的湿地资源，大量开采会对生态环境造成难以恢复的破坏。要保持烟草漂浮育苗技术的良好发展，保证烤烟生产的可持续发展，开展漂浮育苗基质中草炭的替代研究是一项势在必行的工作。河砂取材广泛，价格低廉，电导率低，化学稳定性好，物理结构可通过搭配不同粒径的砂粒进行控制；锯木灰吸水、持水性好且来源广泛；煤渣结构疏松，来源广泛且能达到废物利用的目的；米糠吸水、持水性好，材料较轻。试验以上述基质进行烤烟漂浮育苗，以期找到能够取代草炭的育苗基质。

二、试验设计与方法

（一）试验材料

供试材料为红花大金元，试验用砂为安宁河河砂，锯木灰来源于西昌市创兴家具厂，煤渣来源于西昌学院学生食堂，米糠来源于市场，另外，传统基质由凉山州烟草局提供，育苗盘为160孔，66 cm × 34.5 cm × 5 cm规格。育苗肥选用鑫叶牌烟草专用育苗肥，肥料配比N：P_2O_5：K_2O为19：10：20。

（二）试验设计

1. 试验设计

试验在西昌学院农学试验基地进行，苗池地点避风向阳，地势平坦，田间卫生，靠近水源，管理方便。试验设计5种基质，每种基质设3次重复。T_1为河砂，主要取材于安宁河中的新鲜干净砂粒，砂粒径2.00 mm；T_2为锯木灰，过筛处理，剔除较大木屑；T_3为煤渣，细碎整理后筛除较大的沙砾，过2 mm筛；T_4为米糠，过筛处理；CK为烤烟育苗传统基质。

育苗基质均经高温杀菌后使用。苗床规格：长11 m，宽1.2 m，高10 ~ 12 cm。十字期前保持水深1 ~ 2 cm，进入伸根期后池中水深5 ~ 7 cm。育苗盘、育苗棚、育苗池及其他器械在试验前均用0.1%的高锰酸钾消毒。其中育苗盘经0.1%高锰酸钾消毒后，用塑料薄膜密封24 h，然后用清水冲洗干净。

2. 苗床管理措施

（1）苗池施肥。

从播种到出苗，育苗池中水位低于1 cm时应及时补加洁净水至1 ~ 2 cm深，使育苗基质的水分保持饱和状态。出苗较整齐后开始第一次加营养液，营养液浓度为50 mg/kg；小十字期第二次加营养液，浓度为100 mg/kg；大十字期第三次添加营养液，浓度为100 mg/kg，移栽前2周第四次添加营养液，浓度为50 mg/kg。肥料加入苗池时沿池壁流下。施入育苗池中的肥料在池中要混合均匀，施营养液时分多个点施入池中。

（2）温、湿度管理。

播种后，棚内采取严格的保温措施，盘表面温度保持在21 ~ 24℃。晴天中午，若棚内温度高于30℃，应及时打开棚膜通风排湿。出苗到十字期，以保温为主，下午注意盖膜。从十字期到成苗，避免极端温度，造成热害和冷害。成苗期加大通风量，使烟苗适应外界温度和湿度，提高抗逆性。

（3）病虫害防治。

育苗过程中一方面要注意盐害、冷害、热害、棚膜滴水等生理性病害；另一方面防治猝倒病、黑胫病、立枯病等侵染性病害。主要措施是经常通风排湿、加强光照，同时还要防治害虫和绿藻的滋生。

（三）测定项目和方法

主要进行烟草生物性状的测定。在播种后开始调查出苗时间，15 d后调查出苗率，75 d后调查成苗率。成苗期（一般在75 d后）每种基质随机取9株烟苗测定其株高、茎高、叶面积、茎叶鲜重、根鲜重、苗色、根系活力、叶绿素含量等生物性状。其中叶面积用称重法（也称裁剪重量法）测定，根系活力采用TTC法测定，叶绿素含量采用分光光度法测定。这些生物性状的测定参照烟草农艺调查方法（YC/T142—1998）执行。所有数据均为三次重复（或平行）的平均值，采用明道绪主编的《田间试验与统计分析》第五章的多重比较和最小显著差数法（LSD）进行统计分析。

出苗率（%）=每孔苗数/每盘孔数×100%;

成苗率（%）=成苗时存苗数/播种孔穴数×100%

Sp（cm2·g^{-1}）=100/（W_1+W_2）① 叶面积（cm^2）=$A\times W_1$ ②

注：Sp为单位重量纸的面积（$cm^2\cdot g^{-1}$），W_1为叶形纸样重（g），W_2为剩余纸重（g）

Chl总含量（mg·g^{-1}）=（20.2OD645+8.02OD663）×$V/W\times 1\,000$

注：OD为测定波长下的光密度值；V为叶绿素提取液总体积（mL，若用的稀释液，则乘以稀释倍数）；W为材料鲜重（g）。

三、结果与分析

（一）出苗时间、出苗率及成苗率的比较

由表4-5结果可知，在出苗时间上，T_1（河砂）、T_2（锯木灰）、T_4（米糠）较CK（传统基质）分别晚了0.33 d、0.67 d、1.67 d，差异未达到显著水平；T_3（煤渣）比CK（传统基质）晚了2 d，差异达到极显著水平；T_1（河砂）、T_2（锯木灰）、T_4（米糠）之间差异未达到显著水平。T_1（河砂）与CK（传统基质）出苗率及成苗率无显著差异，T_2（锯木灰）、T_4（米糠）低于CK（传统基质），差异达到极显著水平；T_2（锯木灰）、T_4（米糠）之间无显著差异；T_3（煤渣）低于CK（传统基质）、T_1（河砂）、T_2（锯木灰）、T_4（米糠），差异达到极显著水平，其中T_3（煤渣）的出苗率及成苗率较CK（传统基质）低7.09%、7.19%。

表4-5 出苗时间、出苗率及成苗率

处理	出苗时间/d	出苗率/%	成苗率/%
T_1	8.33bAB	93.96aA	94.17aA
T_2	8.67bAB	89.48bB	89.78bB
T_3	10.00aA	87.60cC	87.60cC
T_4	9.67abAB	89.48bB	89.79bB
CK	8.00bB	94.69aA	94.79aA

注：同一列数据中小写字母不同者表示差异达显著水平（P<0.05），大写字母不同者表示差异达极显著水平（P<0.01），下同。

（二）烟苗成苗期农艺性状的调查

表4-6 烟苗成苗期农艺性状

处理	茎高/（cm/株）	株高/（cm/株）	叶面积/（cm^2/株）	茎直径/（cm/株）	茎叶鲜重/（g/株）	根鲜重/（g/株）	叶色
T_1	12.27aA	21.24aAB	28.16aA	0.47aA	6.89aA	1.36aA	正绿
T_2	10.18bB	20.08bB	26.93bB	0.39bB	5.83bB	1.26bB	正绿
T_3	10.11bB	19.79bB	24.85cC	0.37bB	5.55bB	1.17cB	浅绿
T_4	10.16bB	20.15bB	25.34cC	0.40aA	5.79bB	1.26bB	正绿
CK	12.32aA	22.15aA	28.43aA	0.48aA	6.98aA	1.38aA	正绿

由表4-6可知，T_1（河砂）与CK（传统基质）的生物性状指标较接近，长势较一致，在各生物性状上无明显差异。T_2（锯木灰）、T_3（煤渣）、T_4（米糠）的茎高、株高、茎叶鲜重均小于CK（传统基质），差异达到极显著水平；T_2（锯木灰）、T_3（煤渣）、T_4（米糠）之间差异不显著。T_1（河砂）、T_2（锯木灰）、T_3（煤渣）、T_4（米糠）和CK（传统基质）叶面积从大到小依次是CK（传统基质）>T_1（河砂）>T_2（锯木灰）>T_4（米糠）>T_3（煤渣），T_2（锯木灰）、T_3（煤渣）、T_4（米糠）的叶面积较CK（传统基质）小，差异达到极显著水平；T_3（煤渣）、T_4（米糠）叶面积小于T_2（锯木灰），差异达到极显著水平；T_3（煤渣）、T_4（米糠）之间差异不

显著。T_3（煤渣）与CK（传统基质）的茎直径差距最大，较CK（传统基质）小了0.11 cm；T_2（锯木灰）、T_3（煤渣）茎直径均小于CK（传统基质），差异达到极显著水平；T_4（米糠）与CK（传统基质）差异未达到显著水平。T_1（河砂）、T_2（锯木灰）、T_3（煤渣）、T_4（米糠）、CK（传统基质）的根鲜重分别为1.36 g、1.26 g、1.17 g、1.26 g、1.38 g，T_2（锯木灰）、T_3（煤渣）、T_4（米糠）根鲜重较CK（传统基质）轻，差异达到极显著水平；T_3（煤渣）比T_2（锯木灰）、T_4（米糠）轻，差异达到显著水平；T_2（锯木灰）、T_4（米糠）之间差异未达到显著水平。叶色除T_3（煤渣）为浅绿外均为正绿。

（三）不同生育期最大叶的比较

烟苗不同生育期的最大叶的大小反映了烟苗对养分的利用状况，最大叶的大小与烟苗光合能力强弱之间有十分紧密的联系。表4-7表明：在小十字期，T_1（河砂）与CK（传统基质）在叶长、叶宽差异未达到显著水平；T_2（锯木灰）、T_3（煤渣）、T_4（米糠）叶长、叶宽均小于CK（传统基质），差异达到极显著水平。大十字期、伸根期、成苗期，T_1（河砂）与CK（传统基质）在叶长、叶宽上差异未达到显著水平；T_2（锯木灰）、T_4（米糠）在叶长、叶宽上都小于CK（传统基质），差异达到极显著水平；T_2（锯木灰）、T_4（米糠）之间未达到显著水平；T_3（煤渣）与CK（传统基质）在叶长、叶宽上差距最大分别为1.45 cm、1.37 cm；T_3（煤渣）的叶长、叶宽小于T_1（河砂）、T_2（锯木灰）、T_4（米糠）、CK（传统基质），差异达到极显著水平。

表4-7　不同生育期最大叶的比较　　cm/株

处理	小十字期		大十字期		伸根期		成苗期	
	长	宽	长	宽	长	宽	长	宽
T_1	0.68aA	0.53aA	2.09aA	1.90aA	5.57aA	3.46aA	11.44aA	5.58aA
T_2	0.61bB	0.49bBC	1.86bB	1.72bB	4.77bB	3.07bB	10.26bB	4.91bB
T_3	0.60bB	0.48bB	1.77 cC	1.60cC	4.72cC	2.83cC	10.02cC	4.24cC
T_4	0.62bB	0.49bB	1.86bB	1.74bB	4.77bB	3.08bB	10.25bB	4.87bB
CK	0.70aA	0.55aA	2.11aA	1.91aA	5.59aA	3.49aA	11.47aA	5.61aA

（四）成苗期叶绿素含量的比较

叶绿素含量变化状况直接影响烟叶进行光合作用。由图4-2可知，T_1（河砂）与CK（传统基质）叶绿素含量差距较小，仅为0.03 mg/g；T_2（锯木灰）与T_4（米糠）叶绿素含量水平基本一致，但低于CK（传统基质）；T_3（煤渣）叶绿素含量明显低于T_1（河砂）、T_2（锯木灰）、T_4（米糠）和CK（传统基质），与CK（传统基质）差距最大，达到了0.17 mg/g。

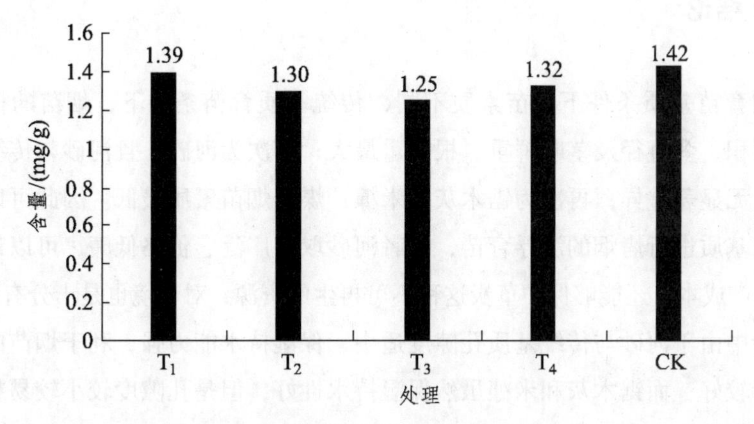

图4-2 烟草成苗期叶绿素含量的比较

（五）根系活力的比较

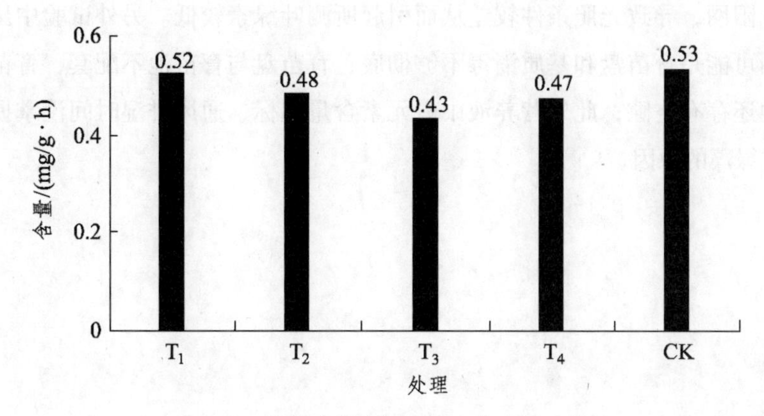

图4-3 烟草成苗期根系活力大小的比较

根系的生长状况决定了植物生长发育过程中矿质营养的供应的能力。烟株根系活力的提高对烟叶光合强度、叶绿素含量、单叶重的增加，均有十分重要的意义。由图4-3可以看出T_1（河砂）与CK（传统基质）根系活力最为接近，差距仅为0.01 mg/g·h；T_2（锯木灰）与T_4（米糠）根系活力较接近且略低于CK（传统基质），T_2（锯木灰）、T_4（米糠）较CK（传统基质）的根系活力分别低0.05 mg/g·h、0.06 mg/g·h；T_3（煤渣）根系活力最低，较CK（传统基质）低了0.10 mg/g·h。

四、结论

不同育苗基质条件下烟苗素质不同，传统基质育苗条件下，烟苗的株高、茎高、叶面积、茎直径及茎叶鲜重、根鲜重最大；其次为河砂，且河砂与传统基质在各性状上无显著差异；再次为锯木灰和米糠；煤渣烟苗素质最低。因此可以用河砂取代传统基质进行烤烟的漂浮育苗，再者河砂取材广泛、价格低廉，可以最大程度的降低生产成本，还能够保护草炭这种不可再生的资源，对环境也是十分有利的。

试验中由于河砂与传统基质孔隙度适中，保湿持水能力强，利于烟苗的生长，所以苗情较好；而锯木灰和米糠虽然保湿持水性好，但是孔隙度较小较易粘附在一起不利于根系的生长，从而影响整株烟苗的生长；煤渣孔隙度虽然较适中但是持水性较差，水分蒸发后会凝固成块也不利于烟苗的生长。

本试验中所测叶绿素含量普遍偏低，其原因可能是育苗大棚所用塑料膜较厚且遮盖了遮阳网，导致光照条件较差从而引起所测叶绿素较低。另外试验中出现了绿藻，原因可能是育苗盘和基质消毒不够彻底；育苗盘与育苗池不配套，育苗盘放在育苗池中还存有空隙；此外营养液中磷元素含量超标、通风排湿时间没掌握好也可能是造成绿藻的原因。

第三节 不同基质配比对烤烟烟苗生长发育的影响

一、研究目的

烟草是我国重要经济作物之一，面积和总产量居世界第一位。漂浮育苗是20世纪90年代开始推广的高新技术，它是在温室或塑料薄膜覆盖条件下将烟草种子播在填有特殊“无土”基质的育苗盘上，将育苗盘悬浮于含有完全矿质营养的苗池中，烟苗生长所需的水分和养分通过基质提供的一项新的育苗方式，为当今世界较为先进的集约化育苗技术，代表了烟草育苗技术的发展方向。目前，漂浮育苗占国内烤烟育苗面积95%以上。而漂浮育苗的基质的好坏将直接决定着育苗工作的成败。我国现行烤烟生产上采用的漂浮育苗所使用的基质，主要以富含有机质的材料（草炭）为主，再配以适当比例的轻质无机材料（蛭石、膨化珍珠岩）制成。草炭是不可再生的湿地资源，大量开采会对生态环境造成难以恢复的破坏。而基质中的膨化珍珠岩随大田移栽带入烟田后，会影响种植土壤的理化结构。要保持烟草漂浮育苗技术的良好发展，保证烤烟生产的可持续发展，开展漂浮育苗基质中草炭的替代研究是一项势在必行的工作。河砂取材广泛，价格低廉，电导率低，化学稳定性好，物理结构可通过搭配不同粒径的砂粒进行控制。煤渣来源广泛，可达到废物利用的目的。锯木灰吸水、持水性好。用以上所述基质不同比例配制进行烤烟漂浮育苗，研究其对烟苗生长发育的影响，与常规育苗基质试验对比，调查烟苗生长发育状况，进而找到一种混配育苗基质可以替代常规育苗基质。

二、试验设计与方法

（一）试验材料

供试烤烟品种为云烟85。漂浮盘采用膨化聚苯乙烯塑料盘，育苗盘为160穴，66 cm × 34.5 cm × 5 cm规格；试验用砂为细长安宁河新鲜干净砂粒，砂粒径2.00 mm；锯木灰取材于西昌创兴家具厂，过筛处理，剔除较大木屑；煤渣取材于西昌学院学生食堂，细碎整理后筛除较大的沙砾，过2 mm筛；另外，常规基质来源于凉山州烟草局。育苗肥选用鑫叶牌烟草专用育苗肥，肥料配比N：P_2O_5：K_2O为19：10：20。苗床规格：长11 m、宽1.2 m、高12 cm。底部铺黑色塑料薄膜。聚氯乙烯白色棚膜，遮阳网。育苗基质均经高温杀菌后使用。育苗盘经0.1%高锰酸钾溶液喷洒消毒，用塑料薄膜密封24 h，然后用清水冲洗干净。

（二）试验设计

1. 试验设计

试验于2010年7月在西昌学院农学试验基地进行。试验设置5个基质处理：T_1河砂：锯木灰：煤渣为7：2：1；T_2河砂：锯木灰：煤渣为5：3：2；T_3河砂：锯木灰：煤渣为1：2：7；T_4河砂：锯木灰：煤渣为2：3：5；CK：烤烟育苗常规基质（草炭：蛭石：膨化珍珠岩为6：2：2）。每穴播种两粒种子，散水裂解后放入育苗池中。

2. 苗床管理

苗池地点避风向阳，地下水位低，地势平坦，田间卫生，靠近水源，管理方便，小气候较好。小十字期前加池水深至1～2 cm，生根期后，加水以育苗盘和育苗池高度平齐为准，使砂体的水分保持饱和状态，选用的水不含任何有害成分。分别于出苗期、小十字期、大十字期及成苗期添加营养液。

播种后，棚内采取严格的保温措施，盘表面温度保持在21～24℃。晴天中午，若棚内温度高于30℃，应及时打开棚膜通风排湿。出苗到十字期，以保温为主，下午注意盖膜。从十字期到成苗，避免极端温度，造成热害和冷害。成苗期加大通风量，使烟苗适应外界温度和湿度，提高抗逆性。

育苗过程中一方面要注意盐害、冷害、热害、棚膜滴水等生理性病害；另一方面防治猝倒病、黑胫病、立枯病等侵染性病害。主要措施是经常通风排湿、加强光照，同时还要防治害虫和绿藻的滋生。

（三）测定项目和方法

主要进行烟草生物性状的测定。在播种后7～8 d开始调查出苗时间，15 d后调查出苗率，75 d后调查成苗率。在生根期调查苗期长势、苗色及整齐度。成苗期（一般在70 d以后）每种基质随机取9株烟苗测定株高、茎高、茎鲜重、根鲜重、叶面积、叶绿素含量和根系活力等生物学性状。其中叶面积采用称重法（也称裁剪重量法）

测定，根系活力采用TCC法测定，叶绿素含量采用分光光度法测定。这些生物性状的测定参照烟草农艺调查方法（YC/T 142—1998）执行。所有数据均为三次重复（或平行）的平均值，采用明道绪主编的《田间试验与统计分析》第五章的多重比较和最小显著差数法（LSD）进行统计分析。

出苗率（%）=每孔苗数/每盘孔数×100%；

成苗率（%）=成苗时存苗数/播种孔穴数×100%

Chl总含量（$mg \cdot g^{-1}$）=（20.2OD645+8.02OD663）×V/W×1 000

注：OD为测定波长下的光密度值；V为叶绿素提取液总体积（mL，若用的稀释液，则乘以稀释倍数）；W为材料鲜重（g）。

三、结果与分析

（一）不同基质配比对烟苗出苗率和成苗率的影响

由表4-8可以看出，T_1、T_2、T_3、T_4和CK出苗率分别为85.83%、90.23%、85.99%、88.62%和90.27%，出苗率均不如CK，其中T_2与CK差异不显著，T_4与CK差异显著，T_1、T_3与CK差异极显著。各处理成苗率分别为84.69%、90.62%、83.29%、87.43%和91.34%，T_2与CK无显著差异，T_1、T_3和T_4的成苗率低于CK，差异极显著。

表4-8 不同配比基质对烟苗出苗率和成苗率的影响

处 理	T_1	T_2	T_3	T_4	CK
出苗率/%	85.83cB	90.23 aA	85.99cB	88.62 bA	90.27 aA
成苗率/%	84.69 cC	90.62 aA	83.29cC	87.43 bB	91.34 aA

（二）不同基质配比对烟苗长势、苗色及整齐度的影响

从表4-9可以看出，T_1的长势强，T_2、T_4、CK长势中等，T_3长势弱；苗色上，T_1、T_3、T_4为浅绿，T_2、CK为正绿。T_1、T_4出苗较整齐，T_2、T_3、T_4出苗整齐。T_2长势、苗色和整齐度与CK一致。

表4-9　不同配比基质对烟苗长势、苗色及整齐度的影响

处理	烟苗长势	苗色	整齐度
T_1	强	浅绿	较整齐
T_2	中	正绿	整齐
T_3	弱	浅绿	整齐
T_4	中	浅绿	较整齐
CK	中	正绿	整齐

（三）不同基质配比对烟苗生育进程的影响

由表4-10可知，T_1、T_2、T_3、T_4和CK的出苗时间分别是10.33 d、8.33 d、10.67 d、10.33 d和7.67 d，T_1、T_3和T_4的出苗时间较CK分别晚2.66 d、3 d和2.66 d，差异极显著；T_2与CK的出苗时间差异不显著。T_1、T_3和T_4到达小十字期的天数比CK晚，差异极显著；T_2到达小十字期的天数较CK晚0.34 d，差异不显著。T_1、T_4到达大十字期天数比CK晚，差异显著；T_3最晚到达大十字期，较CK晚了2.67 d，与CK差异极显著；T_2与CK无显著差异。达到成苗期的时间从早到晚依次为CK>T_2>T_1>T_4>T_3，其中T_1、T_2与CK无显著差异；T_3、T_4比CK晚，差异显著。

表4-10　不同基质配比对烟苗生育进程的影响　　d

处理	出苗时间	小十字期	大十字期	成苗期
T_1	10.33aA	23.33aA	32.00aAB	72.00abA
T_2	8.33bB	20.67bB	30.33bAB	70.67bA
T_3	10.67aA	22.33aA	32.67aA	72.67aA
T_4	10.33aA	22.33aA	32.33aAB	72.33aA
CK	7.67bB	20.33bB	30.00bB	70.33bA

（四）不同基质配比对烟苗素质的影响

由表4-11可知，T_1、T_2、T_3、T_4和CK株高分别为20.08 cm、21.55 cm、20.21 cm、21.40 cm和21.52 cm，各处理差异不显著。T_1、T_2与CK茎高差异不显著，T_2茎高最大，为12.88 cm，T_3茎高最小，为10.83 cm，与CK差异极显著，T_4的茎高小

于CK，差异达到显著水平。T_1、T_3和T_4的茎围、茎鲜重小于CK，差异极显著。其中T_4茎围最小，仅为1.28 cm，与CK相差0.35 cm，T_2与CK差异不显著；T_2的茎鲜重最大，为8.13 g，较CK大了0.38 g，T_3的茎鲜重最小，为6.05 g，比CK轻1.60 g。各处理根鲜重分别为0.98 g、1.53 g、1.08 g、1.19 g和1.50 g，其中T_2的根鲜重大于CK，但差异不显著，T_1、T_3和T_4根鲜重小于CK，T_4与CK的差异达显著水平，T_1和T_3与CK的差异达极显著水平。叶面积从大到小依次为T_2>CK>T_4>T_3>T_1，其中T_1的叶面积小于CK，差异达显著水平，而T_2、T_3、T_4和CK间在叶面积上差异不显著。

表4-11 不同基质配比对烟苗素质的影响

处理	株高/（cm/株）	茎高/（cm/株）	茎围/（cm/株）	茎鲜重/（g/株）	根鲜重/（g/株）	叶面积/（cm^2/株）
T_1	20.08aA	12.13abAB	1.37 bB	6.39 bB	0.98bB	24.40 bA
T_2	21.55aA	12.88aA	1.64aAB	8.13aA	1.53aA	28.74aA
T_3	20.21aA	10.83bB	1.38bB	6.05bB	1.08bB	26.04abA
T_4	21.40aA	11.43bAB	1.28 bB	6.42bB	1.19bAB	26.71abA
CK	21.52aA	12.60aA	1.63aA	7.75aA	1.50aA	28.57aA

（五）不同基质配比对烟苗叶绿素含量的影响

由图4-4可以看出，各处理叶绿素含量分别为1.51 mg/g、1.53 mg/g、1.50 mg/g、1.52 mg/g和1.48 mg/g，均高于CK，其中CK叶绿素含量最低，T_2的叶绿素含量最高。

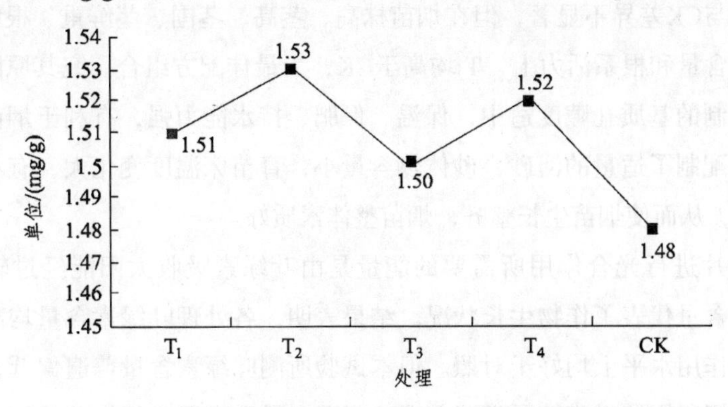

图4-4 不同基质配比使用对烟苗叶绿素含量的影响

（六）不同基质配比对烟苗根系活力的影响

根系活力是评价烟苗健壮与否的一项重要的生理指标，提高根系活力是改善烟叶内在品质和提高产量的关键措施之一。由图4-5可知，T_1、T_2、T_3、T_4和CK的根系活力分别为0.60 mg/g·h、0.61 mg/g·h、0.52 mg/g·h、0.56 mg/g·h和0.50 mg/g·h，各处理的根系活力均高于对照，其中T_2的根系活力最高。表明各处理的基质配比均为根系的发育创造了较CK更好的水气条件，有利于根系活力的提高。

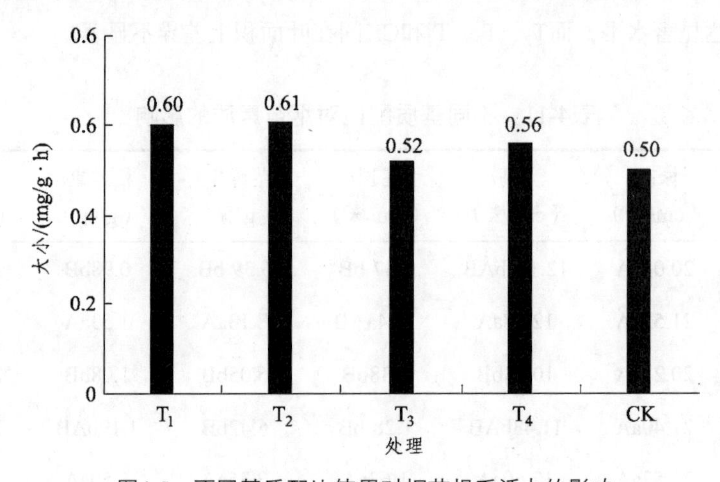

图4-5　不同基质配比使用对烟苗根系活力的影响

四、结论

河砂、锯木灰、煤渣三种基质以5∶3∶2比例配制处理在出苗率、成苗率、烟苗长势、苗色上与CK差异不显著，但在烟苗株高、茎高、茎围、茎鲜重、根鲜重、叶面积、叶绿素含量和根系活力上，T_2均高于CK，为最佳配方组合。究其原因，是因为这种比例配制的基质孔隙度适中，保温、保肥、持水能力强，有利于烟苗的生长。另外，由于配制了适量的河砂，砂体热容量小，育苗床温度变化大，有利于烟苗干物质的积累，从而使烟苗生长整齐，烟苗整体素质好。

植物叶片进行光合作用所需要的能量是由叶绿素吸收太阳能经过转化而提供的，叶绿素含量代表了作物生长状况。结果表明，各处理叶绿素含量均高于对照，说明在光合作用水平上均好于对照。但本试验所测叶绿素含量普遍偏低，其原因可能是育苗大棚所用塑料膜较厚且遮盖了遮阳网，导致光照条件较差从而引起所测叶绿素较低。根系的生长状况决定了植物生长发育过程中矿质营养的供应能力。烟株根系活力的提高对烟叶光合强度、叶绿素含量、单叶重的增加，均有十分重要的意义。分析结果可以得出，随着基质用量河砂的减少，根系活力呈上升趋势，表明基质水气条件向有利于根系活力提高的方向转变。而根系活力的提高又促进了烟苗的光合强度，进而促进叶绿素含量的提高。

总的来说，河砂、锯木灰、煤渣三种基质以5∶3∶2比例配制进行漂浮育苗，根系发达，烟苗整体素质高于CK。因此，以这三种基质配制代替草炭为主的常规基质进行烤烟漂浮育苗不仅可以保护环境，而且使育苗成本大幅下降，说明这种育苗方式是可行的，值得进一步研究与推广。

第四节 不同营养液配方对砂培育苗烟苗生长及农艺性状的影响

一、研究目的

砂培漂浮育苗是无土育苗的技术之一，砂体取材广泛、价格低廉、化学稳定性好，用砂体替代传统基质进行育苗，可有效降低育苗材料成本。营养液配方是漂浮育苗成败的关键因素之一，虽然目前国内外已提出不少营养液配方，但大多是针对烟草传统基质漂浮育苗的，而目前我国针对砂培漂浮育苗的营养液配方的研究甚为少见。因此，开展砂培漂浮育苗营养液配方的研究具有十分重要的意义。鉴于此，本节以烟草专用育苗肥为对照，设计了6种不同的配方配置成营养液，研究了不同配方营养液对烟苗生长特性的影响，以期找出更优的砂培漂浮育苗的营养液配方。

二、试验设计与方法

（一）试验材料

供试材料为云烟85包衣种子，漂浮盘160孔、66 cm × 34.5 cm × 5 cm；砂培漂浮育苗基质以粒径为2.0 mm的河砂、珍珠岩、蛭石按8∶1∶1的比例配成的。

表4-12　营养液配方成分　mg/L

成分	处理					
	T_1	T_2	T_3	T_4	T_5	T_6
NH_4NO_3	1 650	1 650	—	—	2 500	2 500
KNO_3	1 900	1 900	2 830	2 830	—	—
KH_2PO_4	170	170	400	400	—	—
$MgSO_4 \cdot 7H_2O$	370	370	185	185	250	250
$CaCl_2 \cdot 2H_2O$	440	440	166	166	150	150
（NH_4）$2SO_4$	—	—	463	463	134	134
$FeSO_4 \cdot 7H_2O$	—	—	27.8	27.8	—	—
$MnSO_4 \cdot 4H_2O$	—	22.3	4.4	4.4	—	10
$ZnSO_4 \cdot 7H_2O$	—	8.6	—	1.6	—	2
H_3BO_3	—	6.2	—	0.8	—	3.0
KI	—	0.83	—	1.6	—	0.75
$Na_2MoSO_4 \cdot 2H_2O$	—	0.25	—	—	—	0.25
$CuSO_4 \cdot 5H_2O$	—	0.025	—	—	—	—
$CoCl_2 \cdot 6H_2O$	—	0.025	—	—	—	0.025

（二）试验设计

试验于2011年在西昌学院试验基地进行，营养液配方试验设7个处理，用CK、T_1、T_2、T_3、T_4、T_5、T_6表示，其中，对照（CK）为鑫叶牌烟草专用育苗肥，肥料配比N：P_2O_5：K_2O为19：10：20。其他各处理营养液配方见表4-12。重复3次，随机区组排列。其他管理同凉山州砂培育苗管理。

（三）测定项目及方法

播种后18 d调查出苗率，在烟苗小十字期、大十字期和成苗期时分别进行农艺性状的调查，每个处理随机取10株测定其茎高，最大叶片长、叶宽，茎粗，烟苗地上部、地下部鲜质量和干质量，观察叶色、整齐度，并记录烟苗生长各时期的时间进行比较。

出苗率=每孔苗数/每盘孔数×100%；成苗率=成苗时存苗数/播种孔穴数×100%。

三、结果与分析

（一）不同配方营养液处理烟苗生长所历的时间

由表4-13可知，各个处理的出苗期一致，T_1、T_3、T_4到达各时期的时间与CK基本相同或无明显差异，但T_3烟苗到达成苗期的时间比CK提前2 d；而T_2、T_5、T_6 3个处理的烟苗到达各个生育期的生长速度则较CK推迟2~3 d，成苗时间也晚2~3 d。

表4-13　不同配方营养液对烟苗生长所历时间的影响　d

处理	播种~出苗期	出苗期~小十字期	小十字期~大十字期	大十字期~猫耳期	猫耳期~成苗期
T_1	15	26	33	46	70
T_2	15	25	34	48	72
T_3	15	26	32	45	68
T_4	15	25	33	46	71
T_5	15	26	35	49	73
T_6	15	26	35	49	73
CK	15	25	32	46	70

（二）不同配方营养液处理各时期烟苗的生物学性状

由表4-14~4-16可以看出，各处理烟苗的茎高、茎粗、最大叶长宽随烟苗生育期的推进均呈递增趋势，但小十字期、大十字期和成苗期均表现为T_3处理烟苗的茎杆粗壮、最大叶面积以及整体素质好于CK；T_1、T_2、T_4、T_5、T_6各处理烟苗的茎高、茎粗、最大叶面积均低于或与CK相当。在叶色上，T_1、T_3、T_4、CK烟叶均为绿色，长势整齐；T_2、T_5处理烟叶呈浅绿色，T6烟叶为浅绿偏黄，长势较为整齐。

表4-14　不同配方营养液对小十字期烟苗农艺性状的影响

处理	茎高/cm	茎粗/cm	最大叶长/cm	最大叶宽/cm	叶色	整齐度
T_1	1.8aA	0.16abA	2.7aA	1.3bB	绿色	整齐
T_2	1.8aA	0.15abA	2.6aA	1.3bB	浅绿	较整齐
T_3	1.9aA	0.17aA	2.7aA	1.4aA	绿色	整齐
T_4	1.9aA	0.16abA	2.6aA	1.2cC	绿色	整齐
T_5	1.8aA	0.14bA	2.6aA	1.2cC	浅绿	较整齐
T_6	1.7aA	0.15abA	2.6aA	1.2cC	浅绿微黄	较整齐
CK	1.8aA	0.16abA	2.7aA	1.3bB	绿色	整齐

添加表注，说明显著性分析的标注情况

表4-15　不同配方营养液对大十字期烟苗农艺性状的影响

处理	茎高/cm	茎粗/cm	最大叶长/cm	最大叶宽/cm	叶色	整齐度
T_1	3.9bcBC	0.23bBC	4.6bcBC	2.7bBC	绿色	整齐
T_2	3.7dD	0.19cdD	4.5cdBCD	2.3cD	浅绿色	较整齐
T_3	4.2aA	0.27aA	5.1aA	3.1aA	绿色	整齐
T_4	3.8cdCD	0.20cCD	4.6bcBC	2.7bBC	绿色	整齐
T_5	3.5eE	0.18cdD	4.3deCD	2.3cD	浅绿	较整齐
T_6	3.4eE	0.17dD	4.2eD	2.4cCD	浅绿微黄	较整齐
CK	4.0bB	0.24bAB	4.8bAB	2.8bAB	绿色	整齐

表4-16　不同配方营养液对成苗期烟苗农艺性状的影响

处理	茎高/cm	茎粗/cm	最大叶长/cm	最大叶宽/cm	叶色	整齐度
T_1	12.5bcABC	0.60cBCD	13.8bB	5.5bcBC	绿色	整齐
T_2	12.4cBC	0.57deDE	12.7dC	5.3cdBCD	浅绿色	较整齐
T_3	13.0aA	0.65aA	14.2aA	6.0aA	绿色	整齐
T_4	12.6abcABC	0.61bcBC	13.5cB	5.6bB	绿色	整齐
T_5	12.4cBC	0.59cdCDE	12.5dC	5.2deCD	浅绿	较整齐
T_6	12.3cC	0.56eE	12.5dC	5.0eD	浅绿微黄	较整齐
CK	12.9abAB	0.63abAB	13.8bB	5.6bB	绿色	整齐

（三）不同配方营养液处理的烟苗干物质积累

烟苗体内的物质积累情况反映了烟苗对养分的吸收状况，干物质积累的多少与烟苗健壮与否密切相关。从表4-17可以看出，T_3处理烟苗地上部和地下部的干、鲜质量均高于CK及其他处理，尤其表现为地下干物质积累多、根冠比大，根系发达，有利于烟苗移栽后根系的生长。T_1、T_2、T_4、T_5、T_6各个处理烟苗干物质积累量均低于CK。

表4-17 不同配方营养液对成苗期烟苗干物质积累的影响

处理	茎叶/（g/株）			根系/（g/株）			根冠比
	鲜质量	干质量	干鲜比	鲜质量	干质量	干鲜比	鲜质量比
T_1	9.703	0.583	0.060 0	1.282	0.106	0.082 7	0.132 0
T_2	9.582	0.367	0.038 3	0.941	0.062	0.065 9	0.098 2
T_3	9.821	0.939	0.095 6	2.132	0.202	0.094 8	0.217 1
T_4	9.705	0.584	0.060 2	1.282	0.105	0.081 7	0.132 1
T_5	9.546	0.355	0.037 2	0.940	0.063	0.066 9	0.098 4
T_6	9.574	0.341	0.035 6	0.940	0.061	0.065 3	0.098 1
CK	9.705	0.585	0.060 3	1.282	0.110	0.085 6	0.132 1

（四）不同配方营养液处理的烟苗成苗情况

表4-18表明，各个处理之间的出苗率一致，但到成苗期，各处理的成苗情况却有所差异，其中，T_3的成苗率显著高于CK，其他各个处理的成苗率均低于CK。

表4-18 不同配方营养液处理对烟苗成苗率的影响

指标	处理						
	T_1	T_2	T_3	T_4	T_5	T_6	CK
成苗率/%	95.7bcBC	94.4eE	96.4aA	95.6cC	94.6dD	93.8fF	95.8bB

四、结论

本研究中T_3处理的烟苗长势、生育期及其干物质的量、根冠比均优于CK及其他各个处理。原因可能是T_3配方中钾、锌的含量是烟苗生长所需的最适质量浓度，而其他5个处理中钾含量相对较少、锌含量以及氯素含量较多。因此，以T_3配方营养液作为烤烟砂培育苗肥代替烟苗专用育苗肥是可行的，有利于提高烟苗素质。

第五节　不同粒径和营养液浓度对烟苗素质的影响

一、研究目的

在烤烟栽培中，培育壮苗是优质烟生产的基础，是稳定烟叶品质，提高中上等烟叶比例，增加烟农收入的有效保障。烤烟漂浮育苗是当今集约化育苗的最主要方式。漂浮育苗系统中采用的基质是育苗的关键，一般以富含有机质的材料为主，再配以适当比例的轻质无机材料制成，育苗基质材料配方复杂、化学稳定性差、生产成本高。常规基质是育苗基质中不可或缺的主要原料，随着漂浮育苗技术的推广，常规基质的需求量也越来越大，但常规基质作为自然界的不可再生资源，主要来源于被称为“地球之肾”的湿地，对常规基质的过度开采势必会对湿地生态系统平衡产生不可逆转的破坏后果。寻找基质的替代物，降低育苗成本，保护生态环境，是近年来漂浮育苗技术研发的一个重点。2005—2006年，云南省烟草公司楚雄州公司经过系统研究，创造性地开发出以砂体为介质的烟草砂培漂浮育苗操作技术，培育出砂培烟苗，建立了烟草砂培漂浮育苗技术操作规程。

虽然我国烟草科技工作者已经对烤烟砂培漂浮育苗技术开展了部分研究，但作为一种新型技术，技术体系仍不完善，如易脱肥、营养液管理复杂、漏砂严重、拔苗时砂易从根系脱落而影响移栽质量，若这些问题不能及时有效的解决，必将严重影响砂培漂浮育苗推广示范。因此，有必要对烤烟砂培漂浮育苗基质进行筛选并对营养液的浓度进行优化。

二、试验设计与方法

（一）试验材料

供试烤烟品种为红花大金元。试验用砂为西昌市安宁河河砂、凉山州烟草技术推广中心提供的常规基质。漂浮盘为西昌兴共达实业有限责任公司生产的160孔规格漂浮盘。育苗肥料为鑫叶牌烟草漂浮育苗专用肥，肥料配比$N:P_2O_5:K_2O=12:10:12$。

（二）试验设计

试验于2011年在西昌学院试验基地进行。实验处理设置如表4-19所示。

表4-19 试验处理设计

处理因素	X_1Y_1	X_2Y_1	X_3Y_1	X_1Y_2	X_2Y_2	X_3Y_2	X_1Y_3	X_2Y_3	X_3Y_3	Ck
基质粒径	1 mm	2 mm	未经筛选	1 mm	2 mm	未经筛选	1 mm	2 mm	未经筛选	常规基质
处理漂浮前营养液浓度	0.15%	0.15%	0.15%	0.25%	0.25%	0.25%	0.35%	0.35%	0.35%	0.2%
处理漂浮后营养液浓度	0.25%	0.25%	0.25%	0.35%	0.35%	0.35%	0.45%	0.45%	0.45%	0.3%

分别用X_1Y_1、X_1Y_2、X_1Y_3、X_2Y_1、X_2Y_2、X_2Y_3、X_3Y_1、X_3Y_2、X_3Y_3代表九个处理，用CK代表常规基质。每个处理三盘烟苗，完全随机排列。常规基质按现行一段试漂浮育苗，河砂按两段式漂浮育苗。砂培漂浮育苗完全以砂作为基质材料，第一片真叶出现之前，用清水湿润育苗。第一片真叶到大十字期之前开始用营养液，营养液的添加以不使育苗盘漂浮起来为准。在烟苗的大十字期后，营养液添加至与育苗池平齐，使育苗盘漂浮。

（三）测定项目和方法

分别在烟苗成苗期调查茎粗、茎高、叶片数、叶色、茎、根、叶的鲜重和干重、茎和根的长度根冠比、含水量、最大叶的长和宽，可溶性蛋白质含量、可溶性糖含量、POD、SOD、MDA、烟苗叶绿素含量、根系活力。可溶性蛋白质用考马斯亮蓝法测定，可溶性糖、CAT、POD、SOD、MDA分别参考陈建勋、王晓峰主编的《植物生理学实验指导》，根系活力采用TTC法测定，烟苗叶绿素含量测定采用SPAD-502叶绿素含量测定仪测定。

三、结果与分析

（一）砂培基质物理属性

从表4-20可知，1 mm粒径基质容重最大，常规基质容重最低，常规基质极显著低于其它三个粒径，1 mm的容重显著高于2 mm的容重，混合的和2 mm的容重差异性不明显。常规基质含水率最高，2 mm粒径河砂含水率最低，1 mm、2 mm、混合、常规基质含水率差异性极显著。

表4-20　基质物理属性

处理	X_1Y_1	X_2Y_1	X_3Y_1	X_1Y_2	X_2Y_2	X_3Y_2	X_1Y_3	X_2Y_3	X_3Y_3	CK
容重/（g/cm^3）	3.9214aA	2.4782bA	2.8936abA	3.9214aA	2.4782bA	2.8936abA	3.9214aA	2.4782bA	2.8936abA	0.4133cB
含水率/%	18.34Bb	8.24Dd	14.98Cc	18.34Bb	8.24Dd	14.98Cc	18.34Bb	8.24Dd	14.98Cc	69.81Aa

（二）出苗率

由表4-21可知，各处理中常规基质出苗率最高，2 mm粒径出苗率最低，2 mm粒径出苗率极显著低于其他处理的出苗率，1 mm、混合、常规基质的出苗率差异性不显著。

表4-21　各处理出苗率调查表

处理出苗率（%）	X_1Y_1	X_2Y_1	X_3Y_1	X_1Y_2	X_2Y_2	X_3Y_2	X_1Y_3	X_2Y_3	X_3Y_3	CK
出苗率（%）	91.62aA	84.38bB	91.50aA	91.62aA	84.38bB	91.50aA	91.62aA	84.38bB	91.50aA	93.87aA

（三）各处理生育动态

由表4-22可知，出苗期最早的是常规基质和混合粒径的河砂，各生育期的时间均早于其它处理，2 mm粒径河砂生长最为缓慢，各生育时期都晚于常规基质和混合粒径河砂3 d左右。各处理中优于常规基质的有X_3Y_2、X_3Y_3、X_3Y_1。

表4-22 各处理烟苗生长动态 日/月

处理生育期	X_1Y_1	X_2Y_1	X_3Y_1	X_1Y_2	X_2Y_2	X_3Y_2	X_1Y_3	X_2Y_3	X_3Y_3	CK
播种期	1.22	1.22	1.22	1.22	1.22	1.22	1.22	1.22	1.22	1.22
始苗期	2.9	2.9	2.7	2.9	2.9	2.7	2.9	2.9	2.7	2.7
齐苗期	2.14	2.14	2.11	2.14	2.14	2.11	2.14	2.14	2.11	2.11
小十字期	3.2	3.1	3.1	3.1	3.3	3.2	3.2	3.3	3.3	2.27
大十字期	3.14	3.15	3.13	3.14	3.16	3.13	3.15	3.16	3.13	3.13
成苗期	4.2	4.4	4.1	4.1	4.5	4.1	4.2	4.5	3.31	4.1
移苗期	4.9	4.9	4.9	4.9	4.9	4.9	4.9	4.9	4.9	4.9
还苗期	4.15	4.15	4.13	4.14	4.14	4.13	4.13	4.16	4.16	4.13

（四）各处理成苗后烟苗的农艺形状的比较

由表4-23可知，常规基质根长最长，X_2Y_1根长最短，X_1Y_1、X_1Y_3、X_3Y_1、X_3Y_3和常规基质差异性不明显；X_3Y_2茎高最高，X_2Y_3茎高最低，X_1Y_2和X_3Y_2没有显著的差异性，二者极显著高于常规基质；叶数最多的为X_3Y_2，该处理和常规基质、X_2Y_2、X_1Y_1差异性不显著，叶数最少的为X_2Y_3并且极显著低于其它处理；根鲜重最大的为X_3Y_1，该处理和X_1Y_2、X_2Y_2、X_3Y_2、常规基质差异性不显著，根鲜重最低的为X_2Y_3；根干重最重的为X_3Y_1，该处理和X_2Y_2差异性不显著，X_3Y_1、X_2Y_2 、X_3Y_2 、X_1Y_2均极显著高于常规基质，根干重最低的为X_2Y_3；茎鲜重最高的为X_3Y_2，该处理和X_1Y_2差异性不显著，X_3Y_2 、X_1Y_2 、X_2Y_2 、X_1Y_3极显著高于常规基质，茎鲜重最低的为X_2Y_3；茎干重最高的为X_3Y_2，该处理和X_1Y_2差异性不显著，X_3Y_2 、X_1Y_2 、X_2Y_2 、X_1Y_3极显著高于常规基质，茎干重最低的为X_2Y_3；叶鲜重最高的为X_2Y_2，该处理和X_1Y_2 、X_3Y_2 、X_1Y_3常规基质没有显著性差异，叶鲜重最低的为X_2Y_3；叶干重最重的为X_2Y_2，该处理和X_1Y_2 、X_3Y_1 、X_3Y_2常规基质差异性不显著，叶干重最低的为X_2Y_3；植株含水率最高的为X_1Y_2，最低的为X_3Y_3，该处理和X_3Y_1差异性不明显，均极显著低于其他处理，其他处理差异性不显著；气生根数最多的为2 mm粒径的基质，极显著高于其他处理，其他处理差异性不显著。综合看农艺性状，明显优于常规基质的处理有X_3Y_2、X_1Y_2、X_3Y_3、X_3Y_1。

表4-23　各处理成苗后烟苗的农艺性状

处理	根长/cm	茎高/cm	叶片数/片	根鲜重/g	茎鲜重/g	叶鲜重/g	根干重/g	茎干重/g	叶干重/g	根冠比	含水率/%	气生根数/根	叶色	整齐度
X_1Y_1	5.48abAB	4.77deD	8abcdABC	0.6952bcABC	0.5817cdC	3.3006bBC	0.0552cdeC	0.0435deCDE	0.2548cdBCD	0.1954	0.9064abA	5.00bB	微黄	稍齐
X_2Y_1	4.15cD	4.7deD	7.33defBCD	0.5163cBC	0.5180dCD	3.2942bBC	0.0522cdeC	0.0367defCDEF	0.2884bcABCD	0.1234	0.9131abA	18.83aA	微黄	整齐
X_3Y_1	5.3abABC	5.67cdCD	7.67bcdeABCD	1.2228aA	0.7508cC	4.3099aAB	0.1791aA	0.0530cdBC	0.3677abABC	0.2711	0.9020bA	6.33bB	正绿	整齐
X_1Y_2	4.3cCD	7.47abAB	7.83bcdeABCD	1.0648abA	1.3912aAB	4.8339aA	0.0932bcdBC	0.0861abA	0.3774abAB	0.2189	0.9265aA	5.00bB	嫩绿	整齐
X_2Y_2	4.38cBCD	6.50bcBC	8.33abcAB	0.9323abAB	1.1652bB	5.0067aA	0.1396abAB	0.0697bcAB	0.4052aA	0.1468	0.9147abA	18.83aA	嫩绿	整齐
X_3Y_2	4.75bcBCD	8.37aA	8.83aA	0.9202abAB	1.5226aA	4.5299aA	0.1022bcBC	0.0901aA	0.3256abcABC	0.1520	0.9247aA	6.33bB	正绿	整齐
X_1Y_3	5.35abABC	3.13fEF	7.00efCD	0.4804cBC	0.2564eDE	2.2576cCD	0.0430deC	0.0229fgEF	0.1908dD	0.2135	0.9166abA	5.00bB	嫩绿	稍齐
X_2Y_3	4.78bcBCD	1.78gF	6.67fD	0.3558cC	0.1707eE	1.8725cD	0.0310eC	0.0158gF	0.1717dD	0.1552	0.9086abA	18.83aA	正绿	稍齐
X_3Y_3	5.28abABC	2.68fgF	7.50cdefBCD	0.7130bcABC	0.2583eDE	2.3800cCD	0.0708cdeBC	0.0268efgDEF	0.2450cdCD	0.2444	0.8974bA	6.33bB	正绿	整齐
CK	5.93aA	4.25eDE	8.50abAB	0.9410abAB	0.6820cdC	4.3529aAB	0.0661cdeC	0.0511dBCD	0.3788abAB	0.1789	0.9197abA	3.17bB	正绿	整齐

（五）各处理成苗后烟苗生理指标的比较

由表4-24可知，叶绿素能反映植株光合速率的高低，叶绿素含量最高的为常规基质，X_3Y_3和常规基质差异性不显著，叶绿素含量最低的为X_2Y_1，该处理和X_1Y_1差异性不显著；根系活力体现植株根系的活力，吸收营养成分的能力，各处理中X_2Y_1根系活力最高，根系活力最低的为X_1Y_3，各处理间差异性极显著，根系活力极显著高于常规基质的处理有X_2Y_1、X_2Y_2、X_1Y_1；可溶性糖和可溶性蛋白质含量能够反映烟苗抗逆性和还苗生根能力，各处理中可溶性糖含量最高的为常规基质，极显著高于其他处理，可溶性糖含量最低的是X_2Y_1；可溶性蛋白质含量最高的是X_3Y_3，该处理和X_3Y_2、X_2Y_2、X_2Y_1、X_3Y_1常规基质的差异性不显著，可溶性蛋白质含量最低的是X_1Y_1，极显著低于其他处理；游离脯氨酸是植物对干旱产生的一种适应性生化代谢，各处理中游离脯氨酸含量最高的是X_3Y_3，含量最低的是X_2Y_1，该处理极显著低于其他处理，其他处理差异性不显著；CAT含量最高的是X_2Y_2，该处理和X_1Y_2、X_2Y_1常规基质的差异性不显著，含量最低的是X_2Y_2；POD含量最高的是X_3Y_3，该处理和X_2Y_3差异性不显著，这两个处理极显著高于其他处理，含量最低的是X_2Y_1，极显著低于其他处理；SOD是防止膜脂过氧化的重要酶之一，各处理中SOD含量最高的是X3Y1该处理极显著高于其他处理，X_3Y_1、X_3Y_3、X_1Y_3、X_1Y_2、X_3Y_2均极显著高于常规基质；MDA是细胞膜脂过氧化的最终产物，其含量高低反映膜受损伤水平，各处理中MDA含量最高的是X_2Y_2，该处理极显著高于其他处理，含量最低的是X_3Y_3。综合各个生理指标，优于常规基质的处理有X_3Y_3、X_3Y_1、X_2Y_3、X_3Y_2、X_1Y_2。

表4-24　生理指标

处理	叶绿素	根系活力mg/（g×h）	可溶性糖（μmol/L）	可溶性蛋白（mg/mL）	游离脯氨酸（mg/g）	CAT（μ/g）	POD（μ/g）	SOD（FW/g）	MDA（μmol/L）
X_1Y_1	23.2eD	192.23cC	1.31dD	16.07cA	10.96abA	101.4bC	171.2cdCD	72.65gFG	0.19cdDE
X_2Y_1	22.75eD	352.04aA	0.57fE	17.17abcA	7.51bA	495.47abABC	143.2dD	57.45hH	0.42bB
X_3Y_1	35.35bcABC	138.24eE	0.86eE	16.9abcA	18.18abA	148.46bBC	279.2bBC	111.27aA	0.25cCD
X_1Y_2	30.47cdC	121.5fF	0.78efE	16.65bcA	14.97abA	514.8abABC	302.66bB	98.2cCD	0.41bBC
X_2Y_2	28.85dCD	256.75bB	1.44dD	17.84abcA	20.06abA	30.52bC	309.87bB	69.95gG	0.98aA

续表

处理	叶绿素	根系活力mg/（g×h）	可溶性糖（μmol/L）	可溶性蛋白（mg/mL）	游离脯氨酸（mg/g）	CAT（μ/g）	POD（μ/g）	SOD（FW/g）	MDA（μmol/L）
X_3Y_2	31.8cdC	102.87gG	2.02cC	18.36abA	21.71abA	87.79bC	312.53bB	91.7dD	0.23cdD
X_1Y_3	28.65dCD	20.14jJ	2.51bB	16.45bcA	32.73abA	162.58bC	240.81bcBCD	103.17bBC	0.12deDE
X_2Y_3	34.05cBC	46.74hH	2.69bB	16.19bcA	24.81abA	867.8aA	427.19aA	77.48fEF	0.11deDE
X_3Y_3	39.22abAB	34.65iI	0.68efE	19.07aA	36.11aA	79.12bC	440.81aA	106.33bAB	0.02eE
CK	41.73aA	180.56dD	3.66aA	18.16abcA	11.99abA	771.15aAB	170.94cdCD	83.9eE	0.22cdD

四、小结

出苗期有轻微猝倒病，喷施链霉素得到有效防治，大十字期营养液中有蓝藻出现，喷施1 000倍硫酸铜溶液得到改善。

基质装盘时，河砂装2/3，播种后要盖土，防止气生根，加营养液要让塑料软管沿着育苗池壁，防止漏砂。天气晴朗时早上揭膜温度回升快，因为该地区空气湿度低，棚内湿度较大，温度回升较慢，早上揭膜后加速空气流通，降低湿度，温度回升快。

各个处理综合相互比较的情况下X_3Y_3、X_1Y_2、X_3Y_2、X_3Y_1、均可替代常规基质和山砂，这四个处理中，综合素质最好的为X_3Y_2。

第六节　Mn、Zn营养液对砂培育苗的影响

一、研究目的

在整个烤烟生产过程中，育苗阶段是烤烟生产的首要环节，烟苗质量的好坏直接关系到烤烟的产量和品质。砂培漂浮育苗是目前最先进的工厂化育苗技术，美国、巴西等早已普遍采用这项新技术，在中国同样也是普遍运用的育苗技术，具有

效率高，烟苗素质好，抗性强，移栽后长势好，产量高，品质好等优点。

砂培漂浮育苗是无土育苗的技术之一，砂体取材广泛，价格低廉，化学稳定性好，用砂体替代传统基质进行育苗，可有效降低育苗材料成本。

微肥营养液配方是漂浮育苗成败的关键因素之一。虽然目前国内外已提出不少营养液配方，但大多是供生产黄瓜、番茄的配方，供烟苗的微肥营养液配方相对较少；并且对于同一种作物，各国研究者者提出的配方又各不相同且大多是针对烟草传统基质漂浮育苗的，而目前我国针对砂培漂浮育苗的Mn、Zn营养液配方的研究甚为少见，因此开展砂培漂浮育苗Mn、Zn营养液配方的研究具有十分重要的意义。本研究基于前人所得的结论，针对不同配方营养液对烟苗生长特性的影响，以烟草专用育苗肥为对照，设计了6个处理分别以6种不同的配方配置成Mn、Zn营养液。以期找出更优的砂培漂浮育苗的Mn、Zn营养液配方。

二、试验设计与方法

（一）试验材料

供试品种为云烟85包衣种子；采用160孔，66 cm × 34.5 cm × 5 cm规格漂浮盘；砂培漂浮育苗基质自行以粒径为2.0 mm的河砂、珍珠岩、蛭石按8∶1∶1的比例配成的。选用鑫叶牌烟草专用育苗肥作为对照，肥料配比N：P_2O_5：K_2O为19∶10∶20。其他Mn、Zn营养液配方如下：

表4-25 营养液配方成分 mg/L

肥份	T_1	T_2	T_3	T_4	T_5	T_6
鑫叶牌烟草专用育	专用肥	专业肥	专业肥	专业肥	专业肥	专业肥
$MnSO_4 \cdot 4H_2O$	—	4	4	8	8	10
$ZnSO_4 \cdot 7H_2O$	—	—	2	2	4	8

（二）试验设计

试验于2013年在西昌学院实验基地进行，将应用药品按一定的成分比例配置成营养液。营养液配方实验设6个处理，用T_1、T_2、T_3、T_4、T_5、T_6表示。各处理营养液配方见表4-25。重复3次，随机区组排列。从播种到烟苗进入成苗期的70 d内，在出苗后烟苗达到小十字期时率为60%左右时第一次施加营养液，并分别在烟苗小十字期、大十字期、猫耳期按设计要求将配制好的营养液等量加入营养池中以保证在烟苗生长的临界营养期供给充足的养分。由于水分蒸发，需每天向各个处理中加入自来水保持池内营养液深度为20 cm；并在烟苗小十字期进行间苗、定苗；苗高7 cm时开始剪叶，以后每隔4～5 d剪一次。

（三）测定项目及方法

播种后18 d调查出苗率，在烟苗小十字期、大十字期和成苗期时分别进行农艺性状的调查，每个处理随机取十株测定其茎高、最大叶片长宽、茎粗、烟苗地上部、地下部鲜重和干重，观察叶色、整齐度以及对烟苗各个时期生育期进行比较。

出苗率（%）=每孔苗数/每盘孔数×100%；成苗率（%）=成苗时存苗数/播种孔穴数×100%。

三、结果与分析

（一）育苗阶段不同时期的比较

表4-26　不同配方营养液各时期比较　d

处理	出苗期	小十字期	大十字期	猫耳期	成苗期
T_1	15	26	33	46	70
T_2	15	25	34	48	72
T_3	15	26	32	45	68
T_4	15	25	33	46	71
T_5	15	26	35	49	73
T_6	15	26	35	49	73

由表4-26可知：各个处理的出苗期一致，T_1、T_3、T_4到达各个时期期的时间基本相同无显著差异，而T_2、T_5、T_6三个处理的烟苗到达各个生育期的生长速度则较T_3慢

2～3 d，成苗时间也晚2～3 d。

（二）烟苗育苗阶段不同时期生物学性状调查

在烟苗生长到小十字时期对烟苗的茎高、茎粗、最大叶长宽等农艺性状进行第一次调查，记录数据并观察烟叶的色泽和烟苗生长的整齐度。到大十字期和成苗期时对烟苗以上指标分别进行第二、三次调查并记录数据（见表4-27、表4-28、表4-29）。分析对比三个表的数据可以看出：各处理烟苗的茎高、茎粗、最大叶长宽在育苗期均呈递增趋势，但T_3处理烟苗的茎杆粗壮、最大叶面积以及整体素质好于对照；T_1、T_2、T_4、T_5、T_6各处理烟苗的茎高、茎粗、最大叶长、最大叶宽均低于对照，在叶色上，T_1、T_3、T_4烟叶均为绿色，长势整齐；T_2、T_5处理烟叶呈浅绿色，T_6烟叶为浅绿偏黄，长势较为整齐。

表4-27 小十字期农艺性状的比较

处理	茎高/cm	茎粗（直径/cm）	最大叶长/cm	最大叶宽/cm	叶色	整齐度
T_1	1.8aA	0.16abA	2.7aA	1.3bB	绿色	整齐
T_2	1.8aA	0.15abA	2.6aA	1.3bB	浅绿	较整齐
T_3	1.9aA	0.17aA	2.7aA	1.4aA	绿色	整齐
T_4	1.9aA	0.16abA	2.6aA	1.2cC	绿色	整齐
T_5	1.8aA	0.14bA	2.6aA	1.2cC	浅绿	较整齐
T_6	1.7aA	0.15abA	2.6aA	1.2cC	浅绿微黄	较整齐

表4.28 大十字期农艺性状的比较

处理	茎高/cm	茎粗（直径/cm）	最大叶长/cm	最大叶宽/cm	叶色	整齐度
T_1	3.9bcBC	0.23bBC	4.6bcBC	2.7bBC	绿色	整齐
T_2	3.7dD	0.19cdD	4.5cdBCD	2.3cD	浅绿色	较整齐
T_3	4.2aA	0.27aA	5.1aA	3.1aA	绿色	整齐
T_4	3.8cdCD	0.20cCD	4.6bcBC	2.7bBC	绿色	整齐
T_5	3.5eE	0.18cdD	4.3deCD	2.3cD	浅绿	较整齐
T_6	3.4eE	0.17dD	4.2eD	2.4cCD	浅绿微黄	较整齐

表4-29　成苗期农艺性状的比较

处理	茎高/cm	茎粗（直径/cm）	最大叶长/cm	最大叶宽/cm	叶色	整齐度
T_1	12.5bcABC	0.60cBCD	13.8bB	5.5bcBC	绿色	整齐
T_2	12.4cBC	0.57deDE	12.7dC	5.3cdBCD	浅绿色	较整齐
T_3	13.0aA	0.65aA	14.2aA	6.0aA	绿色	整齐
T_4	12.6abcABC	0.61bcBC	13.5cB	5.6bB	绿色	整齐
T_5	12.4cBC	0.59cdCDE	12.5dC	5.2deCD	浅绿	较整齐
T_6	12.3cC	0.56eE	12.5dC	5.0eD	浅绿微黄	较整齐

（三）烟苗干物质的积累

烟苗体内的物质积累反映了烟苗对养分的吸收状况，干物质的多少与烟苗健壮与否密切相关（见表4-30）。从表中我们可以看出，T_3处理地上部分和地下部分的干鲜重均高于对照及其他各个处理，尤其是地下的干物质积累多，根冠比大，根系发达，有利于烟苗移栽后根系的生长。T_1、T_2、T_4、T_5、T_6各个处理中的干物质积累量均低于对照。

表4-30　成苗期干物质积累比较

处理	茎叶/（g/株）			根系/（g/株）			根冠比
	鲜重	干重	干鲜比	鲜重	干重	干鲜比	鲜重比
T_1	9.703	0.583	0.0600	1.282	0.106	0.0827	0.1320
T_2	9.582	0.367	0.0383	0.941	0.062	0.0659	0.0982
T_3	9.821	0.939	0.0956	2.132	0.202	0.0948	0.2171
T_4	9.705	0.584	0.0602	1.282	0.105	0.0817	0.1321
T_5	9.546	0.355	0.0372	0.940	0.063	0.0669	0.0984
T_6	9.574	0.341	0.0356	0.940	0.061	0.0653	0.0981

（四）成苗情况

表4-31 各个处理成苗率比较 %

处理	T_1	T_2	T_3	T_4	T_5	T_6
成苗率	95.7bcBC	94.4eE	96.4aA	95.6cC	94.6dD	93.8fF

对烟苗的成苗率进行测定，实验结果表明（见表4-31）：在烟苗出苗未施肥之前记录数据，得出各个处理之间的出苗率相对整齐，差距不明显。经过烟苗后期生长过程中对各个处理施加不同配方的Mn、Zn营养液使其充分获得养分并于成苗期记录其成苗数据。

四、结论

砂培漂浮育苗是无土育苗的技术之一，砂体取材广泛，化学稳定性好，用砂体替代传统基质进行育苗，可有效降低育苗成本，保护生态环境。因此本文主要研究在砂培漂浮育苗中不同营养液配方对烟苗生物学性状的影响。

从以上两个表中我们可以看出，T_3处理的地上部分、地下部分的干鲜重以及成苗率均高于对照及其他各个处理，尤其是地下部分的干物质积累多，根冠比大，根系发达，有利于烟苗移栽后根系的生长。T_1、T_2、T_4、T_5、T_6各个处理中无论是干物质积累量还是成苗率均低于T_3。

本研究中T_3处理的烟苗长势、生育期及其干物质的量、根冠比、均优于对照及其他各个处理。原因在于T_3配方中钾素以及锌的含量是烟苗生长所需的最适浓度，锌含量较多。锌含量多往往会导致叶片失绿，过多会导致烟苗中毒死亡。其他各个处理中T_5、T_6两种配方中钾素含量严重缺乏，T_4中锌含量较T_3多，因而T_1、T_2、T_4、T_5、T_6各处理生育期延迟，烟苗长势差，叶片失绿，干物质的量以及根冠比较低。

综上所述，以T_3配方进行处理的烟苗，烟苗生长速度快，根系发达，整体素质好。因此，以T_3配方作为烟苗育苗肥，添加专用肥中的Mn、Zn含量，可以使烟苗生育期提前，使农艺性状表现良好的同时提高烟苗的干物质积累量，从而给烟农带来更多的利益。

第七节　农家肥不同施用量对烤烟品质和经济性状的影响

一、研究目的

烟草是重要经济作物，但我们的烟叶品质水平与巴西、美国和津巴布韦等优质烟叶相比，还存在一定的差距。红花大金元品种是云南石林县路美邑村的烟农从大金元品质的自然变异株中选择，经云南省科学研究所系统选育而成的优良品种。美国认为有机肥不利于烟叶品质，主张在烤烟种植中不施用有机肥，但中国烤烟生产的实际情况却是在大多数情况下，适量地施用有机肥有利于烟叶香气的改善和烤烟品质的提高。

中国有悠久的农业历史，在很久以前就已经开始施用农家肥，其对我国的农业事业有着突出的贡献。有机肥又称农家肥，其种类多，来源广，是我国烟区的传统肥料，生产实践证明，烟田适当施用有机肥对提高烟叶的产量和品质都有一定作用。有机肥中含有较为丰富的氮、磷、钾以及各种微量养分，吸收代换能力较强，使土壤能多保畜养分，改善土壤物理性状和化学性质，提高土壤肥力，有效地改善烟株的营养状况，其肥效特点与烟草的需肥规律相吻合。其内在品质和外观色泽与肥料的种类和形态有密切的关系，有机肥中含有的腐植酸、氨基酸、糖类等物质，经过转化最后形成烟叶的香气成分，提高烟叶的质量，尤其是绿原酸和芸香苷对改善烟叶等级、香气和吃味有良好作用。随着“吸烟与健康”问题的提出，卷烟产品将向低毒少害、提高安全性方向发展。因此，要达到优质烟叶目标，必须根据烟草品种、生态和土壤等综合因素，合理施用肥料，使土壤养分供应与烟株生长发育规律相一致，以提高烟叶品质，既保证产量也保证质量。施肥原则为：控制总氮，增施磷钾肥，调配中微肥。在使用农家生产肥的过程中，因农家肥的氮素释放难以控制，而又要生产优质烟叶，因此烤烟农艺过程中要严格控制农家肥施用量，避免烟株生长后期的氮素释放，损坏烟叶的特性变为次等烟。通过大田实验，对红花大金元农家肥用量进行了研究，目的在于找出红花大金元的最佳施肥量，提高烟叶品质，增加烟农收入。

二、试验设计与方法

（一）试验品种

红花大金元。

（二）试验地点

凉山州普格县黄草坪，试验地海拔1 660 m，交通便利，灌溉方便，试验田块为山地，土壤类型：砂壤土，pH=5.41，土壤养分含量：有机质3.21%，碱解氮203.42 mg/kg，速效磷23.61 mg/kg，速效钾34.27 mg/kg。

（三）试验设计

试验设计采用单因子随机区组试验设计，设置四个水平，不施农家肥为对照，重复三次，共计12个小区，每个小区面积80 m^2，每小区种植烟株130株，行距120 cm，株距55 cm，复合肥施用烟草专用复合肥，农家肥作基肥用油枯。

表4-32　实验水平设计表

处理	复合肥（$kg/667m^2$）	农家肥（$kg/667m^2$）
T_1	55	0
T_2	55	300
T_3	55	500
T_4	55	800

（四）试验实施时间

4月5日前完成预整地，4月20日移栽，5月5日移栽结束，6月1～6日按试验进行揭膜、除草、施肥、培土。7月2～7日进行打顶抹杈，同时使用抑芽素进行化学抑芽，7月20日开始采烤，9月15日田间采收结束。实验数据收集：7月5～7日田间农艺性状调查，9月4～5日烟叶产量产值调查及品质分析取样，10月2日得出化学品质分析结果。

（五）试验操作方法

在整个试验过程中，田间管理措施除试验操作要求外，严格按《凉山州2010年烤烟生产技术方案》进行。试验严格分区处理及重复小区插牌管理编号，按照YC/T142—1998标准进行观察统计，在移栽后35 d，每个小区随机选择5株有代表性的烟株进行观察记载。烘烤方法采用三段式烘烤工艺，烟叶取样按叶位取样，下部叶取第4～6叶位，中部叶取9～11叶位，上部叶取14～16叶位，取样，每个样品取混合样品0.5 kg烟样送凉山州烟科所化验，统计测算各处理的产量，并计算产值。

三、结果与分析

（一）农家肥不同施用量对烤烟农艺性状的影响

从田间统计数据看出农家肥的不同施用量对烤烟的农艺性状影响，随着农家肥的施用量增加烤烟的农艺性状得到改良，在施用农家肥500 kg/667m^{2}的处理中表现明显，打顶后株高比较$T_1<T_2<T_3<T_4$，比不施用农家肥株高提高12%，节距数据差别很小，茎围$T_1<T_2<T_3<T_4$，烤烟烟叶长宽明显增加，提高了单叶重，其中有效叶片数逐渐增加$T_1=T_2<T_3<T_4$，比不施农家肥提高5%，通过单叶重和有效叶片数提高烟叶产量。中部叶长、宽提高11%、5%，由于节距、茎围的增加使烟株通风、透光性加强，提高单位叶面积的光合作用，增加烟叶干物质的积累量而改善烟叶的品质。

表4-33　不同农家肥施用量对烤烟农艺性状的调查统表

处理	株高/cm	节距/cm	茎围/cm	有效叶片	下部叶长×宽/cm	下部叶长×宽/cm	上部叶长×宽/cm
T_1	105	4.4	10	19	78.3×38.5	60.5×25.0	61.0×24.3
T_2	112	4.6	10.4	20	85.2×38.9	67.3×26.2	62.5×25.3
T_3	118	4.8	11.3	21	87.4×40.5	71.2×26.4	72.3×27.3
T_4	123	4.9	12	22	91.0×40.3	63.5×24.1	70.7×26.7

（二）不同农家肥施用量对烤烟经济性状的统计表

表4-34 各处理烟叶产值和产量调查表

编号	产量（kg/667m²）	产值（元/667m²）	均价（元/kg）	上等烟比例/%	中等烟比例/%	低等烟比例/%
T_1	118.2	2664.2	22.54	48.35	45.51	6.14
T_2	127.5	2896.8	22.72	42.58	52.21	5.21
T_3	135.4	3271.2	24.16	58.13	36.13	5.56
T_4	144.7	3050.3	20.90	38.25	56.02	6.73

从表4-34看出，随农家肥施用量的增加，烤烟的产量和产值有明显的增加，当施用农家肥500 kg/667m²时，烤烟的亩产值和产量分别是135.4 kg/667m²和3 271.2元/667 m²，比不施用农家肥亩产值和产量提高14.6%、22.8%，中等烟、上等烟、低等烟比例为36.13%、58.13%、5.56%。随着农家肥的施用量增加，亩产量发生变化，$T_4>T_3>T_2>T_1$；亩产值比较：$T_3>T_4>T_2>T_1$；低等烟、上等烟、中等烟出现不同的变化，但根据卷烟工业企业需要更高等级、更多数量的优质原料，烟叶的机构性矛盾，知道追求任何单一目标是不符合卷烟工艺要求的，所以在施用农家肥500 kg/667m²时是最佳的农家肥施用量。烟叶经济形状达到最适，既增加了烟农的收益，上等烟比例最大，也为烟厂提供了优质烟叶。

（三）不同处理对烟叶化学成分的影响

表4-35 不同处理烟草产品化学成分分析表

样品编号	处理/叶位	总糖/%	还原糖/%	总烟碱/%	总氮/%	含钾/%	含氯/%	糖碱比	烟碱氮/%	蛋白质/%	施木克值
	4～6叶	19.45	16.72	1.54	1.56	2.24	0.31	12.63	0.99	8.67	2.51
T_1	9～11叶	21.80	15.64	1.85	2.03	1.76	0.28	11.78	0.91	8.14	3.04
	14～16叶	20.45	16.50	2.05	2.25	1.45	0.36	9.98	0.91	9.12	2.63
	4～6叶	19.96	12.37	1.75	1.73	2.96	0.26	11.54	1.01	11.32	2.67
T_2	9～11叶	20.82	18.72	2.21	2.34	2.37	0.32	9.42	0.94	8.37	3.21
	14～16叶	19.85	12.58	2.34	2.58	1.74	0.29	8.48	0.9	10.15	2.78

续表

样品编号	处理/叶位	总糖/%	还原糖/%	总烟碱/%	总氮/%	含钾/%	含氯/%	糖碱比	烟碱氮/%	蛋白质/%	施木克值
	4～6叶	20.03	17.65	1.9	1.65	2.58	0.25	10.54	1.15	9.52	2.73
T_3	9～11叶	21.82	15.11	2.41	2.36	2.23	0.17	9.05	1.02	11.46	2.80
	14～16叶	21.91	16.32	2.50	2.32	1.78	0.25	8.76	1.08	9.89	2.58
	4～6叶	20.23	17.02	1.95	2.12	2.78	0.35	10.37	0.92	10.92	2.42
T_4	9～11叶	20.44	17.83	2.61	2.5	2.01	0.16	7.83	1.01	11.87	3.21
	14～16叶	20.83	16.71	3.15	2.17	1.62	0.19	6.61	1.45	9.20	2.79

注：烟草产品化学成分分析表来源于烟草质量监督检测站烟叶总糖、还原糖、氯、钾、总氮、烟碱、蛋白质采用近红外光谱法测定。

烤烟品质的好坏决定它在卷烟工艺里面的用途，所以符合卷烟工艺要求，是生产优质的烟叶的前提条件。在卷烟工业生产中，红花大金元最受烟厂的青睐，要求其品质高，各化学成分协调，在卷烟工艺中要求其香味、生理强度、安全性、吃味、烟气质量的优劣，而影响烟叶品质的是它们的内在品质，内在品质被烟叶的化学协调成分和加工工艺影响。化学成分协调比值是总氮与烟碱为1∶1，糖与烟碱10∶1，施木克值为2～3，钾含量充足，氯含量适宜。平衡的化学成分是优质烟叶的标志。

通过表4-35分析看出，随着农家肥的用量增加，烟叶的内在化学品质数据存在一定的分布规律。在施用农家肥500 kg/667 m^{2}时烟叶的质量最好，不同部位数据表现为蛋白质9.52%、11.46%、9.89%，施木克值2.73、2.80、2.58，，糖碱比10.54、9.05、8.76，总烟碱1.90%、2.41%、2.50%，钾2.58%、2.23%、1.78%，符合卷烟工艺要求。在其他实验处理中数据表现出比理论上数据大、小、离散。在不用农家肥的处理中，下部叶糖碱比为12.63∶1，差异显著；在农家肥800 kg/667m^{2}处理中，上部叶糖碱比为6.61∶1，差异显著。

四、结论

通过本实验的研究得出施用农家肥500 kg/667 m^{2}时最佳，而在《烤烟生产新技术》中对农家肥的施用量认为，一般以每亩500-800 kg为宜。分析实验环境，其原因可能是土壤的化学性质不一样，如pH不一样，土壤里酶活性下降，导致根系的吸收能力下降，吸收的营养元素减少，影响烟叶的产量和品质；或者农家肥的腐熟变化，有机物的化学形态变化难以吸收，影响为烟株提供的营养结构；或者土壤的保肥能力差，施用的肥料流失，使烟株缺肥；或雨水过多，采收时连续下雨，烘烤雨林烟，影响烟叶的经济价值和品质。

通过农家肥的不同使用量对烤烟的处理实验分析结果数据得到，农家肥的施用量影响着烤烟的经济性状、农艺性状和化学成分。在施用农家肥500 kg/667 m^2时是最适宜的，其产量、产值分别是：135.4 kg、3 271.2元/667 m^2，比不施用农家肥提高14.5%、22.8%；烟叶化学成分含量：下部叶施木克值、糖碱比、还原糖、蛋白质、钾2.73、10.54%、17.65%、9.52%、2.58%；上部叶施木克值、糖碱比、还原糖、蛋白质、钾2.58、8.76%、16.32%、9.98%、1.78%；中部叶施木克值、糖碱比、还原糖、蛋白质、钾2.80、9.05%、15.11%、11.46%、2.23%。通过数据看出施用农家肥改善了烟叶品质，为卷烟工艺提供了丰富的材料。

第八节 活化有机肥对红花大金元生理指标和品质的影响

一、研究目的

生物活化有机肥中包囊有活性微生物和活性剂成分，能促进土壤微生物的活性提高，并使土壤养分生物的有效性提高，调节红花大金元（以下简称“红大”）的生长发育，改善烟叶品质。同时，生物活化有机肥具有价格低、施用少、效益高的优势，研究和开发活化有机肥已经成为许多国家开发和研究的一项长远计划。郑承昭、郭凯君已经就生物有机肥在烟草上的应用做了研究，但活化有机肥在烟草上的研究与应用还缺少一定的生理指标。因此，研究生物活化有机肥对红大的生长发育和烟叶品质的影响，可以为生物活化有机肥在提高红大生理品质上提供一定的数据依据。

二、试验设计与方法

（一）试验材料

供试烤烟品种为红花大金元，由凉山州烟草公司提供。供试土壤有机质含量2.7%。供试肥料为中化重庆涪陵化工有限公司提供的腾升牌活化有机肥，该肥料主要养分含量分别为：N：P_2O_5：K_2O=3：2：5，MgO≥3%，有机质≥30%。

（二）试验设计

2012年在西昌学院试验室进行了为期2个月的盆栽试验，所用盆钵规格为25 cm×35 cm。经过风干的土壤用0.5～1.0 mm网筛，实验设置3个处理组、1个对照组，每组10盆烟株，每盆装土15 kg，在每盆中施纯N 2.5 g，N：P_2O_5：K_2O=1：2：3的化肥。再将活化有机肥施用于盆中，活化有机肥的施用量分别为CK 0 g、A组5 g、B组10 g、C组15 g。其他管理措施与烟叶种植生产技术一致。

（三）测定项目与方法

烟株在移栽后，选择其移栽后第30，45，60和70 d时测定其NR活性，在第40，50，60，70，80和90 d时测定其叶绿素含量。取样方法为每盆各取中部叶1片，即4个处理组各取10片烟叶待测。在第40，50，60，70，80和90 d测定其根系活力，根系的采集为取根冠部分1 cm长度，每株取5根。根系活力用氯化三苯基四氮唑（TTC）法测定；叶绿素含量用叶绿素浸提法测定；硝酸还原酶用活体法测定；烟叶矿质元素采用灰化法测定；总糖和淀粉采用蒽酮比色法测定；还原糖采用3,5二硝基水杨酸比色法测定。

三、结果与分析

（一）活化有机肥对红大生理指标的影响

1. 活化有机肥在红大叶片NR活性上的影响

硝酸还原酶可催化硝酸离子还原成亚硝酸离子。可分为参与硝酸盐同化的同化型还原酶和催化以硝酸盐为活体氧化的最终电子受体的硝酸盐呼吸异化型（呼吸型）还原酶。其在烟草植物氮代谢中起到关键作用，根系吸收的硝态氮，在根系或叶片内被还原为亚硝态氮，然后在硝酸还原酶、谷氨酰胺合成酶和谷氨酸合成酶的作用下，被转化为氨基酸进一步参与氮代谢。硝酸还原酶的活性强弱是烟草质量优劣以及烟草烟株在不同生长发育期间生长程度的一个重要反应指标。

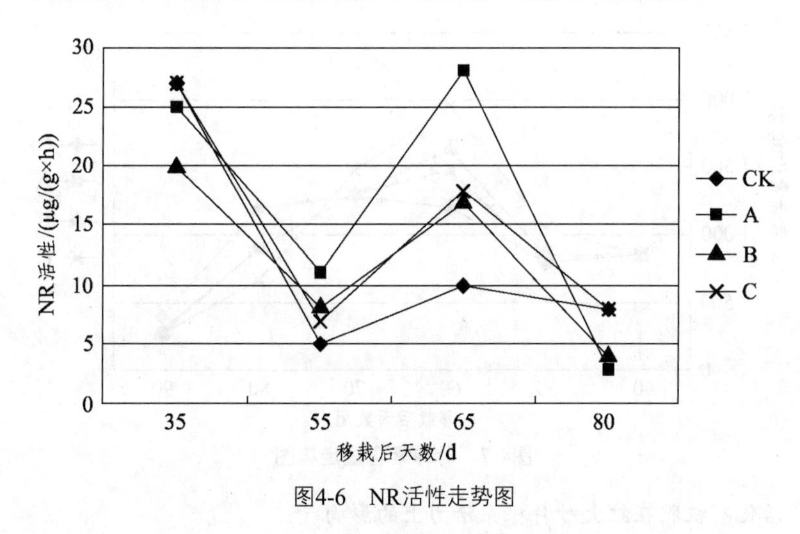

图4-6 NR活性走势图

由图4-6可知，CK，A，B和C处理的NR活性的变化有所不同，但趋势一致。移栽后30 ~ 45 d呈下降趋势，其中CK下降最快。45 ~ 60 d呈上升趋势，其中A组上升最快。60 ~ 70 d再次呈下降趋势，其中A组下降最快。移栽后60 d，对照NR活性A组达到最高，为28 μg/（g·h），移栽后70 d达到最低，为3 μg/（g·h），移栽后30 d至60 d，A，B和C实验组NR活性均高于CK，其中处理A活性最高，处理B和处理C几乎相同，这表明活化有机肥能提高叶片NR的活性。

2. 活化有机肥在红大叶片叶绿素含量上的影响

叶绿素是一类与光合作用有关的最重要的色素，是绿色植物合成有机质的必需物质。光合作用通过合成有机化合物将光能转变为化学能供植物生长需要。叶绿素的含量能反映植株进行光合作用的能力。

由图4-7可以看出，在移栽后50 ~ 60 d，各处理组的叶绿素含量均高于CK。在60 ~ 90 d，CK与各处理就叶绿素含量这一指标上，均是呈下降趋势。各处理组中，处理C在第60 d时达到最高，为1 900 mg/g。到90 d这点已达到最低，所有组都接近于

350 mg/g。这一结果表明，在红大烟株生长前期，施用活化有机肥能提高叶绿素含量，从而使光合作用加强，增加烟叶内营养物质的积累。但是在后期效果不明显。这是因为活化有机肥调节了土壤中的养分，在烟株生长前期提供了有效的养分供应，促进了烟株的营养生长。移栽70 d后，CK的叶绿素含量均高于A，B和C处理，这表明活化有机肥还能在红大生长后期调节烟叶的落黄成熟。

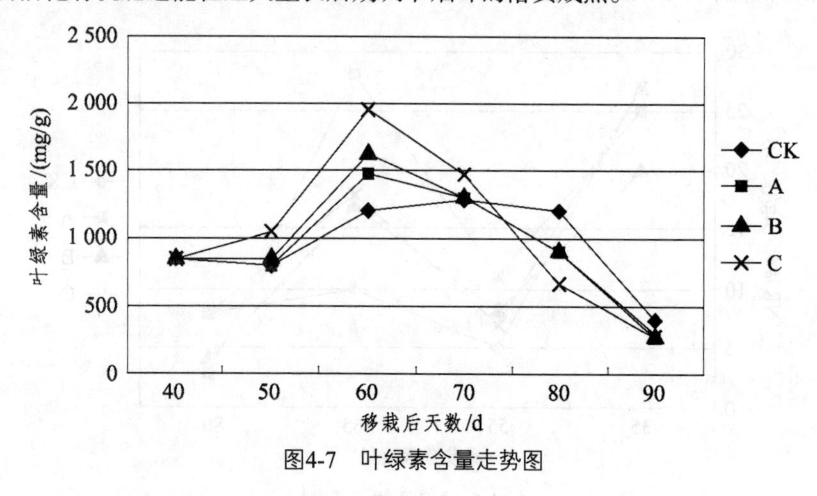

图4-7　叶绿素含量走势图

3. 活化有机肥在红大叶片根系活力上的影响

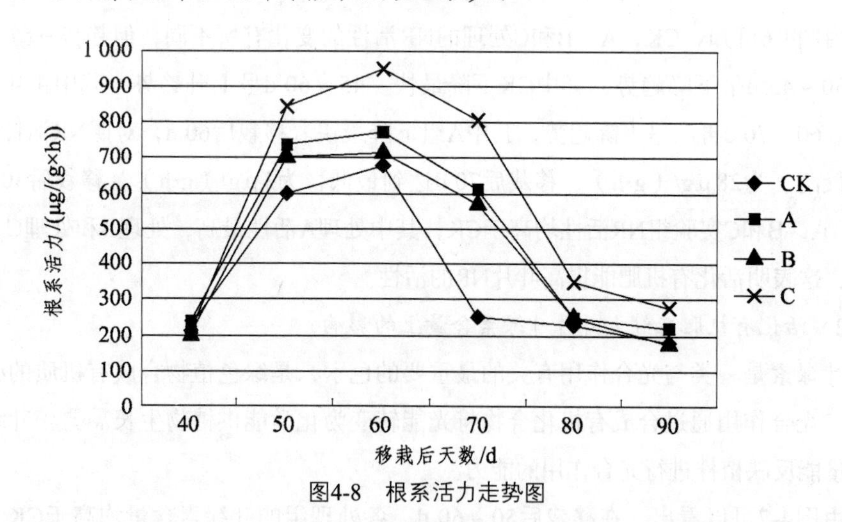

图4-8　根系活力走势图

由图4-8可以看到，移栽40～60 d，各组根系活力均呈上升趋势，但C处理根系活力最高。平均为549.96 μg/（g·h）。未施用活化有机肥（CK组）的根系活力趋势较其他组略弱，平均为358.69 μg/（g·h）。在60～70 d，呈现出的影响尤其明显，CK组的根系活力几乎远远低于其他组。70 d之后各组根系活力均下降，至90 d时到达最低，烟株的根系活力走势图可以表明，施用活化有机肥后，各处理组烟株的根系活力均较CK组有所提高，特别是移栽50～70 d这个区间。证明施用了活化有机肥后烟株对土壤水分和养分的吸收得到了加强，改善了烟叶的品质，提高了烟叶的产量，对烟叶的优产起到了积极作用。

（二）活化有机肥对红大烟叶化学成分的影响

分别选取盆栽试验中3个试验组和1个对照组90 d之后的烟叶上中下部位各5片进行生理指标与矿质元素分析。

由表4-36可知，中下部叶钾含量有所提高，其中最显著的是中部叶，上升了11.2%，而钾含量高的烟叶，燃烧性好，安全性高。上中下部叶氯含量均有所下降，其中上部叶降低最显著，降低了55.7%。上中下部叶总糖和还原糖的含量均有所提高，其中下部叶总糖和还原糖含量提高最显著，达到了34.5%和59.5%。在烟草烟叶中，总糖和还原糖的含量提高对烟叶质量的影响深远，是优质烟叶的必备条件之一。结果表明：施用活化有机肥，调节了烟叶内在化学成分，提高了钾，总糖，还原糖的含量，降低了氯的含量。

表4-36 CK与实验组各生理指标对照表

部位	处理	钾/%	氯/%	烟碱/%	总糖/%	还原糖/%	还原糖/总糖
下部叶	处理A	1.23	0.39	1.78	23.56	16.56	70
	处理B	1.34	0.35	1.89	25.45	19.89	78
	处理C	1.81	0.32	2.04	27.66	22.29	80
	CK	1.19	0.44	1.71	20.56	13.97	67
中部叶	处理A	1.71	0.35	2.28	24.56	18.45	75
	处理B	1.75	0.29	2.34	26.47	22.21	83
	处理C	1.86	0.27	2.44	27.94	24.11	86
	CK	1.69	0.36	2.11	23.35	16.37	70

续表

部位	处理	钾/%	氯/%	烟碱/%	总糖/%	还原糖/%	还原糖/总糖
上部叶	处理A	1.08	0.59	2.59	26.93	18.67	69
	处理B	1.11	0.52	2.76	26.98	19.51	72
	处理C	1.23	0.47	2.84	27.22	21.28	78
	CK	1.08	0.61	2.51	26.91	18.51	69

（三）活化有机肥对红大烟叶矿质元素含量的影响

由表4-37可以看出，施用了活化有机肥后，烟叶中各种矿质元素含量均提高。这是因为活化有机肥中含有的元素使得金属离子的有效性提高，根系活力提高的同时也加强了金属离子的吸收，在这两方面的影响下，得到表4-37中的数据。总体可以归结为施用了活化有机肥，烟株中矿质元素的吸收得到了调节，离子的络合作用以及土壤的酸化作用得到了增强，使矿质元素利于其品质的形成。

表4-37　CK与实验组各矿质元素含量对照表

部位	处理	磷/（g/kg）	镁/（g/kg）	锌/（mg/kg）	钙/（g/kg）	铁/（mg/kg）	铜/（mg/kg）
下部叶	处理A	1.81	3.92	19.67	41.86	139.5	7.25
	处理B	1.83	3.94	20.15	42.23	147.8	7.19
	处理C	1.87	4.01	23.37	42.51	156.3	6.98
	CK	1.79	3.89	18.27	41.51	137.5	7.25
中部叶	处理A	1.45	3.28	15.45	34.56	130.7	6.7
	处理B	1.56	3.57	16.78	35.67	134.2	7.9
	处理C	1.61	3.79	17.28	37.89	137.4	8.1
	CK	1.21	3.09	14.37	31.81	129.6	6.13
上部叶	处理A	1.27	2.78	14.98	33.78	89.4	4.23
	处理B	1.32	3.19	15.78	34.23	98.3	4.67
	处理C	1.41	3.31	16.34	35.71	101.2	4.74
	CK	1.11	2.48	14.07	32.58	85.36	4.05

四、结论

施用活化有机肥提高了红大烟株的NR活性，在其旺盛吸收期间提高了氮素的吸收，促进了其氮循环，同时还提高了叶绿素含量，增强了光合作用。氮循环和光循环在烟株生长期中相互配合，极大促进了烟株品质的提高。而在烟株生长后期却适时地降低了叶绿素的含量，促进叶片落黄成熟。在烟株根系活力方面，活化有机肥显著提高了其效力，使烟株根系更发达，数量更多，促进其进一步地吸收水分和矿质元素。综合盆栽生理指标，处理C（15 g/盆）的效果最好。

在烟叶还原糖和总糖方面，活化有机肥提高其二者含量与比值。众所周知，烟叶中还原糖和总糖的含量是决定烟叶品质好坏最重要的指标之一。同时，活化有机肥的施用提高了钾含量，降低了氯含量，这为凉山地区红大的提钾降氯做出了数据上的支持，但是还需要进一步的探究与实验。烟叶中的镁、磷、铁、锌、锰、铜和钙的含量在施用活化有机肥后，全部提高，这是因为活化有机肥对根系发育的影响以及对这些金属元素的络合作用起到了影响，促进了矿质元素的吸收。因此，今后应进一步加强对活化有机肥的研究，以整理和归纳出其对红大烟草品种生长发育的影响，为凉山地区红大烟草品种的高产及优产做出贡献。

第九节　不同施磷水平对烤烟产量性状的影响

一、研究目的

特色优质烟叶是中式卷烟的原料基础，缺少有特色的烟叶是制约中式卷烟发展的重要因素之一。土壤是形成特色烟叶的重要基础之一，在不同类型的地带性土壤上生长的烟叶，有着不同的质量特色；即使同一类型土壤，由于形成土壤的母岩不同，烟叶的质量特色也明显不同；土壤养分特别是某些营养元素的含量和烟叶的质量特色有重要的联系。不同土壤肥力导致不同烟叶化学成分，而烟叶化学成分与烟叶质量有着密切的关系。

按照国家局《烟叶资源配置方式改革方案》和《国家烟草专卖局关于全面推进现代烟草农业建设的意见》等文件精神，围绕“原料供应基地化，烟叶品质特色化，”在综合分析凉山烟叶生产存在问题的的基础上以提高烟叶内外质量为核心，以满足工业企业需求为根本出发点，进一步探索施肥技术，着力突出凉山山地“清甜香”型烟叶风格特色，全面提高烟叶生产整体水平，促进烟叶生产持续、稳定、健康、协调发展。

普格县位于四川省低纬度地区，气候受西南季风和印度北部干燥大陆性气团交替控制，干雨季分明，年温差较小，日差较大，年平均气温变幅仅13℃，是省内全年气温变化最小的地区之一，晴天多，日照时间长，辐射强，垂直差异十分明显。年平均气温为16.8℃，1月为9.4℃，7月为22.7℃，极端最高气温33.3℃，年总日照时数2 094.7 h，年总降水量为1 169.8 mm，无霜期为301 d。根据烤烟种植气候条件，普格适宜种植烤烟。

烟株缺磷，烟株发育受阻，叶片窄小，生长缓慢，质量低下，推迟开花，不正常成熟。适量施用磷肥后，能使烟株生长旺盛，促进根系发达健壮，提高烟叶的产量和品质。掌握烟草的磷肥需肥规律，并把它精确量化，在此基础上进行精准施肥是生产优质烟叶的主要途径，更是防止化肥的过量使用从而造成污染环境、烟叶品质下降的重要措施，最终有助于实现烟叶生产的可持续发展。因此，如何进行合理而有效地施用磷肥以实现生产品质更佳的烟叶一直是烟草栽培的重要因素。

二、试验设计与方法

（一）试验材料

试验品种：红花大金元。

试验设备及仪器：近红外分析仪、spad-502、卷尺、游标卡尺、分析天平。

分析软件：microsoft excel 2007、DPS数据处理系统。

（二）试验方法

1. 实验设计

按照《普格县2011年优质烟叶生产技术管理方案》实施。在低肥力土壤，种植红花大金元，每公顷施纯氮量75 kg。中等肥力的土壤，种植红花大金元，每公顷施纯氮量67.5 kg。上等肥力的土壤，种植红花大金元，每公顷施纯氮量60 kg。

本试验中氮素选择中等肥力（2水平）田块的施纯氮量67.5 kg/hm^2，氮素1水平=67.5 × 0.5=33.75 kg/hm^2，氮素3水平=67.5 × 1.5=101.25 kg/hm^2。钾素2水平=168.75 kg/hm^2。按N：P_2O_5：K_2O=1：1：2.5分别计算纯磷得表4-38。

本试验中不考虑有机肥的效应，因此，不设有机肥处理。

表4-38 各处理磷肥的纯用量 kg/hm^2

试验编号	处理	N水平	P_2O_5水平	K_2O水平	纯N量	P_2O_5量	K_2O量
1	$N2P0K_2$	2	0	2	67.5	0	168.75
2	$N2P1K_2$	2	1	2	67.5	33.75	168.75
3	$N2P2K_2$	2	2	2	67.5	67.5	168.75
4	$N2P3K_2$	2	3	2	67.5	101.25	168.75

试验施肥方法：采用大窝环状施肥法，将50%的肥料作基肥，距烟株周围8 ~ 10 cm处环施，剩余50%料在揭膜上厢培土时施入。本试验行距120 cm，株距50 cm，每个小区面积8.4 m × 2.5 m=22 m^2，每小区种植烤烟35株。试验小区排列：本试验设三次重复，随机区组排列。

表4-39 小区随机区组排列图

区组	处理编号			
小区1	1	4	3	2
小区2	3	2	1	4
小区3	2	1	4	3

2. 试验测定项目

（1）分别测定旺长期叶绿素含量，成熟期茎围、最大叶叶长、最大叶叶宽、打顶后留叶数、打顶后株高。

（2）成熟后分小区采收叶片/编杆/烘烤/分级/称重。

（3）计算产量/产值/上、中、下各等级烟叶的重量和比例。

（4）按照土壤样品采集规范，分别采取试验区0～20 cm混合土壤样品，分别测定pH、全氮、水解氮、全磷、有效磷、全钾、速效钾等。

3. 分值权衡法

采用分值计算：

（1）茎围、最长叶长、最宽叶宽、打顶留叶数、打顶株高、叶绿素各4分，从高到底，极显著间相差1分，显著间相差0.5分，不显著则无分差。

（2）单叶重，上部、中部、下部各8分，从高到底，差异大相差2分，差异小相差1分，无差异则无分差。

（3）产量、均价、上等烟叶比例、中等烟叶比例各8分，从高到底，差异大相差2分，差异小相差1分，无差异则无分差。

（4）产值20分，从高到底，差异大相差5分，差异小相差3分，差异不明显相差1分。

三、结果分析

（一）不同磷肥处理对烤烟相关性状的影响

表4-40 相关性状平均数多重比较（SSR法）

处理	茎围/cm	叶长/cm	叶宽/cm	打顶留叶数/片	打顶后株高/cm	叶绿素
1	3.27bB	67.74cB	26.64bC	18.42dC	92.28cC	40.70bB
2	3.51aA	71.84bA	27.57bBC	19.65bB	98.34aA	43.33aA
3	3.12cC	74.15aA	30.23aA	20.73aA	96.55bB	41.70bAB
4	3.15cC	74.96aA	29.25aAB	19.00cC	96.35bB	41.64bAB

通过方差分析由表4-40看到：施磷1水平的平均茎围极显著，高于对照和施磷2、3水平；对照平均茎围极显著高于施磷2、3水平；施磷2水平与施磷3水平的平均茎围差异不显著。4种不同施磷处理以施磷1水平的茎围平均数最高。根据分值法可

得：施磷1水平4分；对照3分；施磷3水平2分；施磷2水平2分。

施磷所有水平的最长叶长平均数极显著高于对照处理；施磷2、3水平的最大叶叶长平均数显著高于施磷1水平；施磷2水平与施磷3水平的最长叶长平均数差异不显著。4种不同施磷处理以施磷3水平的最大叶叶长平均数最高。根据分值法可得：施磷3水平4分；施磷2水平4分；施磷1水平3.5分；对照2.5分。

施磷2水平的最大叶叶宽平均数极显著高于对照、施磷1水平；施磷4水平的最大叶叶宽平均数极显著高于对照；施磷3水平的最大叶叶宽平均数显著高于施磷1水平；施磷2水平与施磷3水平、施磷1水平与对照的最大叶叶宽平均数差异不显著。4种不同施磷处理以施磷2水平的最大叶叶宽平均数最高。根据分值法可得：施磷2水平4分；施磷3水平4分；施磷1水平3分；对照3分。

施磷2水平的打顶留叶数平均数极显著高于对照、施磷3水平；施磷1水平的打顶留叶数平均数极显著高于对照、施磷3水平；施磷3的打顶留叶数平均数显著高于对照。4种不同施磷处理以施磷2水平的打顶留叶数平均数最高。根据分值法可得：施磷2水平4分；施磷1水平3分；施磷3水平2分；对照1.5分。

施磷1水平的打顶株高平均数极显著高于对照、施磷2、3水平；施磷2、3水平的打顶株高平均数极显著高于对照；施磷2水平与施磷3水平的打顶株高平均数差异不显著。4种不同施磷处理以施磷1水平的打顶株高平均数最高。根据分值法可得：施磷1水平4分；施磷2水平3分；施磷3水平3分；对照2分。

施磷1水平的叶绿素平均数极显著高于对照；施磷1水平的叶绿素平均数显著高于施磷2、3水平；施磷2水平、施磷3水平、对照之间差异不显著。4种不同施磷处理以施磷1水平的叶绿素平均数最高。根据分值法可得：施磷1水平4分；施磷2水平3.5分；施磷3水平3.5分；对照3分。

（二）不同施磷水平对烤烟烟叶单叶重影响

由图4-9可知：下部叶单叶重：施磷2水平>施磷3水平>施磷1水平>对照；施磷2水平与施磷3水平差异不大，而与施磷1水平和对照差异大；施磷3水平与施磷1水平差异不大，而与对照差异大。

中部叶单叶重：施磷3水平>施磷2水平>施磷1水平>对照；随着施磷水平的提高单叶重也依次增加，对照到施磷1水平增加缓慢，施磷1、2、3水平间增加较快。上部叶单叶重：施磷2水平>施磷1水平>施磷3水平>对照；从对照先上升到施磷2水平达到最大值，再下降；施磷2水平与施磷1水平差异较小，与施磷3水平、对照差异大；施磷1水平与施磷3水平差异小，与对照差异大；施磷3水平与对照差异大。

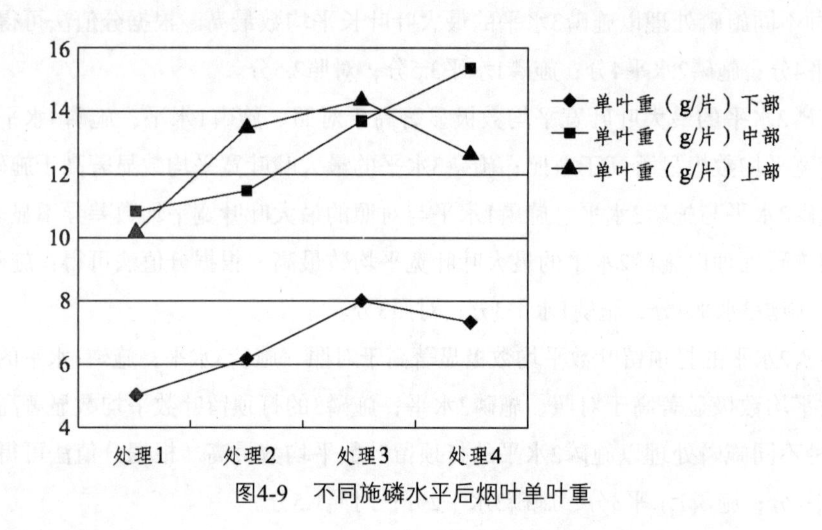

图4-9 不同施磷水平后烟叶单叶重

根据分值法可得：

下部叶：施磷2水平8分；施磷3水平7分；施磷1水平6分；对照4分。

中部叶：施磷3水平8分；施磷2水平6分；施磷1水平4分；对照3分。

上部叶：施磷2水平8分；施磷1水平7分；施磷3水平6分；对照4分。

（三）不同施磷水平对烤烟烟叶产量、产值、均价及中、上等烟叶比例的影响

烟叶产量：施磷2水平>施磷3水平>施磷1水平>对照。

烟叶产值：施磷2水平>施磷3水平>施磷1水平>对照。

根据分值法可得：

烟叶产量：施磷2水平8分；施磷3水平7分；施磷1水平6分；对照4分。

烟叶产值：施磷2水平20分；施磷3水平17分；施磷1水平14分；对照9分。

由图4-10可知，烟叶均价：施磷1水平>施磷2水平>施磷3水平>对照；根据分值法可得：施磷1水平8分；施磷2水平6分；施磷3水平5分；对照3分。

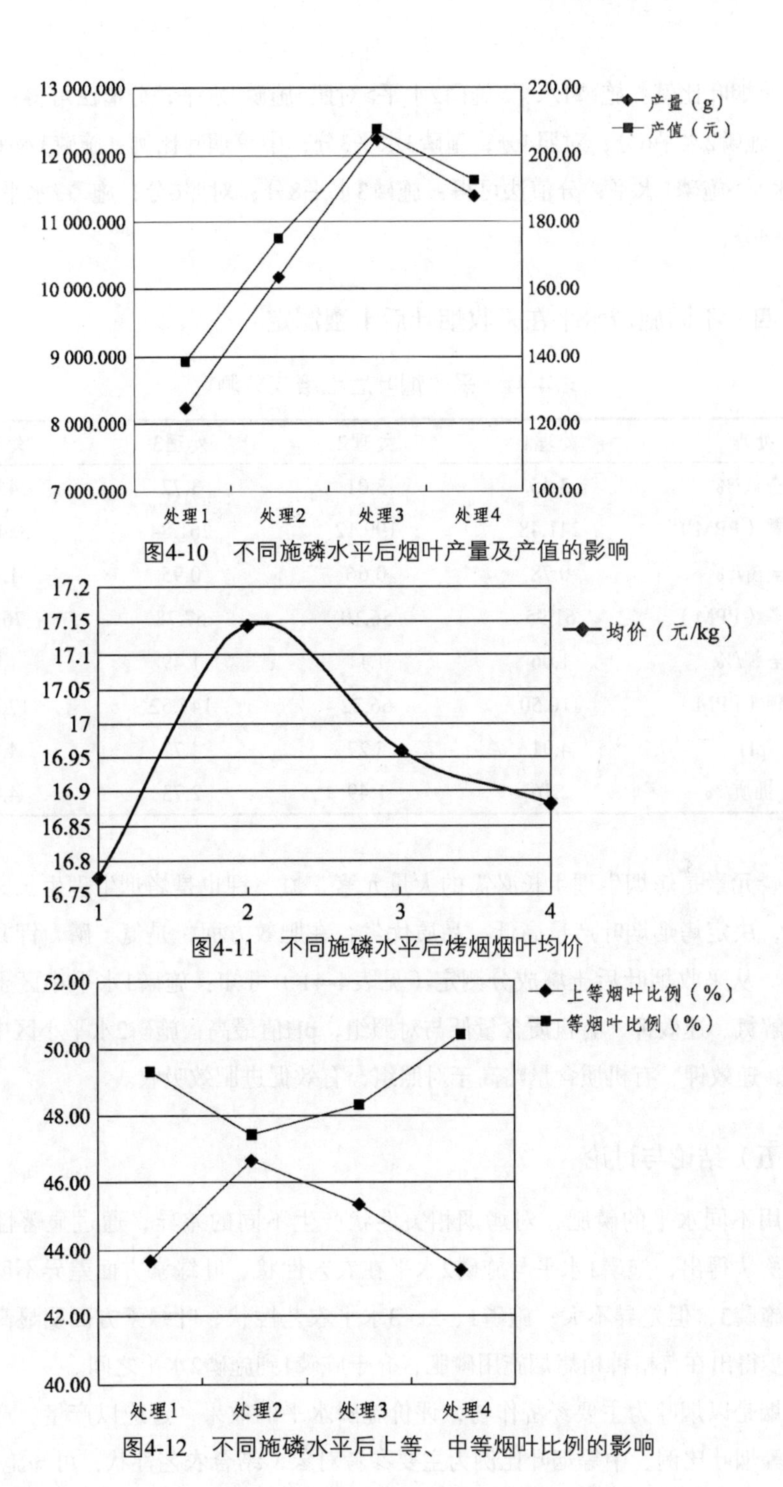

图4-10　不同施磷水平后烟叶产量及产值的影响

图4-11　不同施磷水平后烤烟烟叶均价

图4-12　不同施磷水平后上等、中等烟叶比例的影响

上等烟叶比例：施磷1水平>施磷2水平>对照>施磷3水平；分值法可得：施磷1水平8分；施磷2水平6分；对照4分；施磷3水平3分；中等烟叶比例：施磷3水平>对照>施磷2水平>施磷1水平；分值法可得：施磷3水平8分；对照6分；施磷2水平5分；施磷1水平4分；

（四）不同施磷水平在采收烟叶后土壤测定

表4-41　采收烟叶后土壤成分测定

处理	处理1	处理2	处理3	处理4
全氮/%	3.45	3.01	3.72	4.49
碱解氮（PPM）	241.48	199.12	261.84	324.90
全磷/%	0.78	0.66	0.95	1.16
速效磷（PPM）	61.95	56.10	67.78	76.44
全钾/%	1.06	1.11	1.49	1.70
速效钾（PPM）	110.50	66.22	147.52	176.33
pH	4.91	5.27	4.77	4.14
有机质/%	2.16	1.49	2.73	4.19

除磷元素是烤烟生理生长必需的大量元素，氮、钾也是烤烟生理生长必需的大量元素，决定烤烟烟叶产量高低、品质优劣，在肥效方面，是氮、磷、钾共同作用的结果。从采收烟叶后土壤成分测定（见表4-41）可知：施磷1水平小区土样中全氮、碱解氮、速效钾、有机质含量低与对照组，pH值最高；施磷2水平小区中全氮、碱解氮、速效钾、有机质含量略高于对照组，有效促进肥效吸收。

（五）结论与讨论

施用不同水平的磷肥，对烤烟相关性状产生不同的差异，通过显著性分析和分值权衡法得出，施磷1水平与施磷2水平在农艺性状、叶绿素方面差异不明显，同时高于施磷3，但差异不大；施磷1、2、3水平农艺性状、叶绿素方面明显高于对照组；初步得出在普格种植烤烟施用磷肥，介于施磷1到施磷2水平之间。

烤烟是以烟叶为主要经济作物，评价施磷水平的效果，还应以产量、产值、均价、上等烟叶比例、中等烟叶比例为主要参考对象，结合农艺性状：可知施磷2水平的综合值最高。因此得出，本实验施磷2水平对烤烟产生效果最佳。

由采收烟叶后土壤成分测定（见表4-42），可得出施磷2水平能促进烤烟对氮、钾的吸收，提高化肥的利用率，进而提高烟叶的内在质量。

表4-42 统计分值

	处理1	处理2	处理3	处理4
农艺性状	15	21.5	20.5	18.5
合计	52	78.5	87.5	79.5

综合各方面可得出，在氮、钾常规施肥的相同条件下，施磷2水平即67.5kg/hm^{2}相关性状优于其他施磷水平和对照、烘烤后烟叶产值最高、最有利于促进氮、钾的吸收和肥效的综合利用。

四、结论

深入了解烤烟的营养规律以及不同磷素条件对烤烟营养的影响，对于科学施用磷肥，提高烟叶产量、质量具有十分重要的意义。充分发挥磷肥的利用率既有利于提高烟叶产量，也减少生产成本，同时有利于保护环境。探出施磷的具体水平，还需缩小施磷水平梯度，全面跟踪烟叶生长状况进行深入试验。

第十节 施氮量与红花大金元产量及质量的关系研究

一、研究目的

烟草（Nicotiana tabacum）是双子叶植物纲，管花目，茄科，烟草属的一年生草本植物，在烟草各种栽培类型中，烤烟是我国种植面积最广的烟草类型，也是我国的主要经济作物之一。卷烟生产重要的基础原料也是烤烟。因此，烤烟的生产质量直接关系到卷烟的质量品质。而氮素是所有营养元素中对烤烟烟叶产量、质量影响最大，也是最敏感的元素，对于一个特定生态条件下的土壤来说，氮肥施肥量用多用少都会影响烤烟的产量和质量，故氮素才有“生命元素”之称号。在作物的不同发育时期，随着体内碳氮代谢不断变化，植株含氮量均有其各自变化规律，烟草的品种不同及烟草吸收土壤养分不同都会导致最佳施氮结果有所不同。施氮肥量不够，那么烟叶产量低，叶片薄，烟色淡，质量差，烟碱含量低，烟叶内在的成分失去协调；施氮素肥太多，那么叶片厚实，成熟期推迟，茎有点粗，不容易落黄，色泽不好（灰暗），烟叶烟碱含量偏高，烟叶可用性差。土壤氮素含量和氮肥施用水平是烤烟所需氮素的主要来源。经查资料得知：随着氮素量的增加，烟株最大叶面积和土地上部的干物质重量不断增加，但氮素过量会造成烟株的徒长，若烤烟生长后期吸收过多氮素，将会导致上部烟叶化学成分不协调，从而使烟叶的质量下降，工业可用性差。但氮肥用量少，烟株生长不好，也会影响烤烟产量和质量。因此生产优质烟叶，确定氮肥用量十分重要。

本试验目的就是探讨烤烟红花大金元在不同施氮量的环境下，对产量、质量的影响，确定烤烟品种红花大金元在四川普格螺髻山镇马厂坪种植的追加施氮量，为凉山烟区红花大金元品种生产技术的制定提供补充参考数据。

二、试验设计与方法

（一）材料

供试品种：红花大金元。

（二）试验地选择

四川普格螺髻山镇马厂坪，土壤类型为砂壤，肥力较差。

（三）田间设计及管理措施

1. 田间设计

试验面积633.37 m^2，采用随机区组设计，4个处理，处理1：纯氮4 kg；处理2，纯氮：6 kg；处理3，纯氮：8 kg；处理4，纯氮：10 kg。三次重复，12个小区，每小区栽烟量：64株，行距1.1 m，株距0.5 m，每亩栽1 200株。试验地四周设保护行，除施肥量不同外，其他生产技术与当地大面积生产技术一致。

2. 管理措施

（1）查苗补苗，促小控大。

移栽后要浇水补苗、查苗补苗并促小苗控大苗，使全田苗高一致，达到苗全、苗齐、苗壮。

（2）中耕培土。

中耕需要3次，结合除草。

（3）灌溉排水。

当各阶段缺水，采取沟灌。注意灌水量和排积水。

（4）揭膜。

揭膜要在移栽后35 d后团棵期时揭膜，以免影响烟苗正常生长发育。

（5）打顶抹芽。

现蕾后必需打顶，以减少养分消耗，提高烟叶产量和质量。打顶后及时抹芽，以杜绝养分外流。

（6）降低底烘和早花。

底烘在旺长期后期至采收前发生，应注意烟株密度、打顶、留叶、彻底初叶、清除脚叶、高抬垄和深挖沟。

早花在移栽初期低于15℃、干旱、营养不良、土壤板结时容易出现，早花应根据主茎叶数多少进行处理。

（7）病虫害防治。

应采用防治结合的方针，要采用烟草部门推荐的低毒、低残留农药品种，如：黑茎病可使甲霜·锰锌可湿粉剂等进行防治；花叶病可选用8%混脂·硫酸铜水乳剂等进行防治；赤星病可选用40%菌核净可湿性粉剂、多抗素可湿性粉剂等进行防治；野火病、角斑病可选用72%农用硫酸链霉素溶性粉剂等进行防治。

三、结果与分析

（一）生育期

表4-43　生育期记载表　　日/月

处理	移栽期	团棵期	旺长期	现蕾期	打顶期	叶片出熟度			长势（强、中、弱）			大田生育期/d
						下部	中部	上部	团棵期	旺长期	现蕾期	
1	12-31	3-1	3-20	3-30	3-4	12-4	5-25	中	中	中	中	146
2	12-31	3-1	3-20	3-30	3-4	12-4	5-25	中	中	中	中	146
3	12-31	3-1	3-20	3-30	3-4	12-4	1-6	中	强	强	强	152
4	12-31	3-1	3-20	3-30	3-4	12-4	1-6	中	强	强	强	152

由表4-43看出，随着施氮量的增加，对大田烟株播种期、出苗期、移栽期，团棵期，旺长期，现蕾期，打顶期，叶片下部成熟期及叶片上部成熟期均无影响。处理1和处理2的叶片出熟度日期为5-25，而处理3和处理4的叶片出熟度的日期为1-6，所以施氮量增加会延后叶片中部出熟度的时期。处理1和处理2的烟叶团棵期、旺长期、现蕾期的长势均为中，而处理3和处理4的团棵期、旺长期、现蕾期长势均为强，所以增加施氮量会有助于团棵期、旺长期、现蕾期的长势。处理1和处理2的叶片中部成熟期，都要比处理3和处理4早6天，所以施氮量增加会迁延大田生育期。

从表1总体上看，氮肥的增加虽然有助于增强烟株团棵期、旺长期、现蕾期的长势，但是延后叶片中部的出熟度的时期及延长了叶片在大田的生育期。

（二）农艺性状

表4-44　主要农艺性状记载表

处理	株高/cm	茎围/cm	节距/cm	叶数/片	叶片大小（长×宽）		
					下部	中部	上部
1	94.5	9．000	4.05	22．0	51.58×24.20	57.0×19.5	53.54×15.4
2	78.5	7．075	3.70	18.5	46.02×22.80	53.0×20.7	53.20×14.4
3	95.5	10.000	3.50	22.5	58.20×26.68	70.3×22.6	62.46×19.7
4	101.5	9．085	3.25	22.5	58.60×26.40	71.4×23.6	63.90×19.4

由表4-44可看出，随着施氮量的增加，大田烟株各农艺性状数值均逐渐升高，株高平均增幅为3.7%。茎围的平均增幅为4.6%，有效叶片数增加近2片（对叶片数几乎没有影响），脚叶、腰叶及顶叶的长度平均增幅分别为5.5%、9.1%、6.4%，脚叶、腰叶及顶叶的宽度平均增幅分别为3.4%、6.6%、9.6%，增加氮肥更有利于下部、中部烟叶长度和下部、中部、上部烟叶宽度的增加，对单株生长发育有很大的促进作用。但考察烟叶的外观特征发现处理1的烟株较矮，叶片较薄，上部叶片短，烟叶色浅；处理2的烟株较矮，叶片较薄，上部叶短，叶色浅；处理3的烟株较高，叶片较厚，上部叶较长，叶色较深；处理4的烟株高大，叶片厚，上部叶长，烟叶色深。

从总体上看，氮肥的增加虽然有助于增加单株的生产能力，但在一定范围内会使各部位叶片加厚，叶色加深，进而可能对烟叶的烘烤特性、内在品质及感官评级造成一定的影响。

（三）烟叶外观质量

表4-45 烟叶外观质量初步评价

处理	成熟度	颜色	光泽	油分	叶片结构	叶片厚度	单叶重/g
1	成熟	柠檬色	较鲜明	稍有	疏松	稍薄	7.5
2	成熟	柠檬色	较鲜明	稍有	疏松	稍薄	7.9
3	成熟	橘黄	鲜明	有	疏松	适中	8.4
4	成熟	橘黄	鲜明	有	疏松	适中	9.5

由表4-45可看出，随着施氮量的增加，大田烟株各外观质量均逐渐提高。处理1和处理2的叶片颜色、光泽、油分、叶片厚度分别为柠檬色、较鲜明、稍有、稍薄，而处理3和处理4的叶片颜色、光泽、油分、叶片厚度分别为橘黄、鲜明、有、适中。处理3和处理4的烟叶颜色、光泽、油分、叶片厚度等外观质量均比处理1和处理2的质量好；平均单叶重增幅达8.3%；但叶片成熟度和叶片结构却无明显变化。由此可看出随着施氮量的增加，可提高烟叶颜色、光泽、油分、叶片厚度及单叶重等外观质量。

经对红花大金元四个处理的单叶重方差分析和DPS软件处理后得知：处理1（C）和处理2（BC）的差异不明显，处理1（C）和处理3（B）的差异十分明显，处理1（C）和处理4（A）的差异十分明显；处理2（BC）和处理3（B）的差异不明显；处理2（BC）和处理4（A）的差异十分明显；处理3（B）和处理4（A）的差异十分明显。这说明氮肥施用量的多少确实会严重影响单叶重，并且呈相关性，施氮量与烟叶的单叶重呈现一种正比例关系。

从表4-45总体上看，氮肥的增加虽然对成熟度和叶片结构没有明显影响，但有助于提高烟株的颜色、光泽、油分、叶片厚度、单叶重等外观质量。

（四）产量、质量及均价统计

表4-46　产量、质量、均价统计表

处理	产量（千克/亩）				产值（元/亩）				均价（元/千克）			
	1	2	3	平均	1	2	3	平均	1	2	3	平均
1	176	154.9	177	169.3	3 179.9	2 953.6	3 206	3 113	18	19.1	18.2	18.4
2	160	213.4	171	181.4	2 989.7	4 132.9	3 153	3 425.2	18.7	19.4	18.4	18.8
3	214	145.9	203	187.3	4 343.4	2 707.1	3 864	3 638.2	20.3	18.6	19.1	19.3
4	209	214.9	196	206.5	4 196.1	4 072.1	3 773	4 013.7	20.1	19	19.2	19.4

从产量可看出，随着施氮量的增加，烟株平均单叶重不断增加，供纯氮水平从7.56×10^{-4} kg/hm^{2}到1.14×10^{-3} kg/hm^{2}及供纯氮水平从1.52×10^{-3} kg/hm^{2}到5.275×10^{-4} kg/hm^{2}对烟株单叶重的增加小，并还有减产现象，平均增幅仅为6.9%，而从处理2增加到处理3使单叶重提高的幅度高达18.7%。这说明增加氮肥有助于烟株单叶的干物质累积，以处理2增加到处理3的效果更佳。从产量平均值看，随氮肥施肥用量的增加，烟株各部位单叶重也均明显呈现出递增的趋势。

经对红花大金元四个处理的产量、质量、均价方差分析和DPS软件处理后得知：处理1（A）、处理2（A）、处理3（A）和处理4（A）的差异均不明显，这说明氮素施用量对烟叶的产量、质量、均价影响不是十分明显，但呈相关性，施氮量与烟叶的产量、质量、均价呈现一种正比例关系。

从平均均价看四个处理，以处理4的上等及中上等烟比例最高，处理3次之，处理1中上等烟比例最低。从总体上可以看出，在这个供试土壤上，以处理4的烟叶等级分布最好，而高于或低于此氮水平的处理相对较差，尤以处理1最差。从烟叶的经济效益考虑，虽然各处理的均价没有很大的差别，但处理4的均价还是最高，处理1均价最低。因此，无论从烟叶的工业可用性，还是从烟叶的价格考虑，均是处理4最好。

从产量和产值考虑的话，在本试验的氮肥施用量范围内，两者随施氮量的增加而增加，处理4的小区烟叶产量和产值均最高，并且与其他处理的差别挺大，平均增幅分别达6.9%、8.9%。

四、结论

从本试验结果中可看出，随施氮量的增加，可有助于增强烟株的团棵期、旺长期、现蕾期长势；有助于增加单株的生产能力；可提高烟叶颜色、光泽、油分、叶片厚度及单叶重等外观质量；小区烟株各部位烟叶的干物质累积量增加，试验小区产量提高，产值增大。

从本试验结果中可看出，随施氮量的增加，迁延了叶片中部出熟度的时期及延长了叶片在大田生育期；使烟株在一定施氮范围内会使各部位叶片加厚，叶色加深，进而可能对烟叶的烘烤特性、内在品质及感官评级造成一定程度的影响；氮肥施用过少或过多都会使中上等烟叶的比例因氮肥的施用不协调而降低，不利于具有好的外观特征的烟叶形成而降低工业可用性。就本实验田块及生态环境条件下，兼顾烟叶的产量和产值最高的、工业可用性的，比较好的氮肥施用量还是处理4（5.275×10^{-4} kg/hm^2）

由于本试验各种条件的制约，在现实生产中，天气及其他条件亦必然更为复杂，加上试验中人为误差影响，所以针对综合环境对施氮量与红花大金元的产量及质量的关系需要进一步探讨与研究。

第十一节　不同施钾量对烤烟生产的影响

一、研究目的

烟草（Nicotiana tabacum）是双子叶植物纲，管花目，茄科，烟草属的一年生草本植物。在烟草各种栽培类型中，烤烟是我国种植面积最广的烟草类型，也是我国的主要经济作物之一。卷烟生产重要的基础原料也是烤烟。因此，烤烟的生产质量直接关系到卷烟的质量品质。而烤烟的生产质量由多种因素共同控制，其中最为重要因素就是氮素、磷素、钾素及水分。氮、磷、钾肥及水分对提高烟叶产量和品质的作用已被证实。但是，由于各地生态条件的不尽相同，氮、磷、钾肥及水分的用量也都各不相同，因此在施肥浇水时总是很难找到一个精准量化的依据。但要获取以上诸多因素间协调、量化的依据，还需要大量的研究。本试验只讨论钾素对当地烤烟生长的影响。

烤烟是一种喜钾作物，钾也是烟草吸收的营养元素中最多的一种元素。作为大量元素，钾与氮、磷情况不同，它在植物体内不是有机物的组成成分，而是以离子状态存在于生长点、形成层、幼叶等生命活动最旺盛的部位。钾参与调节细胞渗透势、维持细胞电中性，另外还有促进有机酸代谢、提高氮素的利用效率的功能。对酶的活化作用是钾最重要的生理功能，有许多酶的功能或者完全依赖于K^+，或者由K^+激活。钾可以活化如氧化还原酶、合成酶和转移酶等三大酶类中的60多种酶[3]，从而直接影响烟草的产量与质量。

研究表明，施K^+可以改善叶片颜色、身分、燃烧性、和吸湿性。K^+对烟叶的一些芳香物质的合成积累有促进作用。钾能有效提高烟叶香气质和香气量以及可燃率和阴燃持火力，钾可以降低烟叶燃烧时的温度，减少烟气中的有害物质和焦油释放量，提高烟叶制品的吸食安全性。

为进一步弄清普格县螺髻山镇马厂坪烟点植烟过程中钾素的需求情况，寻找出在当前肥力水平的土壤上种植烤烟所需要的钾素的具体数量，希望获得最佳施肥量、施肥比例，构建烟草施肥数学模型，为施肥分区和肥料配方设计提供依据。同时，结合对主要生育期烤烟叶片中钾素的含量监测，寻找不同施肥水平和当前土壤肥力状况下钾肥的临界水平，为烤烟诊断施肥提供依据。

二、试验设计与方法

（一）试验材料

试验地为普格县螺髻山镇马厂坪烟点内近几年新开发的烟叶种植地。试验地前茬种植作物为荞麦，试验地基本肥力情况见表4-47。供试烤烟品种为红花大金元。

表4-47 供试土壤的理化性质

土层/cm	有机质/（g/kg）	全氮/（g/kg）	全钾/（g/kg）	全磷/（g/kg）	速效氮/（mg/kg）	速效钾/（mg/kg）	速效磷/（mg/kg）	pH
0~20	14.58	12.45	29.78	0.57	53.14	180.69	17.29	5.89

（二）试验方法

1. 试验设计

试验设4个处理，施钾量（K_2O）分别为0kg/hm^2（处理1，CK）、84.375kg/hm^2（处理2）、168.75kg/hm^2（处理3）和253.125kg/hm^2（处理4）。根据中等肥力植烟土壤的施肥要求，各处理氮（N）的施用量均为67.5kg/hm^2，磷（P_2O_5）的施用量均为67.5kg/hm^2。每处理设置3次重复，随机区组设计。每小区50株，行距1.2 m，株距0.5 m，四周设保护行。钾肥为硫酸钾，氮肥为硝磷铵，磷肥为过磷酸钙。烟苗由当地常规育苗户提供，栽前炼苗，无病壮苗供试。

移栽时先在植烟田块上划分小区共（4×3）12个小区，每小区面积为6×4.5=27 m^2，小区划分好后，标准开厢，做到厢平沟直；均匀打窝，窝深适宜。试验不考虑有机肥的作用，故各处理都不施用有机肥。选取健壮程度较为一致的烟苗进行移栽，栽后浇足定根水，待水浸入窝穴后，在距离烟株10 cm处均匀地环施各处理的肥料，施后用窝边土壤盖住肥料，之后进行盖膜。大田生产期间做好病虫害的防治与统计。整个大田管理技术均按《普格县2011年优质烟叶生产技术管理方案》实施。

2. 试验测定项目及测定方法

（1）试验测定项目

分别于团棵期、旺长期、成熟期在每个小区随机地选取3株烟测定农艺性状，包括株高、最长叶片长，最宽叶片宽、茎围、叶片数等。并于测定株上做好相应标记，注意标记时不应对烟叶造成损伤，以免影响测定结果。在测定农艺性状的同时也在标记烟株上确定一叶片用于叶绿素相对含量的测定。烟叶适熟采收，三段式烘烤工艺烘烤，待回潮后，严格按照国家烟叶分级标准进行分级。储藏于光、温适宜的仓库，待采烤结束后统一进行产量与产值的计算。产量计算之后，每个小区均抽取200 g左右的C3F级别烟叶进行总糖、还原糖、淀粉、蛋白质、总氮、含钾量、烟碱等的测定。

（2）测定方法

农艺性状均按照相应的行业标准进行测定。叶绿素相对含量用SPAD-502仪器进行测定，产量均使用精确至千分位的电子天平进行称量。烟叶含钾量的测定采用火焰光度法；总氮量的测定采用凯氏法定氮法；淀粉含量的测定采用酸解法；烟碱含量的测定采用紫外分光光度法；总糖含量的测定采用水提取斐林试剂滴定法；还原糖含量的测定采用苦味酸比色法；蛋白质含量的测定采用间接测定法。统计数据的分析使用Excel、DPS数据处理系统，显著性分析使用Duncan新复极差法。

三、结果与分析

（一）不同施钾量对烤烟农艺性状的影响

初烤烟叶的品质由大田烟叶质量决定，而烤后烟叶的产量也与农艺性状直接关联，因此从不同处理烟株的大田农艺性状可以获取到烤后烟叶产量与品质的一些初步数据。本试验结果表明施用钾肥的处理2、处理3和处理4的农艺性状在最长叶片长、最宽叶片宽、打顶后株高、有效叶片数等几个性状上，表现均优于不施用钾肥的处理1，可见钾肥对烟叶生产的重要性，烤烟对于钾素的需求并不能够完全由土壤提供，需要外施钾肥来补充。另外氮、磷肥对于烤烟的生产也有重要作用，但并不能替代钾肥的作用，仅施用氮、磷肥不能为烟株生长提供可靠的肥力保障，故在生产中切忌偏施氮、磷肥，应该均匀地施用烟叶生产所需的各种肥料。

在处理2、处理3和处理4中农艺性状表现最佳的是处理3，可见钾肥的施用量对于农艺性状的影响不是简单的正比关系，不是施肥越多，烟株农艺性状表现就越好。烟株的生长是在多种因素的共同作用下进行的，其中各种肥料之间的协调作用尤为重要。氮、磷、钾是作物生长的三大营养元素，水是生命之源，这四个因子是形成优质烟叶最基础也是最重要的条件。肥料间配施可使烟叶的化学成分协调，致香物质总量和不同种类香物质含量提高。由处理2、处理3和处理4的农艺性状差异可以看出处理3的氮素、磷素和钾素之间比例较为适宜，使得烟株的生长较为茂盛，能够为烤后原烟的产量奠定基础。处理2表明在该处理的氮、磷肥水平下，该处理的施钾量不足，故而导致该处理的烤烟大田农艺性状不佳，相比于施钾量充足的处理3、处理4略显营养不足。而处理4则表明增加钾肥的施用量在一定的范围之外并不能够对烤烟的农艺性状表现产生促进作用，就只考虑施钾量对于烤烟大田农艺性状表现的话，处理4就显得施钾量过于充足，对于烤烟的增产效果不明显，造成了钾肥的浪费。这与前人的研究：增施钾肥可以提高烟叶的酸性和中性香气成分含量，增施氮肥和磷肥都可以提高烟叶产量、等级，肥料间配施可使烟叶的化学成分协调，并不矛盾。可见钾素对于烤烟产量的增产效益没有氮素、磷素那么明显。但是均衡、高效的施肥不论对于烤烟的产量还是品质都有至关重要的影响。

表4-48 不同施钾量对烤烟农艺性状的影响

处理	最大叶长/cm	最大叶宽/cm	打顶后株高/cm	有效叶数（片）
1	65.3dD	24.1dD	88.3dD	18
2	70.3cC	26.9cC	90.3cC	20
3	74.5aA	28.5aA	96.5aA	22
4	73.6bB	28.1bB	93.3bB	22

（二）不同施钾量对烤烟叶绿素相对含量的影响

叶绿体是光合作用的场所，叶绿体色素在光能的吸收、传递和转换过程中起着重要的作用。其中叶绿素是叶绿体色素的重要组成部分，在光合作用的光反应阶段起着不可替代的作用。故而叶绿素是烟叶光合作用重要的反应条件，也是烟叶干物质积累与烟叶产量的物质基础。因此旺长期叶片的叶绿素相对含量的多少反映的是光合作用进行的强烈程度，叶绿素相对含量高，光合作用强烈，反之，则较弱。

此外，叶绿素含量多少还与烟叶品质有密切关系，每100 g烘烤干烟叶中叶绿素含量在80 mg以下时，烟叶质量较好，成苗期100 g干重最高叶绿素含量在990 mg以上的品种品质较好，低于此值的品质较差。叶绿素相对含量值能够反映出叶绿素的实际水平，也就能够表征不同处理间的营养状况差异。

K^+虽然不直接参与构成叶绿素，但在叶绿素的合成过程中起着催化与促进作用。因而不同的施钾量必然对叶绿素相对含量造成了影响。表4-49是在旺长期（约大田移栽后45 d）由烟株基部向顶部的第11片叶的叶片中部所测得的叶绿素相对含量值。本实验结果表明施用钾肥的处理2、处理3和处理4的叶绿素含量均高于不施用钾肥的处理1，表明钾素在烟叶的生产过程中与碳代谢有着密不可分的关系，直接影响叶绿素参与的光合作用。处理3的叶绿素相对含量值又略高于处理2和处理4，处理2和处理4之间的值又几乎持平。这与施钾量对烤烟的大田农艺性状影响相似，即过低或过高的施钾量对于施用同一水平的氮素、磷素都是不科学的。足以见得，均衡、高效的施肥不论对于烟株的大田外观表现，还是内含物的积累都是至关重要的条件基础。

表4-49　不同施钾量对烤烟叶绿素相对含量的影响

处理	均值	5%显著	1%极显著
1	39.59	d	D
2	41.48	c	C
3	44.66	a	A
4	42.22	b	B

（三）不同施钾量对烤烟产量的影响

烤烟产量的直接构成因素是单位面积的烟株数、各烟株的有效叶片数、各叶片的质量。在本次试验中各个小区面积一致，所栽烟株数目也一致，故而能够对烟叶产量造成影响的因素就只有各烟株的有效叶片数及各叶片的质量。每个小区烟株的有效叶片数均已在统计农艺性状时记录了，各处理间有效叶片数的变化在18 ~ 22片之间变化。至于各叶片的质量取决于各叶片的内含物的含量，而内含物的含量决定于该烟株的营养状况。

处理1到处理3的烤烟产量随着施钾量的增加，从1 503.4 kg/hm^{2}增加到了1 805.5 kg/hm^2，处理4（1 777.7 kg/hm^2）的烤烟产量高于处理1（1 503.4kg/hm^2）和处理2（1 666.9 kg/hm^2），低于处理3（1 805.5kg/hm^2）。4个处理之中处理1的产量最低，这是其有效叶片数最少、旺长期叶绿素相对含量最低的最终结果。说明在本次试验供试土壤的肥力状况条件下，土壤所含钾素是不能为整个大田烟株生长过程中的钾素需求提供保障。因而，想要在此类肥力状况的土地上获得较好的烤烟产量就必须外施钾肥。处理3的产量（1 805.5 kg/hm^2）表现是最好的，这与其整个大田生长的外观表现相一致，说明在本次试验条件下，处理3的施钾量不仅能够满足烟株的需求，还能同氮肥与磷肥的施用量相协调，因而烟株能够高效地利用钾肥，最终获得了最佳的产量。

表4-50 不同施钾量对烤烟产量的影响

处理	均产/（kg/hm^2）	5%显著水平	1%极显著水平
1	1 503.4	d	D
2	1 666.9	c	C
3	1 805.5	a	A
4	1 777.7	b	B

（四）不同施钾量对烤烟产值的影响

烟叶的经济效益最终是通过产值来体现的。产值的大小直接关系到烟农收入的多少，而烟农收入的多少与其种植烟草的积极性是成正比关系的，因而烟草的产值最终关系到烟草种植业的发展。不同施钾量直接影响到的是烟叶的产量，但是产值除了与烟叶的产量直接挂钩之外，还与烟叶中上等烟的比例及烟叶品质相关。在本次试验条件下产值较高的是处理3（30 422.7元/hm^2）、处理4（30 185.3元/hm^2），中上等烟叶比例较高的是处理3（90.6%）、处理4（93.7%），而处理3与处理4的产量也是各处理中最高的。这说明高产量和高中上等烟比例是高产值的最终保证。处理4（30 185.3元/hm^2）的产值略少于处理3（30 422.7元/hm^2），由之前试验结果可知处理4的产量（1 777.7 kg/hm^2）是低于处理3的（1805.5 kg/hm^2），但是处理4的高施钾量（253.125 kg/hm^2）使烟草的品质提高，因而处理4的中上等烟叶比例（93.7%）高于处理3（90.6%），弥补了部分产量上的不足，最终获得了与处理3几乎持平的产值。处理2由于产量低（1666.9 kg/hm^2）、中上等烟叶的比例也低（83.2%）最终获得了较低的产值（27 753.9元/hm^2）。处理1的产值最低（24 565.6元/hm^2），可见钾肥对于烤烟产量的影响也是不容忽视的。对于烟草这种品质作物，品质元素的缺失必然会造成品质的下降，最终导致烤烟的产值较低（见表4-51）。

表4-51　不同施钾量对烤烟产值的影响

处理	中上等烟叶比例/%	均价/（元/kg）	产值/（元/hm^2）
1	71.8	16.34	24 565.6dD
2	83.2	16.65	27 753.9cC
3	90.6	16.85	30 422.7aA
4	93.7	16.98	30 185.3bB

（五）不同施钾量对烤烟化学成分的影响

不同的施钾量对烤烟的化学成分有明显的影响。然而化学成分与烟叶质量的关系是个比较复杂的问题，目前，有些成分与烟叶质量关系已基本弄清。可溶性总糖是对烟叶吸味有利的成分，同一地区的烤烟含糖量高者的吸味较含糖量低者好，但不能单从总糖含量高低就判断烟叶吸味的优劣，必须和总氮、烟碱等结合起来看；总氮，一般将其划为不利于内在质量的因素但又是不可缺少的因素，总氮过高的烟叶，其总糖及总碳水化合物往往较低，这种烟叶一般劲头大、刺激性大，过低，则吃味差，有杂气；蛋白质亦是对吸味不良的因素，一般含量在7%~9%；烟碱含量适中为宜，烤烟中烟碱含量在1.5%~3.5%较为适宜；钾含量影响烟叶的燃烧性，含量略高较好。本次试验各处理中处理4的含钾量（2.56%）、可溶性总糖含量（23.65%）、还原糖含量（21.12%）和糖碱比（10.85）均高于其他各处理，而总氮含量（1.31%）、烟碱含量（2.18%）、蛋白质含量（6.89%）和淀粉含量（2.01%）则低于其他各处理，但也较高（见表4-52）。综合以上各指标分析，处理4烤烟的化学成分趋于协调，是4个处理中内在品质最好的一个处理。处理4的施钾量高于处理3，可见增施钾肥对于烤烟的质量品质的提高效果是非常显著的。处理3的含钾量

（2.23%）、可溶性总糖含量（23.49%）、还原糖含量（20.98%）和糖碱比（10.53）均高于处理1和处理2，而低于处理4。总氮含量（1.34%）、烟碱含量（2.24%）、蛋白质含量（7.01%）和淀粉含量（2.23%）则低于处理1和处理2，而高于处理4。综合以上各指标分析，处理3的烟叶质量略差于处理4（见表4-52）。

表4-52 不同施钾量对烤烟化学品质的影响

处理	总糖/%	还原糖/%	淀粉/%	总氮/%	烟碱/%	蛋白质/%	含钾量/%	糖碱比
1	19.53	18.86	2.74	1.78	2.57	8.24	1.78	7.59
2	20.72	19.67	2.69	1.64	2.36	7.88	1.96	8.78
3	23.49	20.98	2.23	1.34	2.24	7.01	2.23	10.53
4	23.65	21.12	2.01	1.31	2.18	6.89	2.56	10.85

四、结论

（一）小结

K^+参与了烟株大部分的生命活动，并在其中担任了重要的角色。从而不同的施钾量会对烟株的生长、成熟及烘烤产量、产值和内在品质都造成影响。

不施用钾肥的处理，其生命活动所需要的钾素全部来自植烟土壤，本实验中供试土壤的全钾含量是29.78 g/kg，速效钾180.69 mg/kg。从试验结果来看，无论是田间生长表现还是烤后烟叶的产量或品质都显示出处理1在钾素营养方面的匮乏。换言之，在供试土壤的钾素水平条件下，不外施钾素无法让烟叶生产获得较高的产量与产值。

低钾与高钾的处理2（84.375 kg/hm^2）与处理4（253.125 kg/hm^2），在田间的生长表现最为相似，但是处理4的产量与产值及上等烟叶比例都较处理2高，可见处理2（84.375 kg/hm^2）的钾素处于缺量状态对其生长有明显的阻滞作用，造成内部生命活动的紊乱与停滞，形成产量的各种干物质积累量不足，比例不协调，从而导致使烘烤后的产量与品质都低于高钾的处理。

高钾的处理4（253.125 kg/hm^2），其钾素供应处于充沛状态，烟株各种需钾的生命活动都能够获得足量的钾素来完成。但从田间农艺性状的分析结果来看，田间表现并不如施钾量相对较低的处理3（168.75 kg/hm^2），可见并不是肥料施用得越多其生长情况就会越好。这说明各种肥量的足量以及各种肥料的协调比例都是烤烟施肥的关键。只有氮、磷、钾等各种养分都有能满足烤烟整个生长过程的量，再有协调、适宜烤烟生产的比例，各种肥料的利用率才会达到最高，烤烟生产的经济效益才会达到最大。

处理3（168.75 kg/hm^2）在大田生长时的表现是最佳的，在最大叶片长（74.5 cm）、最大叶片宽（28.5 cm）、有效叶片数（22片）上均在4个处理中显著地高于其他处理。烘烤后产量（1 805.5 kg/hm^2）及产值（30 422.7元/hm^2）也同样地高于其他处理。可见处理3（N：67.5 kg/hm^2；P：67.5 kg/hm^2；K：167.8 kg/hm^2）氮、磷、钾素三种肥料的用量适宜，比例协调，施肥对于烤烟的增产效益较为明显。处理3的烟叶化学成分在总糖、还原糖、含钾量、糖碱比上均低于处理4，总氮、烟碱、蛋白质、等的含量又高于处理4，综合分析处理3的烟叶品质略低于处理4。处理3与处理4在本试验条件下综合经济效益在各处理中表现最佳。

（二）结论

烟叶的质量与产量本身是一对矛盾复合体。20世纪60～70年代，由于我国卷烟原料缺乏，烟叶生产片面地追求产量，结果致使烟叶品质下降。因此，为了保证烟叶质量的稳定提高，对单位面积产量的增加应有适当限制，使烟叶质量和产量二者协调发展。这也是烟叶生产中提出适产的目的。烟草只有在一定产量范围内烟叶的产量与质量两者才能相互协调，进而获得最大的经济效益。钾素对于烤烟的生产有很大的影响，在本次试验中处理3（168.75 kg/hm^2，K_2O）的产量最佳，产值最高，但中上等烟叶的比例和综合品质都差于处理4（253.125 kg/hm^2，K_2O）。对于该烟点施用的氮（67.5 kg/hm^2，N）、磷（67.5 kg/hm^2，P_2O_5）两种肥料水平，处理3的施钾量无疑使得该处理的氮、磷、钾三个要素处于一个均衡、适宜的状态，从而为烟株生长提供了一个科学有效的养分环境，最终获得较高的产量。就单纯地从烤烟的产量与产值方面考虑，处理3的施钾量对于该烟区是最为适宜的。但是，烟叶的质量直接决定烟叶的可用性，高品质的烟叶能够为烟草行业创造出更高的经济效益。处理4烟叶的质量是本次试验中最好的。因此，处理4的施钾量可作为今后烟区烤烟生产的施钾量参考值。然而处理3（168.75 kg/hm^2，K_2O）与处理4（253.125 kg/hm^2，K_2O）

的施钾量之间跨度颇大，具体的量化值域还有待进一步研究。但就本试验的研究结果来看处理3（168.75 kg/hm^2，K_2O）和处理4（253.125 kg/hm^2，K_2O）都获得了较高的产量和产值，中上等烟的比例也是各处理中最高的。因此，在该烟区适宜生产的施K_2O量为168.75 ~253.125 kg/hm^2。

第十二节　干湿交替对土壤供钾特性的影响研究

一、试验目的

土壤中钾元素的存在形态、分布状况及其转化规律影响着钾对其的有效性。土壤中钾元素从化学形态上可分为：结构钾、水溶性钾、非交换性钾和交换性钾几种形态。从植物有效性方面将土壤钾分为速效钾、矿物钾和缓效钾。水溶性钾和交换性钾是对植物供钾的主要来源，也是植株获得高产、优质的一个重要因素。土壤速效钾是指土壤中容易被植株吸收利用的钾元素，包括水溶性钾和代换性钾；土壤缓效钾是称非交换性钾，指存在于层状硅酸盐矿物层间和颗粒边缘，不能被中性盐在短时间内浸提出的钾。土壤中各种形态的钾元素都处于动态平衡，它的反动态变化随土壤中速效钾的含量变化与环境改变而发生变化。土壤是烟株吸收钾元素的主要场所，土壤保水保肥性和通透性是影响土壤有效养分的重要因素，继而影响土壤中不同形态的钾元素的转化，最终影响烟草对钾元素的利用率。本研究采用室内模拟培养试验，研究不同干湿交替循环处理对凉山烟区的黄壤、红壤和紫壤三种植烟土壤各形态钾的转化的影响，即土壤不同形态钾素转化规律，进一步明确干湿交替对植烟土壤速效钾和缓效钾的影响，揭示不同干湿状态对土壤钾素转化的影响。

二、试验设计与方法

（一）试验材料

试验的三种土壤分别采自凉山州盐源县干海乡（黄壤）、会理县南阁乡（红壤）

和喜德县鲁基乡（紫壤）三个植烟地区。在以上三个植烟地区采取土样，应用五点分布采样方法，去除其表层土，然后用土钻采集深度在15~30 cm之间的土壤作为土样。在此期间应注意避免采集含有大块石头和较大的植物残根的土壤，大约采取土壤10 kg，然后用自封袋密封后，带回实验室，挑去植物残根和石块，将采好的土样置于避风阴凉地方自然风干。混均、研磨，过60目筛备用。

（二）试验设计

本试验采用室内模拟培养的方法，以KCl作为外源钾，按1kg土样100 mgKCl的比例加入KCl并混匀。对三种土样设置6种不同干湿交替循环处理，处理方式如表4-53所示。

表4-53　处理设计表

T_1	干湿干湿干湿处理	T_4	干干干干干干处理
T_2	干干湿湿干干处理	T_5	湿湿湿湿湿湿处理
T_3	干湿湿干湿湿处理	CK	自然培养

干处理是在土样含水量为10%的的环境下进行培养，湿处理为土样含水量为40%的环境下进行培养，含水量从10%到40%为一次干湿交替（含水量从40%到10%为一次湿干交替），一个交替周期为10 d。含水量10%是指在100 g自然风干土样中加10 g去离子水，含水量是通过称重法确定的，10%到40%直接加水，而40%到10%，是将培养皿放入30℃±1℃的恒温恒湿箱中，打开密封盖，使其快速蒸发，降至10%，若低于10%，可通过称重法加水使其达到10%。对每种处理称取200 g混匀后的风干土样，放入直径*d*=90 mm有密封盖的培养皿中，按照上述6种干湿交替处理，将土样放在（25±1℃）的恒温恒湿箱进行培养（除CK处理以外）。每20 d测定一次土样速效钾和全钾的含量变化，连续测定7次，试验设3次重复。在试验过程中处理用水均用经过仪器净化的去离子水。每次测定时，所取的培养后土样，要保证自然风干后为10 g，如第一次取样，就称取培养后土样总重的1/20，第二次取样，就称取培养后土样总重的1/19，后面以此类推。

（三）土壤样品的测定

土壤速效钾的测定采用火焰光度法；土壤全钾的测定采用碱熔-火焰光度法；缓效钾=全钾-速效钾。

三、结果分析

（一）不同干湿交替处理对土壤速效钾含量变化

1. 不同干湿交替处理对黄壤速效钾含量的变化

不同干湿交替处理对黄壤速效钾含量的动态变化过程如图4-13所示。从图中可以得出，黄壤经过不同方式的干湿处理，速效钾含量均有略微的增加，且比较缓慢，在100 d以后趋于稳定，T_4略微有点下降趋势。在整个试验过程中，黄壤经过T_5处理后，土壤速效钾含量增加最多38.11mg/kg，增长了21.71%，其次是T_4处理。这表明黄壤的速效钾含量受土壤干湿程度的影响较小，速效钾含量受土壤干湿交替过程的影响较大，且干湿交替越频繁土壤速效钾的含量越低。

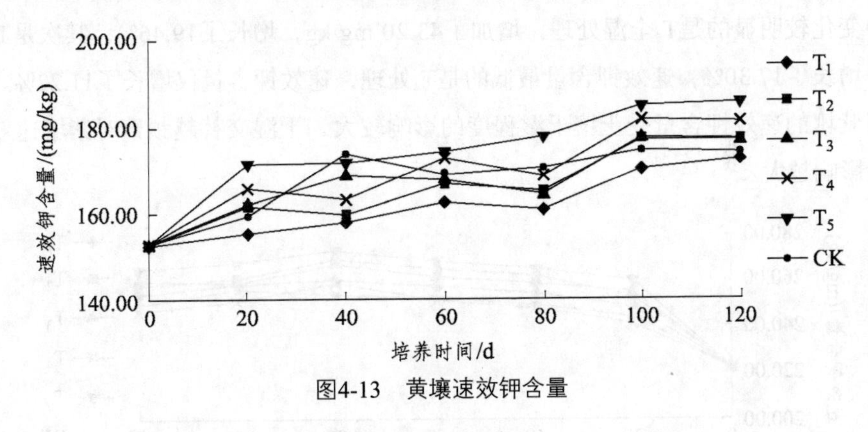

图4-13 黄壤速效钾含量

2. 不同干湿交替处理对红壤速效钾含量的变化

不同干湿交替处理对红壤速效钾含量的动态变化过程如图4-14所示。从图中可以得出，红壤经过不同干湿交替处理，土样中速效钾的含量也都略有增加，且各处理间变化趋势基本一致。各处理在前40 d速效钾含量明显增加，在60 d时明显下降，在80 d以后趋于稳定。其中变化较明显的是T_5全湿处理，土壤速效钾含量增加了38.14 mg/kg，增长了24.39%；其次是T_1处理增长了21.07%，速效钾含量最低的是T_4

处理，仅增加25.04 mg/kg。这表明红壤的速效钾含量受土壤干湿程度影响较大，同时干湿交替对其影响也较大，干湿交替次数越多，红壤的速效钾含量越高。

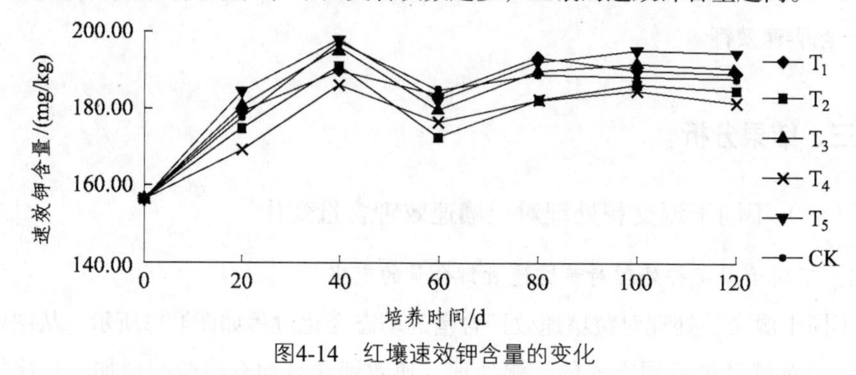

图4-14　红壤速效钾含量的变化

3. 不同干湿交替处理对紫壤速效钾含量的变化

不同干湿交替处理对紫壤速效钾含量的动态变化过程如图4-15所示。从图中可以得出，紫壤经过不同的干湿处理，各处理在前20 d速效钾含量都快速增加，在80 d以后呈现缓慢下降趋势，在整个试验过程中土样速效钾的含量变化趋势基本一致，其中变化较明显的是T_5全湿处理，增加了43.20 mg/kg，增长了19.46%；其次是T_3处理，增长了17.30%，速效钾含量最低的是T_4处理，速效钾含量仅增长了11.22%。这表明紫壤的速效钾含量受土壤干湿程度的影响较大，干湿交替越频繁对紫壤速效钾含量影响越大。

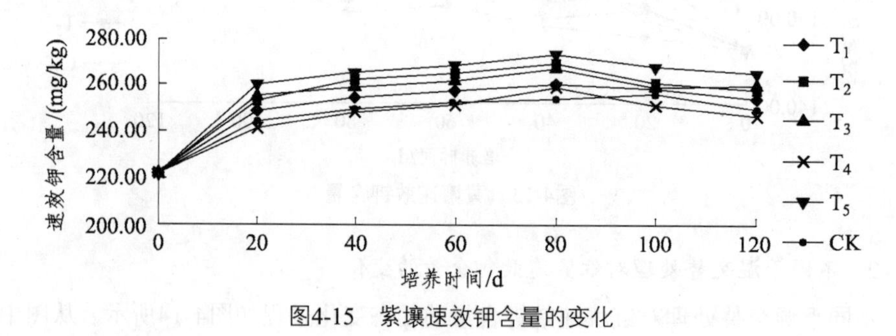

图4-15　紫壤速效钾含量的变化

（二）不同干湿交替处理对土壤缓效钾含量的影响

1. 不同干湿交替处理对黄壤缓效钾含量的变化

不同干湿交替处理对黄壤缓效钾含量的动态变化过程见图4-16。从图中可以得出，黄壤经过不同干湿交替处理，缓效钾含量有明显的增加，其中T_1干湿交替循环处理的缓效钾含量增加最多，增加了31.15 mg/kg，增长了11.42%；其次是T_4全干处理，增加了26.40 mg/kg，增加了9.68%，缓效钾含量增加最少的是T_2处理，仅增加了7.48%。这表明黄壤的缓效钾含量受土壤干湿交替过程的影响较大，干湿交替越频繁对土壤钾素固定作用越大。

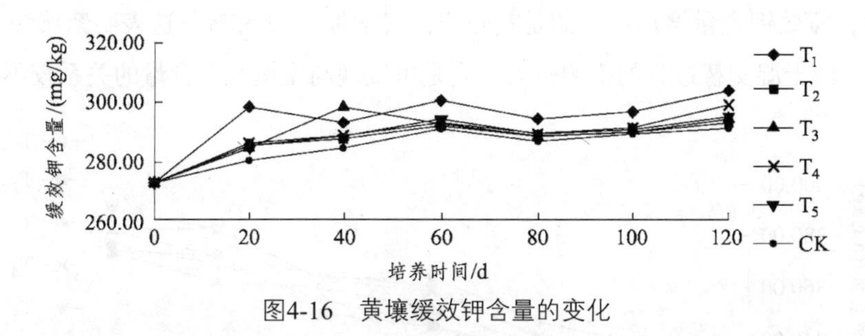

图4-16 黄壤缓效钾含量的变化

2. 不同干湿交替处理对红壤缓效钾含量的变化

不同干湿交替处理对红壤缓效钾含量的动态变化过程见图4-17。从图4-17可以得出，红壤经过不同程度的干湿交替处理，缓效钾含量都有明显的增加，表明在干湿交替的培养状况下一部分钾由于土壤的物理固定转化成缓效钾，其中变化较明显的是T_5处理，土壤缓效钾含量增加最多52.25 mg/kg，增长了20.24%；其次是CK，增长了19.04%。这表明在红壤在水分充足的条件下，它的固钾作用最强，所以水分含量是造成土壤钾素转化的一个重要原因。结合图4-14，虽然在水分充足的环境下，红壤的速效钾含量较之其他处理也是最高，但是随着培养时间的延长，它的速效钾含量趋于稳定，甚至有缓慢下降趋势，而缓效钾的含量则有缓慢上升趋势，说明培养一段时间后，土壤中速效钾向缓效钾转化。

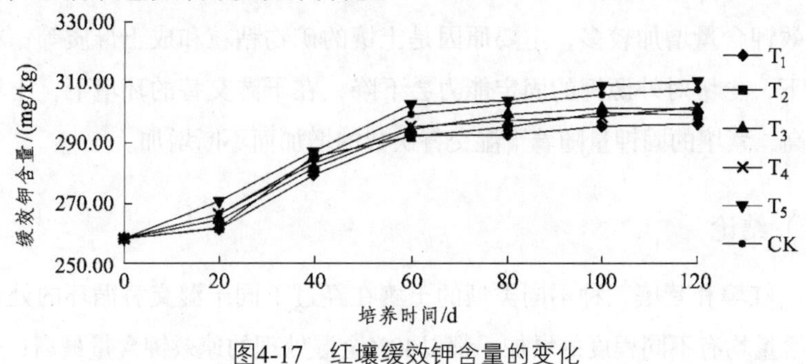

图4-17 红壤缓效钾含量的变化

3. 不同干湿交替处理对紫壤缓效钾含量的变化

不同干湿交替处理对紫壤缓效钾含量的动态变化过程如图4-18所示。从图中可以得出，紫壤经过不同干湿交替处理，缓效钾含量都有明显的增加，各处理间变化趋势基本一致，其中变化较明显的是T_5全湿处理，土壤缓效钾含量增加最多57.85 mg/kg，增长了17.41%；其次是T_4全干处理，增加了50.35 mg/kg，增长了15.15%；缓效钾含量增加最少的是T_3处理，仅增加了12.53%。这表明紫壤缓效钾的含量受土壤干湿交替过程的影响较大，同是也发现与土壤水分含量的关系较不大。

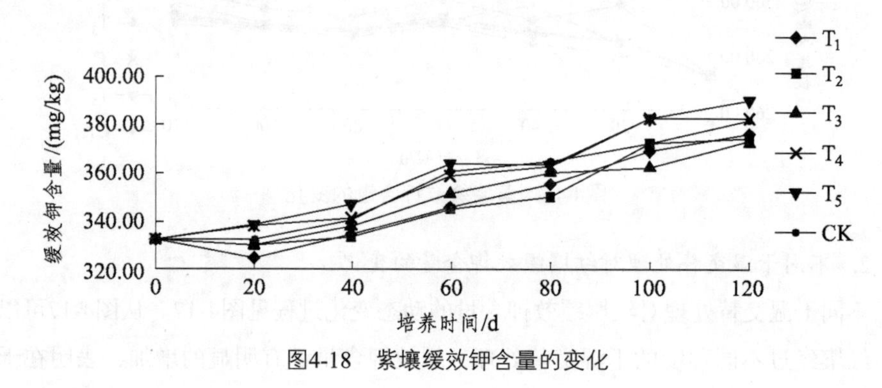

图4-18　紫壤缓效钾含量的变化

四、结论

（一）讨论

在恒干、恒湿、干湿交替循环等不同处理条件下，三种不同土样的速效钾含量变化都不同。恒干条件（处于10%含水量）下，三种不同类型的土壤速效钾含量变化无明显规律；在干湿交替条件下，红壤、黄壤速效钾含量变化较少但均略有增加，紫壤的速效钾含量增加较多，主要原因是土壤的矿物粘粒和成土母质等；在全湿处理的环境下，土壤对外源钾的固定能力会下降，在干湿交替的环境下，土壤的固钾能力会提高，紫壤的固钾量随着干湿交替次数的增加而不断增加。

（二）结论

黄壤、红壤和紫壤三种不同类型的土壤在经过不同干湿交替循环的处理后，其速效钾的含量均有不同程度的增加，都以40%全湿处理的速效钾含量最高，表明三种土壤的水分含量的高低，对其速效钾的含量有明显的影响。

黄壤、红壤和紫壤三种土壤经过不同干湿交替处理后，其缓效钾的含量都有很大幅度的增加。其中黄壤的缓效钾的含量以干湿交替循环处理的最高，表明黄壤经过干湿交替循环能够促进土壤缓效钾的积累；红壤和紫壤的缓效钾的含量均以全湿处理的最高，说明红壤和紫壤在含水量较高的环境下有利于其缓效钾的积累。

凉山烟区，以黄壤为植烟土壤的地区，可以减少对烟地的灌溉次数，这样可以抑制土壤对外源钾的积累，且在干燥环境下，黄壤的速效钾含量也较高，不会影响烟株对速效钾的需求；以红壤与紫壤为植烟土壤的地区，可使植烟土壤保持在一个相对干燥的环境，从而减少植烟土壤对外源钾的固定，进而提高烟株对外源钾的利用率。

第十三节 有机-无机肥配施对烟叶产量及品质的影响

一、研究目的

近年来，国内相继在烤烟生产中进行了增施有机肥、有机-无机肥配施、施用生物菌肥以部分替代化肥的试验，取得了一定的增产效果。但是对于有机-无机肥混配在烤烟生产中的应用研究，国内外报道很少。由于对环境和食品安全问题的关注，近年来有机-无机复合肥的开发和推广应用越来越受到重视，并在农业生产中取得了较好的效果。有机-无机肥混配肥综合了有机肥和无机肥的优点，不仅能够改善土壤的物理性状、化学性状和生物性状，平衡作物营养，有效地提高肥料利用率，减少土壤固定，改善后期营养，而且能够调节烟株代谢，增强根系活力和吸收能力，提高烟草品质；同时有机-无机混配肥中的有益微生物能够快速活化土壤养分，改善根际营养；能够提高土壤酶的活性；能够合成土壤腐殖质，促进团粒结构的形成；抑制有害菌系，增强烟株的免疫能力，提高抗性；具有无毒、无害、无污染、营养全、肥效长、充分利用现有资源等优点。

烟草是一种经济价值较高的特种叶用经济作物，可以在多种土壤上生长，但是优质烟的生长对土壤类型及其性质有较严格的要求。随着人们生活和消费水平的提高，对优质、高档烟的需求量日益增加。因此，提高烟叶品质是目前烟草生产的关键。目前，烤烟生产过程中过量使用化肥已经严重破坏了农田生态系统，土壤的水、肥、气、热的优势条件也被改变，施用混配肥不但能改善土壤的水、肥、气、热状况，调节土壤的pH值，还能改善烟叶品质，提高经济效益。本次开展的混配试验，目的是进一步改善基地单元的烟叶质量，更好地保持并凸显盐源烟叶清雅甜润的香气风格，提升香气丰满程度，促进特色烟叶与自然环境和谐发展，满足工业企业原料的需求。

二、试验设计与方法

（一）试验品种

以“清香型”烤烟品种红花大金元作为供试品种。

（二）试验地点

选择盐源县果厂镇基地单元内具有代表性的地块，要求地势平坦，肥力中上等且均匀，pH值适中，有灌溉、排水条件，烘烤设施齐全，且交通便利。

（三）试验设计

试验有有机–无机肥混配量和垄上株距两个因素，共设9个处理，每个处理3次重复，不设对照，详情如表4-54所示。

表4-54　有机肥试验处理详表

处理	有机–无机肥混配/（kg/hm²）	株距/cm	密度/（株/hm²）
A1	600	50	16 500
A2	600	55	15 000
A3	600	60	13 500
B1	800	50	16 500

续表

处理	有机-无机肥混配/（kg/hm^2）	株距/cm	密度/（株/hm^2）
B2	800	55	15 000
B3	800	60	13 500
C1	1 000	50	16 500
C2	1 000	55	15 000
C3	1 000	60	13 500

（四）试验要求

起垄方式为一垄双行，行间烟株呈梅花状，垄间行距110 cm，垄上行距70 cm；施用肥料N、P_2O_5、K_2O比例相同（1：1：3），不足的磷钾用磷酸二氢钙和硫酸钾补齐。

各种肥料养分含量

厩肥N：P_2O_5：K_2O=0.5：0.13：0.72

油枯N：P_2O_5：K_2O=5.25：0.80：1.04

复合肥N：P_2O_5：K_2O=8：9：27

钙镁磷肥N：P_2O_5：K_2O=0：12：0

硫酸钾N：P_2O_5：K_2O=0：0：5

试验小区施肥按处理安排施用，基肥（全部厩肥、油枯、钙镁磷肥、硫酸钾及60%的复合肥）拌匀后条施，追肥在揭膜上厢时（40%的复合肥）环施。

试验小区除施肥环节外，育苗、田间管理、采收、烘烤等生产环节均严格按照当地优质烟生产技术规程执行。

（五）取样及观察记载

试验调查表需指派专人负责，定时、定点、定人填写，力求调查表填写的内容详细、准确，上报及时。

1. 数据统计

试验地点、土壤状况、品种、施肥技术、移栽日期、打顶时间、留叶数等。

2. 烟株生长势

分别于团棵期（约移栽后25～30 d）、现蕾期（移栽后50～55 d）调查烟株生长势，并测定最大叶长、叶宽、株高、叶数等。

3. 农艺性状

打顶后的株高、有效叶数、上中下三部位叶长、叶宽等。

4. 经济效益

依据国家标准GB2635—92、GB2636—86《烤烟检验方法》进行分级，并计算上等烟比例、中等烟比例、桔黄烟比例、均价等。

5. 取样要求

采烤期间单采单烤，单独存放，单独分级，烘烤完毕统计各个处理的产量和产值，并取各个处理的B2F、C3F、X2F三个等级的烟样，每个等级1.5 kg，用于化学成分分析及感官质量评吸。

表4-55　试验设计

A2	C3	A1	B1	C2	B3	A3	C1	B2
B3	A1	B2	C3	A3	C2	B1	A2	C1
C1	B2	C3	A2	B1	A1	C2	B3	A3

三、结果与分析

（一）不同处理对株高的影响

从图4-19可以看出，随着天数的增加，株高不断增长，在30～50 d时，株高长势较弱，在50～70 d时，株高长势较强，这是由今年前期的干旱造成的。从数据来看，各个处理之间的差异并不大，只是在后期折线才分开了小的角度，这说明不同的处理对株高的影响并不明显；B_1的数值较其他处理略高，A_2在前期较低，后期长势较旺，A_3的一直处在最低端。

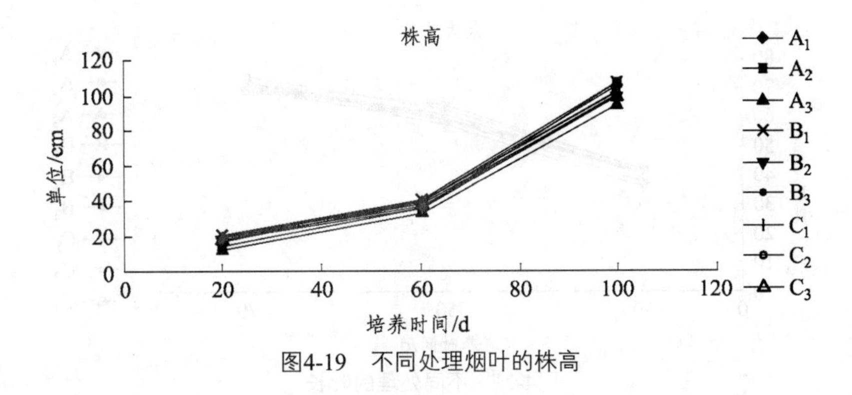

图4-19 不同处理烟叶的株高

（二）不同处理对有效叶数的影响

从图4-20可知，不同处理对有效叶数的影响和对株高的影响不同，差异随着天数的增加而越来越不明显，后期的有效叶数基本持平。从下图看，各个处理间的差异前期较大，A_3最少，B_1最多，相差2.2片；后期差异略小，最大与最小之间差1.6片。

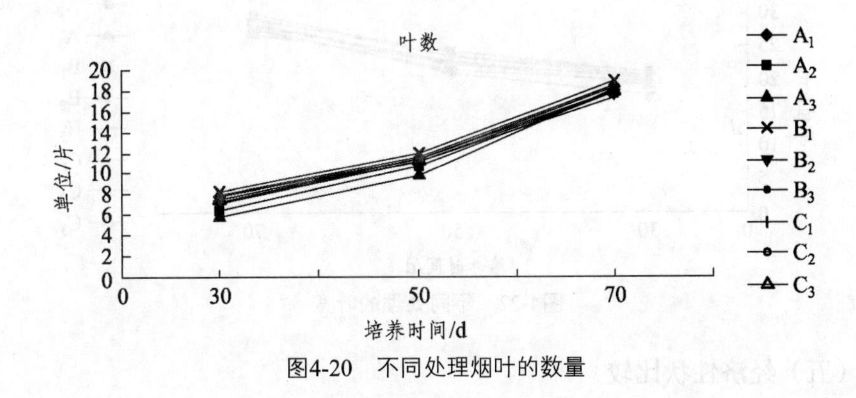

图4-20 不同处理烟叶的数量

（三）不同处理对最大叶长的影响

图4-21说明，随着天数增加，最大叶长不断增长，与其他农艺性状不同的是，最大叶长前期的增长速度略大于后期的增长速度。从数据来看，A_2前期的叶长最大，略高于其他处理，后期的数值接近平均值；最大叶长的长势在干旱时较强，反而在雨水多时较弱，且不同的处理相差不大。

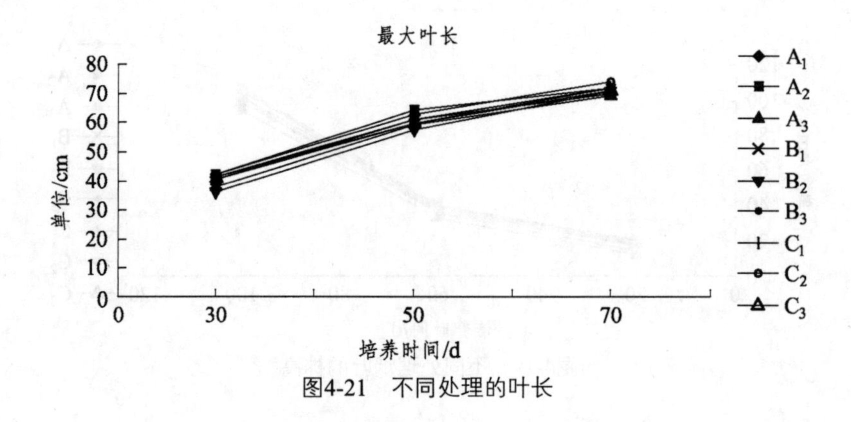

图4-21　不同处理的叶长

（四）不同处理对最大叶宽的影响

从图4-22可以看出，随着天数的增加，最大叶宽不断增长，且50 d以后的增长速度略大于50 d以前的阶段。从数据来看，不同处理对叶宽的影响和对叶长的影响相似，处理间差异不明显。

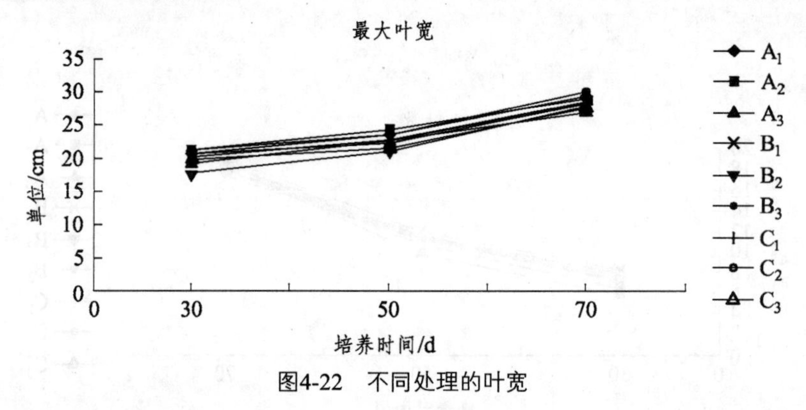

图4-22　不同处理的叶宽

（五）经济性状比较

表4-56　经济性状统计表

处理	产量/（kg/hm^2）	产值/（元/hm^2）	均价/（元/kg）	上等烟/%	上中等烟/%
A1	2 075.0	37 765.0	18.2	30.0	77.5
A2	2 096.0	37 937.6	18.1	29.6	76.4
A3	2 017.0	35 902.6	17.8	27.3	75.1

续表

处理	产量/（kg/hm^2）	产值/（元/hm^2）	均价/（元/kg）	上等烟/%	上中等烟/%
B1	2 267.5	48 297.8	21.3	37.7	80.6
B2	2 126.0	44 646.0	21.0	35.5	81.2
B3	2 221.5	47 984.4	21.6	34.3	81.8
C1	2 062.5	37 331.3	18.1	28.6	77.1
C2	2 091.0	37 219.8	17.8	28.1	75.2
C3	2 023.5	35 208.9	17.4	27.6	77.8

注：上、中、下等烟是按照国家分级标准而定。

表4-56列出了各处理下烟叶的经济性状，从表中可以容易地看到，B处理的经济性状最大，B_1、B_2、B_3处理下烟叶的产量、产值、均价、上等烟比例、中等烟比例均为所有处理中最高。

表4-57　产量–混配肥施用量

处理	均值/（kg/hm^2）	5%显著水平	1%极显著水平
800 kg	2 210.5	a	A
600 kg	2 024.5	b	B
1 000 kg	2 034.5	b	B

表4-58　产值–混配肥施用量

处理	均值/（元/hm^2）	5%显著水平	1%极显著水平
800 kg	45 767.0	a	A
600 kg	37 130.5	b	B
1 000 kg	36 451.5	b	B

表4-59　产量–双因素

处理	均值/（kg/hm^2）	5%显著水平	1%极显著水平
B1	2 267.5	a	A

续表

处理	均值/（kg/hm²）	5%显著水平	1%极显著水平
B3	2 221.5	a	A
B2	2 126.0	a	AB
A2	2 096.0	a	AB
C2	2 091.0	ab	AB
A1	2 075.0	ab	AB
C1	2 062.5	ab	AB
C3	2 023.5	b	B
A3	2 017.0	c	C

表4-60　产值-双因素

处理	均值/（元/hm²）	5%显著水平	1%极显著水平
B1	48 297.8	a	A
B3	47 984.4	a	AB
B2	44 646.0	ab	AB
A2	37 937.6	abc	AB
A1	37 765.0	bcd	BC
C1	37 331.3	cd	BC
C2	37 219.8	de	CD
A3	35 902.6	e	D
C3	35 208.9	f	E

从以上数据可以看出，随着有机肥用量加大和种植密度的增加，产量和产值也会随之增长，种植密度也是烟草增产的一个因素。在种植密度相同的情况下，施混配肥800 kg/hm²产量和产值均为最大，且与其他处理存在显著或极显著差异；在考虑双因素的情况下，施混配肥800 kg/hm²时，产量、产值、均价、上等烟比例、上中等

烟比例均最大。综合考虑，在施混配肥800 kg/hm²，种植密度为16 500株/hm²时，可以获得最大经济效益。

（六）化学成分分析

总糖、还原糖含量与有机–无机混配肥用量、种植密度有一定联系，但规律不明显；总氮和烟碱的含量总体说是随着有机肥用量增加而增加，随着种植密度增大而减小，但种植密度对上部叶的烟碱含量影响不大；增加混配肥用量可以提高钾含量、降低氯含量，但施混配肥600 kg/hm²和800 kg/hm²差距不大，种植密度与钾、氯含量关系不明显；派生值两糖比和氮碱比在各处理间差距不大，均在标准值左右，钾氯比在各处理间差异显著，尤其是和混配肥用量关系密切。

表4-61 各处理化学成分详表

处理		总糖/%	还原糖/%	总氮/%	烟碱/%	钾/%	氯/%	两糖比	氮碱比	钾氯比
	X	23.83	19.85	2.27	2.07	0.62	0.55	0.83	1.10	1.09
A1	C	28.14	23.83	2.30	1.72	0.66	0.46	0.85	1.39	1.50
	B	27.22	22.00	2.29	1.92	0.55	0.46	0.81	1.23	1.22
	X	19.54	16.90	2.30	2.39	1.04	0.60	0.86	0.98	1.78
B1	C	24.60	19.82	2.38	2.43	0.53	0.46	0.81	0.98	1.18
	B	24.06	19.21	2.35	2.39	0.58	0.43	0.80	0.98	1.35
	X	21.96	17.95	2.65	2.19	0.91	0.59	0.82	1.24	1.54
C1	C	20.69	16.46	2.68	2.83	1.01	0.42	0.80	0.99	2.49
	B	19.46	16.03	2.67	2.90	1.06	0.43	0.83	0.98	3.28
	X	18.53	17.01	2.21	2.41	1.61	0.42	0.92	0.92	3.87
A2	C	17.72	15.74	2.69	2.85	1.44	0.32	0.89	0.95	4.61
	B	15.50	13.51	2.98	3.61	0.96	0.16	0.87	0.83	6.33
	X	21.64	18.50	2.54	2.39	1.20	0.30	0.86	1.08	4.03
B2	C	19.74	17.20	2.91	2.96	1.21	0.23	0.87	0.98	5.25
	B	18.79	16.29	2.96	3.50	0.83	0.09	0.87	0.85	11.97

续表

处理		总糖/%	还原糖/%	总氮/%	烟碱/%	钾/%	氯/%	两糖比	氮碱比	钾氯比
	X	19.15	16.83	2.64	2.71	1.56	0.32	0.88	0.98	5.12
C2	C	21.38	18.69	2.53	2.44	1.55	0.33	0.87	1.05	4.85
	B	21.37	18.39	2.66	2.61	1.46	0.28	0.86	1.06	5.14
	X	23.18	20.20	2.49	2.17	1.62	0.41	0.87	1.16	4.11
A3	C	20.96	17.31	2.79	2.99	1.09	0.20	0.83	0.94	6.05
	B	17.50	14.43	3.10	3.52	0.91	0.13	0.83	0.88	7.77
	X	18.02	16.24	2.61	2.52	1.58	0.45	0.90	1.05	3.56
B3	C	22.34	19.65	2.78	2.59	1.61	0.39	0.88	1.09	4.24
	B	21.19	18.05	2.96	3.10	1.22	0.17	0.85	0.98	8.55
	X	22.92	18.94	2.70	2.89	1.39	0.22	0.82	0.96	7.63
C3	C	17.94	15.27	2.99	3.81	1.22	0.16	0.85	0.78	11.79
	B	17.85	15.06	3.15	3.77	1.22	0.24	0.84	0.84	5.26

注：X、C、B分别代表下、中、上部烟叶。

表4-61分析列出了与烟叶品质密切相关的化学成分的比例，虽然各化学成分之间很接近，但是B处理较其他处理在与烟叶品质直接关联的化学成分上更接近标准烟叶品质（总糖%、还原糖%、总氮%、烟碱%、氮碱比、钾氯比）。

（七）原烟评吸

表4-62　各处理感官评吸得分详表

处理		香气质	香气量	吃味	杂气	刺激性	合计	劲头	燃烧性	灰色	细腻度	柔和度	浓度
	X	8.30	7.70	9.00	8.00	8.00	41.00	适中	强	灰白	较细	柔	中+
A1	C	8.10	7.50	9.10	8.10	8.10	40.9	适中	强	灰白	细	柔	中
	B	8.30	7.50	9.10	8.20	8.00	41.1	适中	强	灰白	细	柔	中+
	X	8.41	8.10	9.24	8.00	8.36	42.111	适中	强	灰白	较细	较柔	中-
B1	C	8.45	8.40	9.33	8.30	8.00	42.5	适中	强	灰白	较细	较柔	中
	B	8.41	8.30	9.08	8.30	8.10	42.2	适中+	强	灰白	较细	较柔	中+

续表

处理		香气质	香气量	吃味	杂气	刺激性	合计	劲头	燃烧性	灰色	细腻度	柔和度	浓度
	X	8.22	7.82	8.76	7.70	7.88	40.48	适中-	强	灰白	较细	柔	中-
C1	C	8.10	8.10	8.73	8.33	8.10	41.4	适中	强	灰白	细	柔	中
	B	8.30	8.10	8.95	8.10	8.00	41.5	适中+	强	灰白	细	较柔	中+
	X	8.22	8.00	8.78	8.18	7.80	41.0	适中-	强	灰白	较细	柔	中+
A2	C	8.27	8.08	8.78	7.90	8.00	41.0	适中	强	灰白	细	较柔	中+
	B	8.35	8.10	8.72	8.10	8.08	41.0	适中+	强	灰白	细	柔	中+
	X	8.38	8.30	9.28	8.15	8.08	42.1	适中-	强	灰白	较细	较柔	中-
B2	C	8.40	8.33	9.00	8.25	8.05	42.0	适中+	强	灰白	较细	较柔	中
	B	8.25	8.33	9.35	8.28	8.08	42.3	适中	强	灰白	较细	较柔	中+
	X	8.10	7.70	9.00	7.90	7.73	40.43	适中-	强	灰白	细	柔	中-
C2	C	8.20	8.10	9.00	8.00	8.00	41.1	适中	强	灰白	细	较柔	中
	B	8.13	8.07	9.00	8.05	8.00	41.2	适中	强	灰白	较细	柔	中+
	X	8.20	7.73	8.83	7.57	7.63	40.0	适中+	强	灰白	细	柔	中+
A3	C	8.00	8.03	8.93	7.85	7.60	40.4	适中	强	灰白	细	柔	中+
	B	8.17	8.10	9.10	8.37	8.00	41.7	适中	强	灰白	较细	柔	中+
	X	8.38	8.35	9.38	8.27	7.63	42.0	适中-	强	灰白	较细	较柔	中-
B3	C	8.30	8.28	9.00	8.20	7.63	41.9	适中+	强	灰白	较细	较柔	中
	B	8.37	8.30	9.10	8.20	8.00	42.0	适中	强	灰白	较细	较柔	中+
	X	8.06	7.88	8.62	7.60	7.74	39.90	适中+	强	灰白	细	柔	中-
C3	C	8.15	8.00	8.65	7.65	7.55	40.00	适中+	强	灰白	细	柔	中
	B	8.20	8.00	9.10	8.00	7.80	41.1	适中	强	灰白	较细	较柔	中

表4-62是对烟叶各处理生成的原烟进行评吸所得的结果，分别列出了上、中、下各部位的烟叶的评吸结果，综合所得分越高表明烟叶质量越好。可以看出，B处理的整体分要高于其他处理。在劲头、燃烧性、灰色、细腻度、柔和度、浓度的评吸中，B处理的结果更接近优质烟叶的性状

四、结论

总体来看，农艺性状的各个指标在不同处理之间的差异并不大，说明不同处理对农艺性状的的影响程度不明显。其主要的差异，集中在后期，只在打顶以后略有显现。有机–无机混配肥用量与钾含量的关系显著，在氮磷钾比例及用量一致的情况下，增加混配肥用量可明显提升烟叶中不同部位的钾离子含量。

有机–无机肥混配有利于烤烟的生长发育，表现为烟株早期生长迅速，叶面积大，出叶速度快，干物质重明显增加，进入旺长期快。大田试验表明：施用800 kg/hm^2混配肥对烟叶的内在质量和经济效益都有很大提高，与其他处理的均价及上中等烟比例也达显著差异。其中以B处理最好，产量、产值、均价、上中等烟比例均为三组处理当中最大。B1、B2、B3的产值明显高于其他处理，综合得出，在施混配肥800 kg/hm^2，种植密度为16500株/hm^2时，可以获得最大经济效益。

最后，通过施用不同比例不同用量的的肥料，烟叶的各种性状都有差异。由此，可以得出有机–无机肥混配在施用量800 kg/hm^2，种植密度为16 500株/hm^2时对烟叶的质量和产量影响最大。

第十四节　一体化微生物
有机无机复混肥对烟叶产量及品质的影响

一、研究目的

为了验证一体化微生物有机无机复混肥在烟草上的促生提质防病效果，2020年4月至2020年9月在凉山州会东县开展了田间试验，调查了烟株农艺性状、主要病害发生情况，进行产质量统计，开展烟叶化学成分检测。通过试验，获得烟草缓控释一体肥在促生提质方面的数据，为产品推广做技术储备。

二、试验设计与方法

（一）试验品种

以“清香型”烤烟品种红花大金元作为供试品种。

（二）试验地点

试验示范安排在在四川中烟“宽窄花园”进行，位于四川省凉山州会东县乌东德镇，土壤类型为紫色土，土壤肥力见表4-63，示范面积500亩。会东县于4月29日移栽定植。种植密度均为1 100株/亩。示范区栽培条件基本一致。试验示范施药时为烟草移栽后整个生长期。

表4-63 土壤理化指标

指标	含量	单位
pH	6.40	
有机质	4.21	mg/kg
碱解氮	304.2	mg/kg
有效磷	41.5	mg/kg
速效钾	268.4	mg/kg

（三）试验设计

本试验包含1个对照和3个处理，各3次重复。

表4-64 试验处理明细

处理	肥料种类	施用方法
对照CK	商品化复合肥50 kg	基肥30 kg，追肥20 kg
处理一T_1	一体化微生物有机无机复混肥50 kg	一次性基肥50 kg
处理二T_2	一体化微生物有机无机复混肥60 kg	一次性基肥60 kg
处理三T_3	一体化微生物有机无机复混肥60 kg	基肥50 kg，追肥10 kg

除基肥、追肥外，其他如育苗、起垄、移栽、大田管理、病虫害防治和采收烘烤等环节均应一致，严格按照当地优质烟生产技术规范执行。

三、结果与分析

（一）一体化微生物有机无机复混肥对烟草发育的影响

从表4-65农艺性状表现分析，有机–无机复混肥对不同部位烟叶、株高及茎围有一定的影响，且不同的施肥量和施肥方式对烟叶发育有一定的影响。

表4-65　农艺性状调查表

处理	下部叶		中部叶		上部叶		株高/cm	茎围/cm	节距/cm
	长/cm	宽/cm	长/cm	宽/cm	长/cm	宽/cm			
CK	64.54c	29.44a	65.44c	25.82c	54.62d	21.21a	98.42d	11.02a	4.12a
T_1	65.81b	29.87b	67.42c	27.67b	56.45c	21.26b	99.82c	11.04a	4.15a
T_2	66.27b	30.41a	69.61b	28.81a	58.81b	21.63a	105.11b	11.22a	4.53a
T_3	68.22a	30.23a	71.81a	28.85b	62.23a	21.62b	109.63a	11.46a	4.55a

60 kg的处理可促进上、中、下各部位叶片发育，尤其是可促进叶片的径向发育，提高叶长，除中部叶片宽度随施肥量的增高而变宽外，其他部位叶片受施肥量的影响不大；增大施肥量后可显著提高烟草植株高度，但对节距、茎围没有显著影响。此外，60 kg处理分基肥、追肥施用可以提高上部烟叶叶长、叶宽及茎围、节距，促进植株整体发育。

与对照相比，施用一体化微生物有机无机复混肥可以促进上部烟叶发育，但对中部叶长宽比有一定影响，一体化微生物有机无机复混肥可以通过增加烟草植株高度、调节叶片发育的途径调整烟草株型。

（二）一体化微生物有机无机复混肥对经济性状的影响

从表4-66可以看出，各处理的上等烟比例、总价以及均价等指标均高于对照，不同施肥量和施肥方式的表现差异不大。

表4-66 经济性状调查表

处理	上等烟比例/%	中上等烟比例/%	总重/kg	总价/元	均价/（元/kg）
CK	16.84	72.78	152.1	2 342.8	15.40
T_1	16.46	79.32	155.4	2 643.9	17.01
T_2	17.02	79.64	169.3	2 816.2	16.63
T_3	16.92	79.51	170.4	2 794.5	16.40

60 kg处理产值最高，但施肥方式对均价和产量影响不显著；50 kg处理均价最高，但产量和产值中等；施用一体化微生物有机无机复混肥对提高上等烟叶比例影响较小，但对提高中上等烟叶比例影响较大。

与对照相比，施用一体化微生物有机无机复混肥可以提升中等烟叶的比例，对产值、产量和均价也有提升作用。

（三）一体化微生物有机无机复混肥对烟叶外观质量的影响

表4-67 外观质量统计表

处理	等级	颜色	成熟度	结构	身份	油分	色度	总体评价
CK	B2F	8.1	8.0	7.0	6.5	6.5	6.5	光滑稍多，稍有杂色
T_1		8.5	8.6	7.1	6.6	6.8	7.0	稍有光滑
T_2		8.2	8.0	7.0	6.6	7.5	6.5	稍有杂色，少量部位略偏中
T_3		8.1	8.2	7.0	6.4	7.4	6.4	稍有杂色，少量部位略偏中
CK	C3F	8.2	8.3	8.5	8.1	6.3	5.8	杂色稍多，稍有青筋
T_1		8.6	8.5	9.0	8.0	6.5	6.5	稍有杂色，部分部位稍偏下
T_2		8.3	8.3	8.6	8.5	7.2	6.0	稍有杂色，部分部位稍偏下
T_3		8.2	8.4	8.5	8.5	7.4	6.0	部分部位稍偏下

从外观质量分析，施用一体化微生物有机无机复混肥可影响烤后烟叶外观评价指标。

与对照相比，50 kg处理可以提高C_3F和B_2F等级烟叶颜色、成熟度、色度以及

C_3F等级烟叶结构，而60 kg处理可显著提高C_3F和B_2F等级烟叶油分以及C_3F等级烟叶身份。

（四）一体化微生物有机无机复混肥对烟叶物理特性的影响

表4-68　物理特性统计表

处理	等级	厚度/mm	填充值/（cm^3/g）	叶面密度/（g/m^2）	拉力/N	含梗率/%	平衡水分/%
CK	B2F	0.104	4.50	87.3	2.20	27.6	12.4
T_1		0.115	3.61	83.1	2.23	27.0	12.6
T_2		0.106	3.79	78.6	2.16	27.4	12.3
T_3		0.123	3.82	78.5	2.17	27.1	12.9
CK	C3F	0.076	4.69	63.0	1.52	26.3	13.9
T_1		0.075	4.31	66.4	1.60	26.5	13.5
T_2		0.080	4.02	74.1	1.58	26.1	14.2
T_3		0.086	3.95	73.6	1.65	26.6	13.3

对烤后烟叶C_3F和B_2F等级烟叶的物理指标分析，与对照相比，有机–无机复混肥对C_3F和B_2F的填充值、叶面密度等产生了一定影响。

随着施肥量增加C_3F和B_2F等级烟叶的填充值、叶面密度等协调性更好，但对施肥方式没有显著影响；与对照相比，施用有机–无机复混肥可以提高C_3F等级烟叶的拉力以及降低B_2F等级烟叶的含梗率，对厚度和平衡水分影响较小。

（五）一体化微生物有机无机复混肥对烟叶化学成分的影响

表4-69　化学成分统计表

处理	等级	还原/%	总糖/%	烟碱/%	总氮/%	K_2O/%	Cl/%	糖碱比	氮碱比	钾氯比
CK	B2F	19.6	29.2	2.25	2.04	1.96	0.26	8.71	0.91	7.54
T_1		20.9	31.4	2.21	2.42	1.92	0.42	9.46	1.10	4.57
T_2		21.9	32.0	2.35	2.21	2.19	0.29	9.32	0.94	7.55
T_3		21.5	32.8	2.36	2.35	2.51	0.20	9.11	1.00	12.55

续表

处理	等级	还原/%	总糖/%	烟碱/%	总氮/%	K_2O/%	Cl/%	糖碱比	氮碱比	钾氯比
CK	C3F	23.5	33.9	1.36	1.50	2.35	0.31	17.28	1.10	7.58
T_1		23.8	34.0	1.41	1.67	2.20	0.30	16.88	1.18	7.33
T_2		22.4	33.2	1.48	1.51	2.46	0.32	15.14	1.02	7.69
T_3		22.9	33.0	1.56	1.62	2.63	0.23	14.68	1.04	11.43

从化学成分指标分析，不同一体化微生物有机无机复混肥的施用量和施用方式均可影响烤后烟叶化学成分。

60 kg处理可以提高B_2F等级烟叶还原糖、总糖含量以及糖碱比，但降低了C_3F等级烟叶还原糖、总糖含量以及糖碱比；50 kg 处理提高了B_2F等级烟叶还原糖、总糖、总氮、Cl含量以及糖碱比，尤其是对上部叶氯含量有较大影响。

从整体协调性打分看，60 kg处理的分基肥、追肥施用可以提高B_2F和C_3F等级烟叶化学成分协调性。

（六）一体化微生物有机无机复混肥对烟叶感官质量的影响

青州所评吸结果（见表4-70）：

表4-70 感官质量统计表

处理	等级	劲头	浓度	香气质15	香气量20	余味25
CK	B2F	适中	中等+	11.20	16.20	19.30
T_1		适中	中等+	11.40	16.30	20.00
T_2		适中	中等+	11.20	16.30	19.50
T_3		适中	中等+	11.20	16.20	19.80
CK	C3F	适中	中等+	11.40	16.10	19.70
T_1		适中	中等+	11.80	16.50	20.30
T_2		适中	中等+	11.70	16.80	20.00
T_3		适中	中等+	11.80	16.60	20.50

从感官质量结果分析，施用一体化微生物有机无机复混肥可以改善B_2F和C_3F

等级烟叶的余味，降低杂气，同时可以提高C_3F等级烟叶的香气质、香气量，可在一定水平上提高烤后烟叶的感官评吸质量，但施肥量和施肥方式对感官质量的影响很小。

续表4-70　感官质量统计表

处理	等级	杂气18	刺激性12	燃烧性5	灰色5	得分100	质量档次
CK	B2F	12.80	8.70	3.00	3.00	74.2	中等+
T_1		13.10	8.80	3.00	3.00	75.6	较好-
T_2		12.90	8.80	3.00	3.00	74.7	中等+
T_3		12.90	8.70	3.00	3.00	74.8	中等+
CK	C3F	13.00	8.80	3.00	3.00	75.0	较好-
T_1		13.30	9.00	3.00	3.00	76.9	较好
T_2		13.10	8.90	3.00	3.00	76.5	较好
T_3		13.10	9.00	3.00	3.00	77.0	较好

四川中烟评吸结果：

一体化有机无机复混肥（有机-无机）处理的烤后烟叶中部叶在香气质、香气量、杂气、回甜感、余味等多个指标上均优于另外两种有机肥；而一体化有机无机复混肥处理的上部烤后烟叶在香气质、香气量、刺激性、回甜感和余味等指标也优于另外两种有机肥，同时在浓度和劲头上低于微生物有机肥。综合来说，施用一体化有机无机复混肥的烟叶质量有明显提升，其次为微生物有机肥。

续表4-70　感官质量统计表

样品编号	部位	香气						烟气			吸味	
		风格特征		香气质量								
		香型	特征强度	香气质	香气量	杂气		浓度	劲头	刺激性	回甜感	余味
						种类	程度					
有机-无机	C3F	清香	明显	6	6	木质	6	5.5	5	6	6	6
微生物有机肥	C3F	清香	明显	5.5	5.5	枯焦	5.5	5.5	5	6	5.5	5.5

续表

样品编号	部位	香气						烟气		吸味		
		风格特征		香气质量								
		香型	特征强度	香气质	香气量	杂气种类	杂气程度	浓度	劲头	刺激性	回甜感	余味
酒糟有机肥	C3F	清香	较明显	5.5	5.5	土腥、枯焦、木质	5.5	5.5	5	6	5.5	5.5
有机-无机	B2F	清香	较明显	6	5.5	枯焦、土腥	5.5	5	5.5	5.5	5.5	5.5
微生物有机肥	B2F	清香	较明显	5	5	木质、枯焦	5.5	5.5	6.5	5	4.5	5
酒糟有机肥	B2F	清香	较明显	5	5	土腥、枯焦、木质	5	5.5	5	5	5	5

（七）一体化微生物有机无机复混肥对土壤微生物区系和酶活性的影响

表4-71 土壤微生物区系变化

	总菌数/（10^7cfu·g^{-1}）	细菌		真菌		放线菌		细菌/真菌
		数量/（10^7cfu·g^{-1}）	比例/%	数量/（10^4cfu·g^{-1}）	比例/%	数量/（10^6cfu·g^{-1}）	比例/%	10^3
T_1	5.73	5.07	86.92	1.38	0.02	6.57	11.26	3.59
T_2	5.83	5.28	88.94	1.33	0.02	5.49	9.23	3.92
T_3	5.91	5.62	93.31	1.23	0.02	2.94	4.87	4.50
T_4	6.22	5.75	90.91	1.48	0.02	4.60	7.27	3.81

表4-72 土壤酶活性变化

	蔗糖酶/（mg·g^{-1}）	脲酶/（mg·g^{-1}）	酸性磷酸酶/（mg·g^{-1}）	多酚氧化酶/（mg·g^{-1}）	过氧化氢酶/（mL·g^{-1}）
T_1	71.62	0.22	1.42	40.28	3.67
T_2	70.56	0.23	1.60	37.57	3.72
T_3	75.36	0.21	1.44	38.09	3.67
T_4	72.33	0.19	1.50	37.48	3.36

施用该肥料可以明显提高烟田耕层土壤微生物量，此外还提高了土壤中蔗糖酶、脲酶、酸性磷酸酶活性，降低了耕层土壤中多酚氧化酶和过氧化氢酶活性。

第五章 攀西烟区种植制度与间套作研究

第一节 烟豆套作对烟田土壤肥力及烟草产量与品质的影响

一、研究目的

凉山州是中国重要的优质烟叶产区和现代烟草农业试点地区之一，其得天独厚的光热、水土资源等自然优势，为盛产独具“清甜香”风格特色的优质烟叶创造了条件。但由于凉山地区烟草多采用净作方式种植，这会导致土壤肥力养分失调，影响土壤生物化学过程，从而影响了烟草的生长及产量品质。而采取适当的作物套作方式，能够在一定程度上改善土壤肥力，缓解单一种植烟草而恶化土壤生态环境的矛盾。

付利波等人的研究表明，烟田套作模式能改善烟叶化学成分的协调性，提高烟叶的品吸质量，相应地提高烟草产值。而尤开勋等人的研究表明，在高山烟草种植区实行烟草套作不仅能提高土地利用率，充分利用光、温、水、肥等资源，还能在一定程度上提高烟农单位面积的经济效益，但是这些研究均未对套种方式下土壤肥力的变化对烟草产量品质方面的影响进行深入地探究。鉴于此，本文采用烟草与大豆套作的种植方式对烟田土壤肥力和烤烟化学成分进行了分析，着重研究不同套作年限模式下烟草不同采收时期土壤肥力与烟草产量品质的关系，以期获得以烤烟为主要作物的适宜烟豆套种模式，从而为寻求更好的烤烟生产途径提供理论依据。

二、试验设计与方法

（一）材料

烟草：红花大金元；大豆：18号。

（二）方法

1. 试验设计

试验于2013年4～9月在西昌市琅环乡烟田进行。供试土壤为红壤土，土壤肥力中等、质地疏松、结构良好、通透性好；供试大豆品种自选一号；烟苗（红花大金元）于2013年5月6日移栽，7月中旬始收，9月初收获完。

采用单因素随机区组设计，设置4个不同处理，即：A0：净作烟草区；A1：一年烟草套作大豆区；A2：两年烟草套作大豆区；A3：三年烟草套作大豆区；每小区面积为30 m^2，重复三次，共12个小区。大豆在套作区的播种密度均为20 cm × 16.7 cm，于7月15日（第一次下部烟叶采收后）播种，在烟叶垄上两株烟之间与烟株间距20 cm处插种2行大豆（行距15 cm），在大豆行每行弧面上种植5窝大豆，烟株行每行弧面上种植4窝大豆，窝距20 cm，每窝播种3粒，最后定植2株大豆；烟叶垄幅宽60 cm，垄高40 cm，垄长5 m，行距110 cm，株距50 cm，其他栽培措施同烟叶大田生产，整个生育期管理水平均匀一致。

2. 土壤样品的采集

（1）采样时间

烟草：7月20日、7月29日、8月12日、8月22日、8月29日、9月20日。

大豆：大豆出苗后，对应每次烟叶采收时间采样，烟叶收获完后继续在开花盛期、始荚期、成熟期采样。

（2）采样方法

取样时各区按五点取样法进行，每点取2株，每处理各取10株，分别沿烟株周围15～18 cm、大豆周围8～10 cm的半径打孔取土，取样深度为0~20 cm，取混合土样。每种栽培方式下按3次重复采集土样。

3. 不同套作年限对烟田土壤肥力的影响

土壤样品的采集及制样具体操作方法参考王刚等人的《杉木人工林土壤肥力指

标及其评价》标准。

土壤样品送四川省分析测试服务中心进行检测，各指标测定方法参照北京卫成区农副业基地的《土壤肥力的测定及其评价》相关标准。

4. 烟豆不同套作年限对烟草主要农艺性状的影响

从大豆出苗后每次采烟时测定烟草茎、叶等农艺性状的变化情况，每处理按五点抽样法随机选择五点，每点连续取10株并做好标记作为以后其他指标测定时定点调查的对象，共确定50株，并且参照YC/T 142—1998《烟草农艺性状调查方法》标准，分别调查株高（第一青果期在株高1/3处测量茎的周长）、茎围（第一青果期在株高1/3处测量茎的周长）、单株有效叶片数（实际采收的叶数）、单叶叶面积（叶长×叶宽×0.634 5）等指标。

5. 烟豆不同套作年限对烟草产量的影响

烟叶采收时，每处理在第一次采收至最后一批烟采收时定点按株测定30株烟的单株鲜叶重，并在每次烤烟完成后测定每个处理单株烤烟干重。

6. 烟豆不同套作年限对烟草品质的影响

对各批次采收的烟叶制样送四川省烟草公司测试中心进行烟草品质分析，用连续流动分析仪测定烟草中总糖、还原糖、总氮、钾、氯含量、烟碱含量。

7. 数据处理

利用Microsoft Office Excel软件、DPS软件进行试验资料的统计检验。

三、结果与分析

（一）烟豆不同套作年限对烟田土壤肥力的影响

1. 烟豆不同套作年限对烟田pH值的影响

与净作区相比，烟草与大豆套作对烟田pH值有一定的影响（见表5-1、表5-2），套作区pH平均值比烟草净作区（A0）均有一定程度地增加，且差异达到极显著水平（两年套作区除外）；各套作区之间进行比较，其土壤pH差异不显著；另外，随着烟叶采收部位的变化，各部位采收时期的土壤pH平均值差异均未达显著水平。

表5-1 烟豆不同套作年限对烟田pH值的影响（不同部位间的多重比较）

处理	均值	5%显著水平	1%极显著水平
上部叶	5.55±0.18	a	A
中部叶	5.53±0.15	a	A
下部叶	5.51±0.14	a	A

注：上部叶采收时间：7月20日、7月29日；中部叶采收时间：8月12日、8月22日；上部叶采收时间：8月29日、9月29日；均采用平均值，以下同上。

表5-2 烟豆不同套作年限对烟田pH值的影响（套作年限间的多重比较）

处理	均值	5%显著水平	1%极显著水平
A3	5.68±0.02	a	A
A1	5.63±0.08	a	A
A2	5.43±0.01	b	B
A0	5.40±0.01	b	B

2. 烟豆同套作年限对烟田全氮的影响

相对净作区而言，烟草与大豆套作对烟田全氮平均含量的影响表现出一定的差异（见表5-3、表5-4），套作区的土壤全氮平均含量总体上高于烟草净作区（A_0），有一定的增加趋势，且三年套作区（A_3）显著高于烟草净作区（A_0）；套作区内两年、三年套作区土壤全氮平均含量显著高于一年套作区（A_1），但是两者之间不存在显著性差异；随着烟叶采收部位的变化，各个采收时期的土壤全氮平均含量差异并不显著。

表5-3 烟豆不同套作年限对烟田全氮的影响（不同部位间的多重比较）

处理	均值	5%显著水平	1%极显著水平
上部叶	0.13±0.13	a	A
中部叶	0.12±0.12	a	A
下部叶	0.11±0.11	a	A

表5-4　烟豆不同套作年限对烟田全氮的影响（套作年限间的多重比较）

处理	均值	5%显著水平	1%极显著水平
A3	0.15 ± 0.008	a	A
A2	0.12 ± 0.01	ab	AB
A0	0.12 ± 0.02	bc	AB
A1	0.10 ± 0.02	c	B

3. 烟豆不同套作年限对烟田水解性氮的影响

套作区与净作区相比，烟田水解性氮的含量表现出一定的差异（见表5-5、表5-6），套作区的土壤水解性氮平均含量随着套作年限的增加而增加，且极显著高于烟草净作区（A0）；套作区内三年套作区（A3）和一年套作区（A1）的土壤水解性氮平均含量差异达到极显著水平，两年套作区（A1）与一年套作区（A1）出现显著性差异；上部叶、中部叶采收时期的土壤水解性氮平均含量显著高于下部叶，而上部叶与中部叶采收时期的水解性氮平均含量差异不显著。

表5-5　烟豆不同套作年限对烟田水解性氮的影响（不同部位间的多重比较）

处理	均值	5%显著水平	1%极显著水平
上部叶	139.44 ± 8.16	a	A
中部叶	133.47 ± 13.81	a	AB
下部叶	120.10 ± 12.79	b	B

表5-6　烟豆不同套作年限对烟田水解性氮的影响（不同套作年限的多重比较）

处理	均值	5%显著水平	1%极显著水平
A3	147.77 ± 3.60	a	A
A2	136.01 ± 7.38	b	AB
A1	125.13 ± 10.20	c	BC
A0	123.11 ± 7.66	c	C

4. 烟豆不同套作年限对烟田有效磷的影响

套作区与净作区相比较，套作年限对烟田有效磷含量有一定的影响（见表5-7、表5-8），随着套作年限的增加，套作区土壤有效磷平均含量稍有减少，与烟草净作区（A0）差异表现不显著，但总体上高于烟草净作区（A0）；套作区内一年套作区（A1）土壤有效磷平均含量显著高于三年套作区（A3），其他处理间无显著性差异；随着烟叶采收部位的变化，不同采收时期各土壤有效磷含量平均值差异均不显著。

表5-7 烟豆不同套作年限对烟田有效磷的影响（不同部位的多重比较）

处理	均值	5%显著水平	1%极显著水平
中部叶	116.97±43.65	a	A
下部叶	103.19±19.58	a	A
上部叶	92.72±12.15	a	A

表5-8 烟豆不同套作年限对烟田有效磷的影响（不同套作年限的多重比较）

处理	均值	5%显著水平	1%极显著水平
A1	135.22±41.07	a	A
A2	103.26±15.52	ab	A
A0	89.85±10.79	ab	A
A3	88.75±9.71	b	A

5. 烟豆不同套作年限对烟田有机质的影响

与净作区相比，套作区烟田的有机质含量表现出一定的差异（见表5-9、表5-10），套作区土壤有机质平均含量有增加的趋势，总体上高于烟草净作区（A0），且与烟草净作区（A0）出现极显著性差异（两年套作区除外）；套作区各处理间土壤有机质平均含量呈现出极显著差异，三年套作区（A3）极显著高于两年套作区（A2）、一年套作区（A1），两年套作区（A2）极显著高于一年套作区（A1）。随着烟叶采收部位的变化，不同采收时期土壤有机质平均含量差异未达到极显著水平。

表5-9　烟豆不同套作年限对烟田有机质的影响（不同部位的多重比较）

处理	均值	5%显著水平	1%极显著水平
上部叶	2.54±0.43	a	A
下部叶	2.53±0.35	a	A
中部叶	2.36±0.45	b	A

表5-10　烟豆不同套作年限对烟田有机质的影响（不同套作年限的多重比较）

处理	均值	5%显著水平	1%极显著水平
A3	2.93±0.10	a	A
A2	2.54±0.10	b	B
A0	2.49±0.09	b	B
A1	1.93±0.15	c	C

6. 烟豆不同套作年限对烟田有效钾的影响

与净作区相比，烟草与大豆套作对烟田有效钾含量有一定的影响（见表5-11、表5-12），套作区土壤速效钾平均含量呈减少趋势，但均极显著高于烟草净作区（A0）；套作区内的烟田有效钾平均含量表现为：一年套作区（A3）的土壤速效钾平均含量极显著高于两年套作区（A2）、三年套作区（A1）；上部叶采收时期的土壤速效钾平均含量显著高于中下部叶，中部叶与下部叶采收时期的土壤速效钾平均含量差异不显著。

表5-11　烟豆不同套作年限对烟田有效钾的影响（不同部位的多重比较）

处理	均值	5%显著水平	1%极显著水平
上部叶	369.33±48.21	a	A
中部叶	318.94±65.38	b	B
下部叶	302.20±48.21	b	B

表5-12 烟豆不同套作年限对烟田有效钾的影响（不同套作年限的多重比较）

处理	均值	5%显著水平	1%极显著水平
A1	393.97 ± 39.40	a	A
A2	342.35 ± 22.87	b	B
A3	326.62 ± 25.12	b	B
A0	257.68 ± 53.99	c	C

（二）烟豆不同套作年限对烟草主要农艺性状的影响

套作区与净作区相比，套作年限对烟田主要农艺性状有一定的影响（见表5-13）：套作区烟草株高、茎围总体上变化不大，与烟草净作区（A0）均无明显差异。烟株平均叶长套作区比净作区稍有增加，一年套作区（A1）、两年套作区（A2）、三年套作区（A3）与烟草净作区（A0）的差别分别为1.95 cm、4.96 cm、3.27 cm，三年套作区（A3）与烟草净作区（A0）差异不明显；烟株叶宽套作区与净作区、各套作处理间差异均不明显；烟草单叶叶面积套作区总体上有增加的趋势，且总体上比净作区稍高；各套作区烟草单株有效叶片数随套作年限的增加无显著性差异，在18～23片，均为正常范围内。

表5-13 不同套作年限对烟草主要农艺性状的影响

处理	株高/cm	茎围/cm	叶长/cm	叶宽/cm	单叶叶面积/cm^2	有效叶片数
A1	86.40	11.18	73.20	31.35	1 456.06	19
A2	87.10	10.19	80.11	30.15	1 532.52	21
A3	88.20	9.29	78.42	30.15	1 500.19	22
A0	87.10	10.21	75.15	31.05	1 480.55	19

（三）烟豆不同套作年限对烟草产量的影响

与净作区相比较，套作年限对烟田产值有一定的影响（表5-14）：随着烟豆套作年限的增加，上中等烟比例稍有增加，相应地提高了部分产值，套作区产值均高于净作区，分别高出1.5%、2.4%、6.1%，说明这种烟豆不同套作年限模式不仅可以改善烟叶的内在品质，提高优质烟叶的比例，还可以适当地提高烟叶产值，一定程度上增加烟农的收入。

表5-14　烟豆同套作年限对烤烟产量的影响

处理	产量/（kg/亩）	产值/（元/亩）	单叶重/g	均价/（元/kg）	上中等烟比例/%
A1	171.12	3 078.45	10.50	17.99	84.21
A2	171.42	3 106.13	14.75	18.12	85.62
A3	175.34	3 219.32	15.99	18.36	87.34
A0	174.30	3 032.82	10.58	17.40	84.18

（四）烟豆不同套作年限对烟草品质的影响

与净作区相比，套作年限对烟草主要化学成分含量表现出一定的影响（见表5-15）：套作区中烟草的还原糖、总糖、总氮、蛋白质含量均随着套作年限的增加而减少，但总体上较净作区均有所提高，且还原糖、钾、总氮含量均在优质烤烟含量要求内，蛋白质含量有趋于优质烤烟标准含量8%～10%的趋势，总糖平均含量略高。同时从表中可知，烟碱、氯、钾含量总体呈上升趋势，套作区烟碱、钾平均含量总体上较净作区较高，而氯平均含量均比净作区有所降低，因烤烟是忌氯作物，其含量不能太高，在1%以下较好，不影响燃烧性。

表5-15　烟豆不同套作年限对烟叶主要化学成分含量的影响

不同套作年限	还原糖/%	烟碱/%	氯/%	钾/%	总糖/%	总氮/%	蛋白质/%
A1	23.05	1.83	0.09	2.11	33.13	2.13	13.31
A2	19.18	2.59	0.11	2.24	29.09	2.00	12.50
A3	17.47	2.84	0.11	2.30	27.87	1.54	9.63
A0	16.25	2.13	0.24	1.71	26.06	1.72	10.75

烟豆不同套作年限对烟草主要化学成分比例也有一定的影响（见表5-16）：套作区糖碱比、氮碱比、钾氯比均呈减少趋势，施木克值呈增加趋势，氮碱比、糖碱比与净作区（A0）无显著性差异，氮碱比各个处理间差异不明显，均在优质烤烟要求范围0.8～1.1之间，烟叶颜色香味较好，色香味适中。钾氯比经过不同年限套作后

达到优质烤烟的要求，套作区均比烟草净作区（A0）较好，燃烧性较好，但是对于烟草净作区（A0）来说不在适宜的钾氯比范围内，这个可能与土壤及烟叶中的含钾量、含氯量有一定关系，应注意根据实际情况来调控。套作区施木克值较烟草净作区（A0）有所增加，且均趋于优质烤烟含量要求，烟叶的香气吃味均较好。这说明不同套作年限处理能适当优化烟草化学品质。

表5-16 不同套作年限对烟叶主要化学成分比例的影响

不同套作年限	糖碱比	氮碱比	钾氯比	施木克值
A1	12.60	1.16	23.44	2.49
A2	7.41	0.97	20.36	2.33
A3	6.15	0.84	20.91	2.90
A0	7.63	0.81	7.13	2.42

四、结论

（一）烟豆不同套作年限对烟田土壤肥力与烟草品质的影响

土壤pH值的大小对土壤肥力性质有较大的影响，许多研究表明，土壤酸碱度对烤烟的品质有较大影响，韩锦峰的研究表明，pH在7.0~8.0范围利于烤烟中后期积累干物质，而在5.5~6.5范围利于烤烟前期积累干物质。该试验结果表明在烟叶不同采收时期、不同套作处理下的pH差异均不明显，且都在5.3~6.5范围内，这与相关研究结果适宜烟草生产的土壤酸碱性为微酸性至中性，即pH5.0~7.0是相符的。

氮是影响烤烟品质和产量很重要的营养元素，适当的氮供应量对优质烟叶的生产起着重要作用，在氮缺少的情况下，烟株生长缓慢，植株瘦小，烘烤之后品质有所降低，香气吃味差，劲头不足等，但供应过多也会导致烟草疯长，植株过高，叶色深绿，叶大而薄，成熟延迟，烤后烟叶品质下降。全氮的含量一般表示N素的供应容量，反应出土壤的总体水平。土壤中的水解性氮（其中包括容易分解的NH_4^+、NO_3^-、有机氮），表示在一定时期内N素的供应状况和强度大小。该试验中，不同年限处理下，套作区土壤全氮平均含量、水解性氮平均含量呈逐年增加趋势均高于净作区，其中全氮平均含量A_2（两年套作区）、A_3（两年套作区）显著高于A_1（一年套作区）。但是水解性氮平均含量三年套作区（A3）极显著高于一年套作区（A1）。综上，说明不同套作年限可适当提高土壤的氮含量，但是烟草品质分析中烤烟总氮含量却呈减少趋势，这可能与套作后大豆固氮作用有关，加剧了部分土壤氮素过剩，同时也可能与烟草吸收土壤氮素能力大小有关，应注意大田管理中适当控制氮肥的施用。

相关研究表明，磷可以改善烤烟的成色。烟叶体内磷含量的多少能影响烤烟的品质，当磷含量高时，烟叶厚，缺乏油分弹性，易碎；当磷含量低时，烟叶调制后出现青棕色，缺乏光泽，严重影响烤烟的品质。该试验结果显示不同套作年限下套作区的有效磷平均含量呈逐年减少趋势但总体上高于烟草净作区（A0），各套作区处理间无极显著差异，同时烤烟品质分析结果显示套作区糖氮比稍有降低，但是与净作区无显著差异，说明不同套作年限对烤烟吃味香味影响不大。

由中国烟叶生产购销公司在全国多个主产烟区开展的烤烟烟田土壤养分调查结果中显示西南和中南烟区土壤有机质平均含量居中，为27.0 g/kg，该试验结果表明套作区土壤有机质平均含量总体较净作区有所提高，套作区间A3（三年套作区）和A_2（两年套作区）的土壤有机质含量极显著高于一年套作区（A1），这说明经过套作种植后均能适当提高烟田土壤的有机质含量。且有相关研究表明，只有在有机质含量适宜的情况下，烟叶才具有优良的外观和内在品质，烤后烟叶糖碱比才协调（糖碱比为6~8），吃味醇和这与前文烤烟化学成分比例试验分析结果相符。

钾也是烤烟很重要的品质元素，对烤烟的生长发育影响很大。缺钾时，不仅影响烟叶的产量也影响烟叶的品质，适量的钾可以促进烤烟生长，增大叶片宽度，使茎杆变得粗壮。陈明灿等研究表明，在一定的范围内，烟株的生产量随着钾肥的使用量而增加，平均烟叶长、宽、株高也有所增加，促进了烤烟的生长。该试验表明不同套作年限下套作区烟田土壤速效钾平均含量呈逐年降低趋势，但高于烟草净作区（A0），套作区内出现了极显著差异，同时烤烟主要化学成分中钾的含量呈逐年增加趋势，这可能与套种作物与烤烟竞争吸收土壤养分有关，钾量在2%~8%范围内是越高越好，在今年的基础上如何进一步地提高烟叶中的钾含量是今后我们需要研究的内容。

烟草品质分析结果中，在不同套作年限处理后，糖碱比、氮碱比、钾氯比均呈减少趋势，但总体上高于烟草净作区（A0），施木克值总体呈增加趋势，套作区氮碱比、糖碱比与净作区无显著差异，氮碱比各个处理间差异不明显，烟叶颜色香味较好，色香味适中。钾氯比经过不同年限套作后达到优质烤烟的要求，套作区均比净作区较好，燃烧性较好，套作区施木克值较净作区有所增加，且均趋于优质烤烟含量要求，烟叶的香气吃味均较好。说明不同套作年限处理能相对地优化烟草化学品质，但是由于烤烟技术、采样等人为因素的影响，我们应该进一步地做重复试验，肯定试验效果。

（二）烟豆不同套作年限对烟草农艺性状的影响

试验结果表明，不同套作年限对套作区烟草株高、茎围影响不大，株高略有增加，这是因为烟豆套种存在共生时期，生育后期烟株能迅速拔高且长势较好，这与夏海乾的研究结果一致。而茎围稍有下降但差异不显著，烟草茎围则是反映烟株的的水分养分运输能力的大，这可能是由于烟草后期烟草与大豆存在着争光争肥的矛盾。对于烟草单叶叶面积，套作区呈增加趋势，但是各处理之间无显著差异，且均比烟草净作区（A0）稍高，可能是因为烟草生育后期对其追肥合适，烤烟对肥料吸收量恰当，这与付利波等研究结果一致。

（三）烟豆不同套作年限对烟草经济效益的影响

研究发现随着烟豆套作年限的增加，能在一定程度上适当地增加上中等烟比例，相应地提高了产值，套作区产值均高于净作区，说明烟豆不同套作年限模式可以适当提高烟叶产值，增加烟农的收入，提高经济效益，可为今后凉山烟区的烤烟生产提供一定的理论参考依据。

第二节 不同套作年限对烟草主要病害的影响

一、研究目的

“烟/豆”套作模式能有效利用空间资源和土地资源，提高种植效益，实现增产增收。研究不同套作年限对大豆和烟草根、茎部主要病害发生情况，可以为“烟/豆”套作模式的推广提供理论依据。

烟草作为我国重要的经济作物，是国家和地方财政税收的重要经济来源，同时也是农民增加收入的一个重要途径。近年来随着栽培条件的改变，烟草病害的发生日益严重，造成了巨大的经济损失。长期以来，我们对烟草病害的防治主要以化学防治为主。但常年使用化学农药，青枯病、黑胫病等病原菌的抗药性以及化学药剂对环境的不良影响和农药残留超标已成为烟草农业可持续发展道路上亟待解决的关键问题。因此，研究农业栽培措施对烟草主要病害的影响，对烟草病原菌的抗性治理和减轻化学药剂对环境造成的压力具有重要作用，对现代烟草农业可持续发展具有重大意义。

套作大豆是南方旱地新模式的中心作物，大豆在小麦、油菜、马铃薯等作物收获后与玉米、甘蔗、烤烟等作物套种，不存在与当地玉米、甘蔗、烤烟等作物的土地资源和时空竞争。一方面，利用大豆较耐旱、耐荫、耐瘠薄等特点，可在旱坡地与玉米、甘蔗、烤烟等作物套种，提高复种指数和土地利用率。另一方面，大豆与玉米、甘蔗、烤烟等作物虽存在较长的共生时间，但通过科学的播期、合理的密度与耐荫品种的选择，可以避开种间对光、温、水、肥等生态因子的竞争；而且充分利用了采收的光热资源。大豆还可以通过根瘤进行生物固氮，达到氮素的种间促进和培肥地力的效果，既减少自身化学肥料的施用量，还可促进烤烟等作物产量的提高。尽管与大豆套作有如此多的优点，但与烟草套作的研究还比较有限，相关方面的报道也较少，借此希望通过此试验为“烟/豆”套作模式的推广提供理论依据。

二、试验设计与方法

（一）试验材料

超净工作台、恒温培养箱、电热干燥箱、手提式高压灭菌锅、冰箱、电炉、培养皿、微量移液器、显微镜、天平、漏斗、漏斗架、纱布等。

大豆品种（18号）；烟苗（红花大金元）。

（二）试验设计

试验于2013年4～9月在西昌市琅环乡桃源村烟田（前茬为绿肥作物）垄上进

行。供试土壤为红壤土，土壤肥力中等、质地疏松、结构良好、通透性好；烟苗于2013年5月6日移栽，7月中旬始收，9月底收获完。

采用单因素随机区组设计，设置5个不同处理，即A1：烟豆一年套作区；A2：烟豆两年套作区；A3：烟豆三年套作区；A4：烟草净作区；A5：大豆净作区，每小区面积为60 m^2，重复三次，共15个小区。大豆在净作区和套作区的播种密度均为20 cm×16.7 cm，于7月15日（第一次烟采收前1周）播种，套作区在垄上两株烟之间分别按行距16.7 cm插播2行，每行弧面上按窝距20 cm播4窝，每窝播种3～4粒，最后定植2株大豆；烟叶垄幅宽60 cm，垄高40 cm，垄长5 m，行距110 cm，株距50 cm，其他栽培措施同烟叶大田生产，整个生育期管理水平均匀一致。

（三）试验方法

1. 线虫的取样与观测方法

从第一次采收烟草开始，就用10 cm的采土器在烟草的根基部10～20 cm处采一定的土样，根据试验田设定好的五点取样原则，从大田的一年套作区、两年套作区、三年套作区和净作区采取实验用土样品；从大豆出苗后每一个生长时节即在采收烟草的相应期，采用与烟草根结线虫相同的方法采取大豆根系土样品。分区装袋带回实验室，再通过四分分样法，称取三份5 g左右的土样备用。

将玻璃漏斗架在铁架上，下面接一段橡胶软管（长约10 cm左右），橡胶软管上装一个弹簧夹，在漏斗内放上两层纱布。将称取好的土样，装入漏斗里，用量筒量取45 mL于组装好的漏斗里。

每个不同年限小区设有三次重复，12～24 h后，按编号分别打开弹簧夹放取约10 mL左右的滤液于对应编号的试管中，用滴管取0.1 mL的混匀的样液于凹玻片里，然后用显微镜观察计数。

2. 根、茎部主要病害测定指标

以发病盛期进行一次田间调查，作为对病害情况一般性的了解。选取不同套作年限，采用5点取样，每点100株，调查统计烟草和大豆主要根、茎部病害的发生情况，计算发病率、病情指数等。

（四）烟草和大豆根、茎部主要病害分级标准

烟草（烟草黑胫病、烟草根黑腐病）病情分级标准参照中华人民共和国烟草行业标准——烟草病害分级及调查方法YC/T 39—1996进行。

大豆根腐病分级采用根围周长法，0级：根部无病，1级：病斑大小占根围周长1/4以下，2级：占1/4～1/2，3级：占1/2～3/4，4级：占3/4以上。

大豆疫病分级采用严重度标准法，0级：未受害，1级：受害轻，幼根或子叶下轴有微小斑点或条纹，2级：受害中等，幼根或子叶下轴有褐色条斑，形成绞缢；3级：受害严重，变褐部分大于幼根长度的一半，绞缢部分明显变黑褐色，4级：幼根及子叶下轴干枯变黑死亡，地上部变黄枯萎。

三、结果与分析

（一）不同套作年限对烟草根茎部主要病害的影响

1. 不同套作年限对烟草根结线虫数量及烟草根结线虫病发生的影响

（1）不同套作年限烟草根结线虫数量的影响

与烟草净作区相比，套作区对烟草根结线虫数量无明显影响，不同套作年限对烟草根结线虫数量无明显影响（见表5-17）。随着套作年限的增加，烟草根结线虫的平均数在逐渐增加，即三年套作区的烟草根结线虫平均数最大，净作区的烟草根结线虫平均数最小。但套作区与烟草净作区的烟草根结线虫平均数间差异不显著，不同的套作年限的烟草根结线虫平均数间差异也不显著。

表5-17 不同套作年限烟草根结线虫数量变化情况

处理	下部叶采收期	中部叶采收期	上部叶采收期	平均数
A3	170.17	170.00	116.84	152.33±31.01 Aa
A2	162.33	160.34	111.84	144.83±31.45 Aa
A1	140.00	158.17	95.34	131.17±32.58 Aa
A4	135.00	138.17	67.67	113.61±43.19 Aa

由图5-1可以看出，在采收不同部位的烟叶时，各个不同套作年限的烟草根结线

虫呈如下规律：在不同套作年限下，随着下部烟叶、中部烟叶、上部烟叶的采收，三年套作区与两年套作区的烟草根结线虫数，在由下部叶到中部叶采收时期数量基本稳定，在由中部叶到上部叶采收时期数量逐渐下降；一年套作区与烟草净作区则随着采烟时期呈现先缓慢上升后下降，其中在采收中部烟叶时期，根结线虫数量达到最大。在整个过程中，三年套作与两年套作区的根结线虫数量变化规律最相似，一年套作与净作区的线虫数变化的规律也最接近，同样的这些不同种植年限根结线虫总的平均数是三年套作区高于两年套作区高于一年套作区高于净作区，但其总体来说数量相差不是很大。

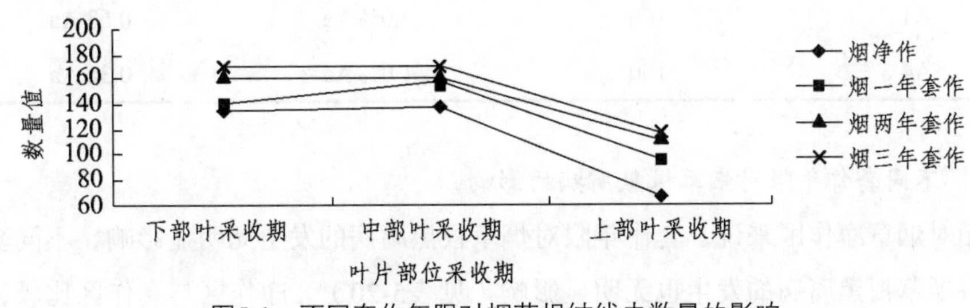

图5-1 不同套作年限对烟草根结线虫数量的影响

（2）不同套作年限对烟草根结线虫病的影响

与烟草净作区相比，套作区对烟草根结线虫病的发生无影响，不同套作年限对烟草根结线虫病的发生无影响（见表5-18）。在烟草整个生育期里，烟草净作区与烟草不同套作年限都没有烟草根结线虫病的发生。

表5-18 不同套作年限对烟草根结线虫病发生的影响

处理	调查株数	发病率/%	病情指数
A3	100	0	0
A2	100	0	0
A1	100	0	0
A4	100	0	0

2. 不同套作年限对烟草黑胫病的影响

与烟草净作区比较，套作年限对烟草黑胫病的发生没有明显影响，不同套作年限对烟草黑胫病的发生也没有明显影响（见表5-19）。烟草净作区与套作区相比，黑胫病发病率与病情指数间差异不显著；不同套作年限相比较，黑胫病发病率与病情指数间差异均不显著。

表5-19　不同套作年限对烟草黑胫病发生的影响

处理	调查株数	发病率/%	病情指数
A3	100	3.0% Aa	0.75 Aa
A2	100	2.0% Aa	0.50 Aa
A1	100	2.0% Aa	0.63 Aa
A4	100	1.0% Aa	0.38 Aa

3. 不同套作年限对烟草根黑腐病的影响

相对烟草净作区来说，套作年限对烟草根黑腐病的发生无明显影响，不同套作年限对烟草根黑腐病的发生也无明显影响（见表5-20）。净作区与套作区比较，烟草根黑腐病的发病率、病情指数净作区、一年套作区、两年套作区相近；不同套作年限相比较，三年套作年限的烟草黑腐病的发病率与病情指数比其他两个套作区略高。但就整个大田而言，各个不同的套作年限间，黑腐病的发病率与病情指数间都不存在显著性差异。

表5-20　不同套作年限对烟草根黑腐病发生的影响

处理	调查株数	发病率/%	病情指数
A3	100	3.0% Aa	0.6 Aa
A2	100	2.0% Aa	0.5 Aa
A1	100	2.0% Aa	0.5 Aa
A4	100	2.0% Aa	0.5 Aa

4. 不同套作年限对烟草青枯病的影响

与烟草净作区相比，套作年限对烟草青枯病的发生没有影响，不同套作年限对烟草青枯病的发生没有影响（见表5-21）。在烟草的整个生育期，净作区与不同的套作年限的烟草青枯病的发病率与病情指数均为零，即没有烟草青枯病的发生。

表5-21 不同套作年限对烟草青枯病发生的影响

处理	调查株数	发病率/%	病情指数
A3	100	0	0
A2	100	0	0
A1	100	0	0
A4	100	0	0

（二）不同套作年限对大豆根茎部主要病害的影响

1. 不同套作年限对大豆孢囊线虫及大豆孢囊线虫病的影响

（1）不同套作年限大豆孢囊线虫数的影响

与大豆净作区比较，套作年限对大豆孢囊线虫数略有影响，不同套作年限对大豆孢囊线虫数也略有影响（见表5-22）。随着套作年限的增加，大豆孢囊线虫平均数在逐渐增加，即三年套作区的大豆孢囊线虫平均数最大，净作区的大豆孢囊线虫平均数最小。而套作区与大豆净作区的大豆孢囊线虫平均数间差异不显著，不同的套作年限间大豆孢囊线虫平均数差异也不显著。由此可知，随着套作年限的增加，大豆孢囊线虫数无明显增加。

表5-22 不同套作年限大豆孢囊线虫数量变化情况

处理	幼苗期	分化期	开花期	结荚期	鼓粒期	成熟期	平均数
A3	101.33	216.67	213.33	144.67	111.67	112.33	150.00±52.88 Aa
A2	108.67	167.33	180.67	102.33	110.33	101.33	128.44±39.28 Aa
A1	95.67	147.00	200.67	106.67	108.33	104.33	127.11±40.52 Aa
A5	92.33	138.67	181.33	100.33	102.33	68.67	113.94±43.35 Aa

由图5-2可以看出在不同的套作年限下，随着大豆生育期的变化，大豆孢囊线虫呈现出如下规律：三年套作区的大豆孢囊线虫先上升再缓慢下降，逐渐平稳在一定的范围；两年套作区的大豆孢囊线虫先缓慢地上升再渐渐下降，后又再缓慢上升又

逐渐下降，在整个变化过程中变化波动比较小；一年套作区的大豆孢囊线虫先出现一个波折形式的急剧上升，再急剧下降到最小，后基本稳定在一定范围；净作区的大豆根结线虫先出现波折性地大幅度上升，其数值达到最大值后又急剧下降，后又会再次出现一个小幅度的上升和下降变化。大豆孢囊线虫在大豆的不同生育期里，三年套作区与两年套作区的孢囊线虫变化规律基本相似，一年套作区与净作区的孢囊线虫变化规律相似。其中不同的套作年限在开花期大豆孢囊线虫数基本都均达到最大值，虽然在此期间都出现了先上升后下降的变化，但最终不同的套作年限的大豆孢囊线虫数都基本趋于稳定范围，且在成熟期各个套作年限孢囊线虫平均数几乎相接近。

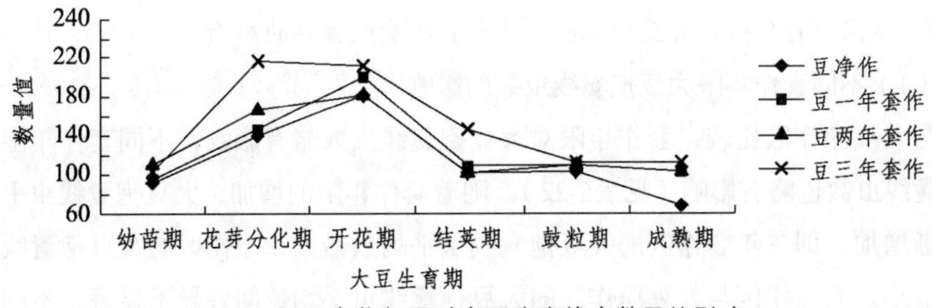

图5-2　不同套作年限对大豆孢囊线虫数量的影响

（2）不同套作年限对大豆孢囊线虫病的影响

与净作区相比，套作年限对大豆孢囊线虫病的发生无影响，不同套作年限对大豆孢囊线虫病的发生无影响（见表5-23）。大豆净作区与不同套作年限大豆孢囊线虫的发病率与病情指数均为零，都没有大豆孢囊线虫病的发生。

表5-23　不同套作年限对大豆孢囊线虫病发生的影响

处理	调查株数	发病率/%	病情指数
A3	100	0	0
A2	100	0	0
A1	100	0	0
A5	100	0	0

2. 不同套作年限对大豆根腐病的影响

与净作区相比，套作年限对大豆根腐病有一定的影响，不同套作年限间的发病情况也略有差异（见表5-24）。大豆净作区根腐病的发病率、病情指数与套作区的根腐病的发病率、病情指数间差异显著；不同套作年限间，大豆根腐病的发病率间差异不显著，而大豆根腐病三年套作与两年套作的病情指数差异不显著，但与一年套作相比差异显著。且有随着套作年限的增加，大豆根腐病的发病率也在逐渐增加。

表5-24 不同套作年限对大豆根腐病发生的影响

处理	调查株数	发病率/%	病情指数
A3	100	20.0% a	10.8 a
A2	100	18.0% a	10.2 a
A1	100	16.0% ab	9.40 b
A5	100	11.0% b	7.65 c

3. 不同套作年限对大豆疫病的影响

与大豆净作区相比，套作年限对大豆疫病有一定的影响，不同套作年限对大豆疫病也略有影响（见表5-25）。净作区的大豆疫病与套作区的大豆疫病的发病率、病情指数间差异显著；三年套作区相对两年套作区、一年套作区来说大豆疫病发病率间差异显著，大豆疫病病情指数间差异显著；两年套作与一年套作区的大豆疫病发病率间差异不显著，而病情指数间差异显著。从此表也可以看出随着套作年限的逐渐增加，大豆疫病的发病率与病情指数也在逐渐增加。

表5-25 不同套作年限对大豆疫病发生的影响

处理	调查株数	发病率/%	病情指数
A3	100	13.0% a	9.20 a
A2	100	11.0% b	8.25 b
A1	100	9.0% b	7.35 c
A5	100	5.0% c	6.30 d

4. 不同套作年限对大豆猝倒病的影响

相对大豆净作区来说，套作年限对大豆猝倒病没有影响，不同套作年限对大豆猝倒病也没有影响（见表5-26）。大豆净作区与不同套作年限的大豆猝倒病的发病率与病情指数均为零。

表5-26 不同套作年限对大豆猝倒病发生的影响

处理	调查株数	发病率/%	病情指数
A3	100	0	0
A2	100	0	0
A1	100	0	0
A5	100	0	0

5. 不同套作年限对大豆立枯病的影响

相对大豆净作区来说，套作年限对大豆立枯病的发生无影响，不同套作年限对大豆立枯病的发生没有影响（见表5-27）。大豆净作区与不同套作年限的大豆立枯病的发病率与病情指数均为零。

表5-27 不同套作年限对大豆立枯病发生的影响

处理	调查株数	发病率/%	病情指数
A3	100	0	0
A2	100	0	0
A1	100	0	0
A5	100	0	0

四、结论

（一）结论

试验数据表明，与烟草净作区相比较，套作没有明显增加烟草根结线虫数量；

不同套作年限之间比较，烟草根结线虫数量也无显著变化。烟草的根、茎部主要病害在不同套作年限下差异均不著性。可以看出，在“烟/豆”套作模式下，套作年限的增加，对烟草的根、茎部主要病害的发生无影响。

试验数据表明，与大豆净作区比较，套作没有明显增加大豆孢囊线虫数量；不同套作年限之间比较，大豆孢囊线虫数量也无显著变化。大豆根腐病净作区与套作区相比，病情指数差异显著，三年套作、两年套作相对一年套作病情指数差异显著，而三年套作与两年套作间病情指数差异不显著。大豆疫病净作区与套作区相比病情指数差异显著，不同套作年限大豆疫病病情指数差异显著。可以看出，在“烟/豆”套作模式下，套作年限的增加，对大豆根腐病和大豆疫病的发生有一定的影响，对其他的根、茎部主要病害的发生无影响。

（二）讨论

农业生产上科学合理的应用栽培措施对病害的发生具有很好的控制作用，以此用间套作来避免烟草主要病害的发生与流行具有可行性。间套种植技术能够提高光、热、肥等资源的利用率，防治病虫害，增加农业生产系统的生产力和稳定性，是促进农作物高产、高效、持续增产的重要技术措施。长期以来，烟草单作方式造成了生物的单一性、片面消耗养分和病虫害增加，人们已对间作套种方式进行了大量的研究，特别是在间作套种增产增收、提高作物产量方面已经取得了突破性的进展。在实际中，已有麦烟套种、烟草套种甘薯、烟草与大蒜套作等种植方式。间套种植能增加养分的吸收量和提高养分的利用效率，但烟农在实行烟地套种时有很大的随意性和盲目性，从而造成经济损失。如烤烟套种马铃薯易发生马铃薯Y病毒病，在实际生产中不宜采用。因此，在已有的试验基础上，提出“烟套豆”模式，研究这种模式下对烟草主要病害的影响，希望为这种新模式的推广提供理论依据，同时采用可持续的农业措施，来减少烟草病害的发生及危害。

在中国大豆供求失衡的条件下，套作大豆作为南方新型旱地多熟种植模式的主体作物，具有与主要作物和谐共存，减轻季节性干旱的危害、实现抗旱增收等优点，发展潜力巨大。且烟草与大豆两个属于不同的科，一些病害不会因寄主而相互影响。研究表明大豆囊孢线虫对寄主具有强专化性，与非豆科作物轮作可显著减少大豆囊孢线虫的数量，因此轮作是防治大豆孢囊线虫病经济有效的农业措施。从本试验则可看出，在长期的“烟/豆”套作下，土壤中大豆孢囊线虫平均数量变化幅度很小，且没有大豆孢囊线虫病的发生，期望能为大豆孢囊线虫病害的可持续治理和农业可持续发展提供理论依据。

总之，在烟草与大豆套作模式下，因阳光分布与湿度问题，增加了部分大豆根、茎部病害，但这种模式有效避免了重茬种植带给烟草的连作障碍，降低病虫害的危害。同时套作大豆具有突出的经济效益与生态效益。从经济效益看，新模式集免耕、秸秆覆盖、直播技术为一体，省工节本，效益高。从生态效益看，新模式采用免耕、秸秆覆盖栽培，有效减少了水土流失。

第三节　植烟土壤种植荞麦试验

一、试验目的

本试验旨在进一步提高复种指数，增加粮油播种面积，保护农田生态环境，探索烟草后作荞麦栽培模式的可行性，以期找到一条烟农增产增收的新途径。

二、试验设计与方法

试验采用两因素裂区设计，品种为主处理，设3个水平，A1（西荞1号）、A2（西荞2号）、A3（西荞3号）。播期为副处理，设3个水平，B1：早播（9月15日）。B_Z：中早播（9月25日）；B3：中播（10月5日）。重复三次，共计27个小区。在烟叶采收完成后翻耕，打叶垄上两窝烟正中间插种荞麦，采用直播，其他栽培措施同烟叶大田生产，整个生育期管理水平均匀一致。

本试验旨在进一步提高复种指数，增加粮油播种面积，保护农田生态环境，探索烟草后作荞麦栽培模式的可行性，以期找到一条烟农增产增收的新途径。

三、结果与分析

（一）叶绿素

通过方差分析，得出F值为2.45，大于$F_{0.05}$=1.88，$F_{0.01}$=2.44，为极显著水平，再用新复极差法进行多重比较。

比较结果如表5-28所示：

表5-28 叶绿素含量的多重比较

品种	平均（CCIunit）	a=0.05	a=0.01
西荞3号	36.8	a	A
全国区试10号	36.7	a	A
滇宁1号	36.6	a	A
圆子荞	36.4	a	A
全国区14号	36.4	a	A
凤凰苦荞	36.2	a	A
西昌地方品种2号（短锥）	35.7	a	A
西昌地方品种1号（长锥）	35.4	a	A
全国区1号	35.4	a	A
西昌地方品种3号（灰黑）	34.8	a	A
西荞1号	34.5	a	A
全国区试7号	34.2	a	A
镇巴苦荞	34	a	A
川荞1号	34	a	A
黑丰1号	33.9	a	A
九江苦荞	33.6	ab	A
西荞2号	32.7	b	AB
选荞1号	31.2	b	B
定98-1	31.1	b	B

由上表可知，西荞3号的叶绿素含量最高，为36.8 CCIunit，定98-1叶绿素含量最低，为31.1 CCIunit，两者相差15.49%。选荞1号、定98-1显著低于其他品种，从西荞3号到九江苦荞这些品种之间的差异不显著。

（二）叶面积

通过方差分析，得出F值为15.36，大于$F_{0.05}$=1.88，$F_{0.01}$=2.44，为极显著水平，再用新复极差法进行多重比较。

比较结果如表5-29所示：

表5-29　叶面积的多重比较

品种	平均/cm^2	a=0.05	a=0.01
西荞3号	48.29	a	A
西昌地方品种1号（长锥）	27.5	b	B
黑丰1号	25.08	bc	B
川荞1号	23.98	bc	BC
圆子荞	23.32	bc	BC
镇巴苦荞	23.32	bc	BC
全国区1号	23.21	bc	BC
滇宁1号	22.88	bc	BC
西昌地方品种2号（短锥）	21.89	bcd	BC
西荞1号	21.23	bcd	BC
西昌地方品种3号（灰黑）	20.68	bcd	BCD
全国区14号	19.91	cd	BCD
定98-1	19.25	cd	BCD
全国区试7号	17.93	cde	BCDE
九江苦荞	15.07	def	CDEF
凤凰苦荞	14.96	def	CDEF
选荞1号	11.33	efg	DEF
全国区试10号	8.91	fg	EF
西荞2号	7.1	g	F

由上表可知，叶面积最大的苦荞菜品种是西荞3号，为48.29 cm^2，叶面积最小的苦荞菜品种是西荞2号，为7.1 cm^2，两者比较相差83.83%，西荞3号的叶面积远大于其他18个品种，与叶面积位居于第二位的西昌地方品种1号（长锥）比较相差43.05%。在0.05水平上，西昌地方品种1号（长锥）与全国区14号比较差异显著，相差27.6%，黑丰1号与九江苦荞比较差异显著，相差39.91%，西昌地方品种2号（短锥）与选荞1号比较差异显著，相差48.24%，全国区试7号与全国区试10号比较差异显著，相差50.31%，九江苦荞与西荞2号比较差异显著，相差48.18%。这19个苦荞菜品种从大到小依次可表示为：西荞3号>西昌地方品种1号（长锥）到西昌地方品种3号（灰黑）>全国区14号到全国区试7号>九江苦荞、凤凰苦荞>选荞1号>全国区试10号>西荞2号。

（三）叶片厚度

通过方差分析，得出F值为3.777，大于$F_{0.05}$=1.88，$F_{0.01}$=2.44，为极显著水平，再用新复极差法进行多重比较。

比较结果如表5-30所示：

表5-30 叶片厚度的多重比较

品种	平均/cm	a=0.05	a=0.01
西昌地方品种1号（长锥）	0.057	a	A
西荞3号	0.048	ab	AB
凤凰苦荞	0.048	ab	AB
川荞1号	0.047	ab	ABC
全国区14号	0.042	bc	BCD
黑丰1号	0.042	bc	BCD
镇巴苦荞	0.042	bc	BCD
滇宁1号	0.042	bc	BCD
全国区1号	0.041	bcd	BCD
圆子荞	0.04	bcde	BCD
全国区试7号	0.04	bcde	BCD

续表

品种	平均/cm	a=0.05	a=0.01
西昌地方品种2号（短锥）	0.04	bcde	BCD
西荞1号	0.039	bcde	BCD
全国区试10号	0.037	bcde	BCD
西昌地方品种3号（灰黑）	0.037	bcde	BCD
选荞1号	0.033	cde	BCD
定98-1	0.032	cde	CD
西荞2号	0.03	de	D
九江苦荞	0.029	e	D

由上表可知，西昌地方品种1号（长锥）的叶片最厚，为0.057 cm，九江苦荞的叶片最薄，为0.029 cm，两者相差49.12%。西昌地方品种1号（长锥）与全国区14号比较差异显著，相差26.32%，西荞3号与选荞1号比较差异显著，相差31.25%，全国区14号与西荞2号比较差异显著，相差28.57%，全国区1号与九江苦荞比较差异显著，相差29.27%。叶片的厚度大小依次可表示为：西昌地方品种1号（长锥）到川荞1号>全国区14号到西昌地方品种3号（灰黑）>选荞1号、定98-1>西荞2号>九江苦荞。

（四）叶片数

表5-31　叶片数的多重比较

品种	平均（片）	a=0.05	a=0.01
川荞1号	7.5	a	A
西昌地方品种3号（灰黑）	7.4	ab	A
全国区1号	7.2	abc	AB
镇巴苦荞	7.2	abc	AB
西荞3号	7.1	abc	AB
黑丰1号	7.1	abc	AB

续表

品种	平均（片）	a=0.05	a=0.01
全国区14号	7.1	abc	AB
西昌地方品种2号（短锥）	7	abcd	AB
九江苦荞	6.8	abcd	AB
全国区试10号	6.8	abcd	AB
西昌地方品种1号（长锥）	6.8	abcd	AB
全国区试7号	6.7	abcd	AB
滇宁1号	6.7	abcd	AB
西荞1号	6.7	abcd	AB
圆子荞	6.7	abcd	AB
凤凰苦荞	6.5	bcd	AB
定98-1	6.3	cd	ABC
选荞1号	6.1	de	BC
西荞2号	5.3	e	C

通过方差分析，得出F值为3.2625，大于$F_{0.05}$=1.88，$F_{0.01}$=2.44，为极显著水平，再用新复极差法进行多重比较。比较结果如表5-31所示。

由上表可知，川荞1号的叶片数最多，平均为7.5片，叶片数最少的是西荞2号，平均为5.3片，两者相差29.33%。川荞1号与凤凰苦荞比较差异显著，相差13.33%，西昌地方品种3号（灰黑）与定98-1比较差异显著，相差14.86%，全国区1号与选荞1号比较差异显著，相差15.28%，西昌地方品种2号（短锥）与西荞2号比较差异显著，相差24.29%。叶片数由多到少依次可表示为：川荞1号到圆子荞>凤凰苦荞>定98-1>选荞1号>西荞2号。

（五）单株重

通过方差分析，得出F值为5.0413，大于$F_{0.05}$=1.88，$F_{0.01}$=2.44，为极显著水平，再用新复极差法进行多重比较。

比较结果如表5-32所示：

表5-32　单株重的多重比较

品种	平均/g	a=0.05	a=0.01
西昌地方品种1号（长锥）	9.6	a	A
黑丰1号	9.1	ab	A
镇巴苦荞	8.9	ab	AB
川荞1号	8.1	abc	ABC
全国区试10号	8.1	abc	ABC
滇宁1号	7.7	abc	ABC
全国区1号	7.7	abc	ABC
圆子荞	7.5	abc	ABC
西荞3号	7.3	abcd	ABC
西荞1号	6.7	abcd	ABC
凤凰苦荞	6.6	abcd	ABC
西昌地方品种2号（短锥）	6.6	abcd	ABC
西昌地方品种3号（灰黑）	6.5	abcd	ABC
全国区14号	6.4	bcd	ABC
九江苦荞	6.1	bcd	ABC
定98-1	5.2	cd	BCD
全国区试7号	4.3	de	CD
西荞2号	2.1	e	D
选荞1号	2.1	e	D

由上表可知，单株最重的是西昌地方品种1号（长锥），为9.6 g，单株最轻的是选荞1号，为2.1 g，两者相差78.13%。西昌地方品种1号（长锥）与全国区14号比较差异显著，相差33.33%，黑丰1号与定98-1比较差异显著，相差42.86%，川荞1号与全国区试7号比较差异显著，相差46.91%，西荞3号与西荞2号比较差异显著，相差71.51%。单株重量由高到低依次可表示为：西昌地方品种1号（长锥）到西昌地方品种3号（灰黑）>全国区14号、九江苦荞>定98-1>全国区试7号>西荞2号、选荞1号。

第四节　攀西地区烤烟K326栽培技术研究

烟草作为中国重要的经济作物之一，其优质生产对于烟农和卷烟工业都有极为重要的意义。烟叶品种是烟叶生产的重要物质基础，是影响烟叶产量和质量的内因，而优良品种是烤烟增产、增质、增收较为经济有效的经济措施，与此同时，生态因素中的气象因素是影响烟叶化学成分和质量的主要生态学外因。但在烟叶生产中，烤烟品种特性的充分表现还必须有适宜于该品种的栽培调制技术。栽培技术是充分利用生态资源和发挥品种潜在优势的必要条件，适合的栽培技术配以恰当的品种，在特定的生态条件下就可以生产出某种特色烟叶。一套提高烟叶整体质量的配套生产技术，能够促进烟叶良好开片，使烤烟品种特性充分体现，有利于实现烟叶结构优化。

攀西地区包括凉山州和攀枝花市大部分区域，该区域常年平均气温19.2～20.3℃，年无霜期超过300 d。气候温和、雨量充沛、光照充足、土地丰富，是四川省年热量值最高的地区，具有得天独厚的生态条件，是全国优质烤烟的最适宜区之一。其中K326为攀西地区常见的烤烟品种之一。K326是美国诺斯朴·金种子公司（Northup King Seed Company）用McNair225（McNair30 × NC95）杂交选育而成，1985年从美国引进我国云南省，1986—1988年参加全国烤烟良种区域试验，1989年全国烟草品种审定委员会审定为全国推广良种。由于当地烟农种植习惯一般在4月底至5月中旬移栽烟苗，但此时仍然干旱，易造成烟苗生长前期严重缺水，无法保障烟苗成活率，这成为当地生产过程中亟需解决的问题。加强烤烟新品种的筛选及其配套栽培技术研究，选育出优质丰产和具有鲜明地方特色的烤烟新品种，已成为未来烤烟品种研究工作的重点。为此，试验拟对攀西地区烤烟品种K326的配套栽培技术进行研究，以期了解和掌握烤烟品种K326不同配套栽培技术的优劣，筛选出更优的配套栽培技术，从而为攀西地区烤烟K326的合理栽培和优质生产提供理论依据。

一、试验设计与方法

（一）试验材料

试验用烤烟品种为K326。肥料为烟草专用复合肥料（基肥）；烟草专用追施肥料（提苗专用）；烟草专用追施肥料（揭膜上厢专用）；微量元素水溶肥料（“偏心肥”）；纯氮（氮、磷、钾配比为1.0∶1.5∶300）。

（二）试验设计

米易县示范基地“推迟移栽+少量多次施肥”1.33 hm^2（T_1）；仁和县示范基地“推迟移栽+平栽烟高起垄”2.67 hm^2（T_2）；盐边县示范常规栽培（CK）1.33 hm^2。

（三）测定项目

按YCT 142—1998标准烟草农艺性状调查方法，移栽后10 d开始测量，每隔10 d测一次植物学性状，打顶后测定主要农艺性状；各供试品种分小区取样，统一取8～12位（从上往下）的烟叶样品进行分析检测；统计产量、产值、均价、上等烟比率等经济性状并作比较分析。

（四）统计分析方法

试验数据处理采用SPSS 17.0和Excel软件进行分析。

二、结果与分析

（1）不同栽培技术对烤烟K326农艺性状的影响。

从农艺性状（见表5-33）看，T_1、T_2株高、叶片数、节距均小于CK。T_1株高、叶片数、节距分别为95.8 cm、18.1片、5.41 cm，T_2株高、叶片数、节距分别为92.4 cm、17.8片、5.23 cm。T_1、T_2腰叶叶片长和宽也均明显小于对照，T_1腰叶叶片长和宽分别为69.4 cm、29.8 cm，T_2腰叶叶片长和宽分别为68.3 cm、30.7 cm。T_1茎围大于CK。此为2016年雨季提前到来且雨量较大、持续时间较长情况下的结果，可见采用“三项技术”对K326的生育进程产生了影响。

表5-33 不同栽培技术下K326农艺性状记载结果

处理	株高/cm	叶片数/片	节距/cm	茎围/cm	腰叶长/cm	腰叶宽/cm
T_1	95.8	18.1	5.41	10.7	69.4	29.8
T_2	92.4	17.8	5.23	9.6	68.3	30.7
CK	102.7	21.4	5.64	10.4	71.5	32.2

（2）不同栽培技术对烤烟K326抗病性的影响。

从田间调查情况（见表5-34）看，各项栽培技术处理田间均有烟草花叶病、黑胫病、叶斑病、气候斑点病的发生。T_1的烟草花叶病、叶斑病、气候斑点病发病率较CK高，分别为19.2%、21.3%、17.9%，黑胫病发病率有轻微发生。T_2的叶斑病、气候斑点病有轻微发生，叶斑病发病率低于CK，为2.5%，黑胫病发病率为1.2%，高于CK。T_1、T_2发病率总体高于对照，可能由于雨水较多，导致烟草的发病率较高。

表5-34 不同栽培技术示范田间烤烟K326自然发病情况

处理	烟草花叶病/%	黑胫病/%	叶斑病/%	气候斑点病/%
T_1	19.2	0.9	21.3	17.9
T_2	7.7	1.2	2.5	3.6
CK	6.8	0.6	15.8	3.4

（3）不同栽培技术对烤烟K326生理生化指标的影响。

由表5-35可见，与常规栽培措施相比，“推迟移栽+少量多次施肥”处理（T_1）烟株的可溶性糖和总蛋白合成快，SOD活性和POD活性增高、超氧阴离子自由基产生增多，叶绿素总含量最高，光合能力强；“推迟移栽+平栽烟高起垄”处理（T_2）烟株的可溶性糖合成速度、总蛋白合成速度均高于对照，SOD活性和POD活性均有增高，光合性能与对照相当；T_1和T_2的可溶性糖、蛋白质、SOD活性以及POD活性均显著高于对照，说明T_1和T_2处理对生态环境的适应性均高于对照。

表5-35 烤烟K326“三项技术”示范生理生化指标

处理	可溶性糖/（mg/gFW）	蛋白质/（mg/g）	SOD活性/（U/（g·min）$\times10^3$）	POD活性/（U/（g·min）$\times10^3$）	超氧阴离子自由基/（A530nm/gFW）	叶绿素总含量/（mg/g）	MDA/（μ mol/g）
T_1	21.33 a	1.98 a	1.47 a	9.76 a	1.39 a	2.29 a	11.47 a
T_2	13.16 b	1.51 b	1.22 b	5.21 b	0.85 b	1.70 b	7.42 b
CK	8.14 c	1.28 c	0.97 c	4.27 c	0.64 c	1.39 c	5.39 c

注：同列数据后不同小写字母表示差异显著（$P < 0.05$）。

三、结论

栽培技术是充分利用生态资源和发挥烤烟品种潜在优势的必要条件，对烟叶结构优化起着关键作用。本研究表明，推迟移栽技术在气候相对干旱的示范点起到了较大作用，烟株生长过程中能够避开前期干旱气候的影响，降低了因气候影响而造成的经济损失。而“推迟移栽+平栽烟高起垄”组合技术栽培烟株叶斑病田间自然发病率明显降低，在改善烟叶抗病性方面有良好作用。同时，T_1、T_2生理生化指标较对照组有所提高，其对生态环境的适应性均高于对照，表明“推迟移栽+少量多次施肥”和“推迟移栽+平栽烟高起垄”栽培技术有利于提高烤烟对环境的适应性及其光合特性。但在移栽后至旺长阶段，

T_1、T_2并未体现出生长优势，其与2016年降雨时间和降雨量的关系有待进一步研究。此外，“推迟移栽+少量多次施肥”和“推迟移栽+平栽烟高起垄”栽培技术的农艺性状总体上弱于常规栽培技术，主要原因可能是2016年降雨情况异于往年，与“推迟移栽+少量多次施肥”前期供肥不足，“推迟移栽+平栽烟高起垄”遇连续降雨土壤三相结构不合理有一定关系。

本研究通过在攀西地区的不同地区选点进行不同配套栽培组合技术的栽培试验，来研究其中最佳的配套栽培技术措施，试验结果可为高产优质烤烟品种K326的生产以及K326在攀西地区大面积推广种植提供理论依据。在综合考虑生理生化指标、烟叶抗病性以及农艺性状后，分析结果显示米易示范“推迟移栽+少量多次施

肥”（T_1）和仁和示范“推迟移栽+平栽烟高起垄”（T_2）效果均优于盐边示范的对照组试验。但在采用“推迟移栽+少量多次施肥”技术时需要注意加强田间病害的预防，采用“推迟移栽+平栽烟高起垄”技术要注意是否具备适宜的立地条件（土层厚薄）。

第六章
红花大金元烘烤技术研究

一、试验目的

烤烟品种红花大金元于1988年通过全国烟草品种审定委员会审定推广后，曾在全国各大烟区广泛种植，后因不易烘烤，抗病性差，种植效益下降等原因，种植面积逐渐减少。但随着中式卷烟的提出，该品种香气质好，香气量足，香型特点突出，风格独特，在卷烟配方中起着重要作用，越来越受卷烟厂的青睐，是众多名优卷烟的首选原料，也是“娇子”品牌的主配方。生产上红花大金元烟叶仍存在易烤青筋，浮青，青片，香气差等问题，烘烤环节成为限制红花大金元产量和品质进一步提高的关键因素。本研究以“红大”为试验材料，研究不同成熟度、不同采收模式、不同烘烤工艺对“红大”烟叶质量的影响，并在此基础上集成烘烤技术，进行推广应用。项目符合川渝中烟“126”卷烟品牌发展规划和凉山普格附城基地单元烟叶生产实际，相关研究以满足工业企业需求为根本出发点，进一步探索烘烤技术，着力突出凉山山地“清甜香”型烟叶风格特色，全面提高烟叶生产整体水平，促进烟叶生产持续、稳定、健康、协调发展。

二、试验设计与方法

供试烤烟品种为“红大”，规范化栽培，农艺操作按照当地优质烟叶生产技术进行。选取大田管理规范、个体与群体生长发育协调一致、落黄均匀的优质烟示范田开展研究。

（一）不同成熟度采收对“红大”烟叶烤后质量的影响

按下、中、上三个部位，下部叶设3个处理XM1（5成黄）、XM2（6成黄）、XM3（7成黄），中部叶设3个处理CM1（6成黄）、CM2（7成黄）、CM3（8成黄），上部叶设3个处理BM1（7成黄）、BM2（8成黄）、BM3（9成黄），共9个处理，开展分项比较试验。烘烤工艺均按三段式工艺进行。回潮后选取2 kg代表性烟叶进行外观质量鉴定、化学成分分析和评吸鉴定。

（二）不同采收模式对“红大”上部烟叶烤后质量的影响

试验共设4个处理，分别为：

A：3片逐叶采（当地习惯采收）；

B：5片逐叶采；

C：7片逐叶采；

D：5片带茎采。

以顶部两片达到成熟要求时，上部烟集中采收。选取大田管理规范，烟株个体与群体生长发育协调一致，单株留有效叶数20片，田间分层落黄明显，能代表当地优质烟生产水平的烟田。每个处理小区50株，正常绑竿后，挂在同一烤房的二层中间，均按三段式烘烤工艺烘烤。回潮后选取2 kg代表性烟叶进行外观质量鉴定、化学成分分析和评吸试验。

（三）不同烘烤工艺对“红大”烟叶烤后质量的影响

试验设计4个变黄温度和4个变筋温度试验处理（见表6-1）。

除试验处理不同外，每一处理选取代表性烤后烟叶叶片进行留样进行外观质量鉴定、化学成分分析和评吸试验。在温湿度自控小烤箱中其他烘烤阶段按三段式烘烤工艺烘烤。

各试验处理分别取烤后烟叶X2F、C3F、B2F各2 kg供常规化验分析和感官评吸鉴定。

表6-1 烘烤关键温湿度和时间试验处理

处理	烘烤操作要点
变黄温度	设36℃、38℃、40℃、42℃变黄四个变黄温度试验处理，干湿差2℃，各温度保温时间以烟叶达到变化要求为准，其他操作按三段式烘烤工艺进行
变筋温度	干温42℃、45℃、48℃、51℃稳温变筋，其他操作按三段式烘烤工艺进行

（四）试验测定项目

原烟外观质量鉴定，采用专家鉴定法，依据GB2635—92烤烟、GB2636—86烤烟检验方法对烟叶外观等级进行鉴定。

淀粉的测定采用高氯酸提取–碘显色法。

原烟感官评价方法采用NY/YCT008—2002标准。

还原糖和总糖的测定采用NY/YCT002—2002标准，费林液直接滴定法。

总植物碱的测定采用YC/T34—1996标准，分光光度法。

总氮的测定采用NY丹CT001—2002标准，半微量定氮法。

三、结果与分析

（一）不同成熟度对红大烤后烟叶质量的影响

1. 不同成熟度处理鲜烟叶外观特征

由表6-2可以看出，“红大”下部叶三个处理采收时叶面颜色均为黄绿色，三个成熟度处理分别为5成黄、6成黄、7成黄。茎叶夹角为：处理一为43.5°，处理二为46.6°，处理三为48.3°。茎叶夹角随着成熟度的提高而增大；“红大”中部叶三个处理采收时叶面颜色从浅绿色到浅黄色，三个成熟度处理分别为6成黄、7成黄、8成黄。茎叶夹角为：处理一为52.1°，处理二为54.5°，处理三为56.8°。茎叶夹角随着成熟度的提高而增大；“红大”上部叶三个处理采收时叶面颜色从浅黄色到叶面基本全黄，三个成熟度处理分别为7成黄、8成黄、9成黄。茎叶夹角为：处理一为50.6°，处理二为52.5°，处理三为56.7°。茎叶夹角随着成熟度的提高而增大；主脉发白程度三个部位，三个处理均随着成熟度提高变白程度增加。

表6-2 不同部位不同成熟度试验处理鲜烟叶外观特征

部位	试验处理	叶面颜色	落黄成数	主脉发白程度	茎叶角度*（°）
X	XM1	黄绿色	5成黄	开始变白	60.5
	XM2	黄绿色	6成黄	主脉变白1/3	65.6
	XM3	黄绿色	7成黄	主脉变白1/2	69.3
C	CM1	叶面黄绿色	6成黄	主脉变白1/2	71.1
	CM2	叶面浅黄色	7成黄	主脉变白2/3	75.5
	CM3	叶面浅黄色	8成黄	主脉变白3/4	80.8
B	BM1	叶面浅黄色	7成黄	主脉变白2/3	82.6
	BM2	叶面浅黄色	8成黄	主脉变白3/4	86.5
	BM3	叶面基本全黄	9成黄	主脉全白	91.7

*（注：茎叶夹角为10株烟叶平均数据值）

2. 不同成熟度试验处理鲜烟叶含水量、烟叶收缩率和鲜干比

由表6-3可以看出三个部位三个不同成熟度处理平均含水量均不一样。下部叶三个处理中：处理XM1鲜烟叶含水量为90.35 g，XM2处理为93.41 g，处理XM3为84.62 g，三个处理中以处理二平均含水量最高，其次为处理一，最小的为处理三；中部叶三个处理中：CM1处理为109.64 g，CM2处理为112.52 g，CM3处理为107.54 g，三个处理中以处理二平均含水量最高，其次为处理一，最小的为处理三；上部叶三个处理中：BM1处理为112.56 g，BM2处理为111.53 g，BM3处理为114.32 g，三个处理中以处理三平均含水量最高，其次为处理一，最小的为处理二。三个部位三个不同成熟度处理烟叶平均收缩率均不一样。下部叶三个成熟度处理中：处理XM1烟叶平均收缩率为79.34%，XM2处理为76.51%，处理XM3为80.75%，三个处理中以处理三平均收缩率最大，其次为处理一，最小的为处理二；中部叶三个处理中：CM1处理为93.6%，CM2处理为98.9%，CM3处理为92.8%，三个处理中以处理二平均收缩率最大，其次为处理一，最小的为处理三；上部叶三个处理中：BM1处理为73.6%，BM2处理为76.1%，BM3处理为74.5%，三个处理中以处理二平均收缩率最大，其次为处理一，最小的为处理三。

下部叶三个成熟度处理中，XM1、XM2、XM3三个处理鲜干比依次为8.96、9.23、8.35，三个成熟度处理鲜干比从大到小顺序为XM2>XM1>XM3；中部叶三个成熟度处理中，CM1、CM2、CM3三个处理鲜干比依次为8.74、8.95、8.85，三个成熟度处理鲜干比从大到小顺序为CM2>CM3>CM1；上部叶三个成熟度处理中，BM1、BM2、BM3三个处理鲜干比依次为7.25、7.35、7.31，三个成熟度处理鲜干比从大到小顺序为BM2>BM3>BM1。

表6-3　不同部位不同成熟度试验处理鲜烟叶含水量

部位	处理	鲜重/g	叶数/片	干重/g	平均含水量/（g/片）	烟叶收缩率	鲜干比
X	XM1	5 420	50	610	90.35	79.34	8.96
	XM2	5 450	50	590	93.41	76.51	9.23
	XM3	5 100	50	610	84.62	80.75	8.35
C	CM1	6 155	50	700	109.64	93.6	8.74
	CM2	6 100	48	688	112.52	98.9	8.95
	CM3	6 350	52	712	107.54	92.8	8.85
B	BM1	6 550	50	903	112.56	73.6	7.25
	BM2	6 750	52	913	111.53	76.1	7.35
	BM3	6 630	50	901	114.32	74.5	7.31

3. 不同成熟度试验处理烤后烟叶外观质量评价

由表6-4可以看出，三个部位三个成熟度处理烤后烟叶外观质量比较得出：下部叶三个成熟度处理中，以处理三XM3外观质量最好，其次为处理二XM2较好，处理一XM1外观质量相比最差；中部叶三个成熟度处理中，三个处理烟叶外观质量整体差异不大，除处理一CM1有少部分青筋外。上部叶三个成熟度处理中，三个处理烟叶外观质量整体差异不大，处理一BM1有少量青筋。

表6-4 不同成熟度处理烟叶外观质量

部位	处理	颜色	身份	油分	色度	结构
X	XM1	微带青	适中	有	强–	尚疏
	XM2	橘黄	适中	有+	强	疏–
	XM3	橘黄	适中	多–	强+	疏
C	CM1	橘黄	适中	多–	浓–	疏–
	CM2	橘黄	适中	多–	浓	疏
	CM3	橘黄	适中	多–	浓	疏
B	BM1	橘黄	厚	少+	浓	紧密
	BM2	橘黄	厚	少+	浓	紧密
	BM3	橘黄	厚	少+	浓	紧密

4. 不同部位成熟度对烤后烟叶经济性状的影响

不同部位的烟叶成熟度烤后对等级质量及均价有一定影响（见表6-5）。从实验结果可看出，三个成熟度处理上中等烟叶比例和均价均是随着成熟度的提高而提高。

表6-5 不同部位烟叶成熟度经济性状

处理	上等烟比例/%	中等烟比例/%	上中等烟比例/%	均价/（元/kg）
XM1	0	48.2	48.2	7.6
XM2	0	51.3	51.3	8.4
XM3	0	54.6	54.6	9.1
CM1	5.5	47.6	53.1	10.7
CM2	5.8	57.6	63.4	11.3
CM3	7.7	61.7	69.4	12.4
BM1	0.6	47.3	47.9	7.2
BM2	2.3	54.4	56.7	8.1
BM3	2.8	56.8	59.6	8.4

5. 不同部位成熟度对烤后烟叶化学成分的影响

不同成熟度鲜烟叶对烤后烟叶的化学成分如表6-6所示。下部叶总糖和还原糖含量随成熟度的提高有增加趋势，总氮和氯含量则表现相反的趋势；烟碱和总钾含量随着成熟度提高先下降而后升高；下部叶各处理化学成分均在较适宜的范围内。从化学成分比值看，处理XM1的糖碱比、两糖比和氮碱比值较适宜，但钾氯比较低；处理XM2的糖碱比、两糖比和氮碱比均较低；处理XM3的氮碱比较低，但综合看仍以处理XM3化学成分较协调。

中部叶总糖和还原糖含量随成熟度的提高呈下降趋势，总氮则表现相反趋势；烟碱和氯含量随成熟度的提高表现出先升高后下降趋势，总钾含量变化则相反。三个处理化学成分相比较以处理CM2、CM3较好。

上部叶各处理随着成熟度的提高，总糖含量随成熟度提高而上升，总氮和氯含量则表现相反趋势；烟碱处理间差别不大，且含量均较高；各处理几个化学成分比值差别不大，但均值较低，协调性均不太好。

表6-6　各处理烤后烟叶化学成分

部位	处理	烟碱/%	总糖/%	还原糖/%	总氮/%	总钾/%	总氯/%	糖碱比	两糖比	氮碱比	钾氯比
X	XM1	2.35	22.48	17.06	1.96	1.53	0.61	7.65	0.83	0.84	1.91
	XM2	3.15	27.21	22．12	1.83	1.51	0.54	6.41	0.61	0.53	2.55
	XM3	2.46	33.17	26.23	1.22	1.52	0.57	9.79	0.78	0.54	3.32
C	CM1	3.15	31.07	25.44	1.42	1.68	0.34	7.72	0.82	0.54	4.54
	CM2	3.75	28.93	23.95	1.63	1.33	0.56	5.95	0.82	0.43	2.54
	CM3	3.71	26.74	22.52	1.84	1.58	0.42	6.17	0.83	0.51	3.15
B	BM1	5.35	23.61	16.38	2.62	0.73	0.56	3.13	0.66	0.44	1.46
	BM2	5.32	24.24	16.37	2.35	0.72	0.49	3.14	0.68	0.41	1.61
	BM3	5.23	25.62	16.46	2.19	0.75	0.44	3.15	0.64	0.43	1.63

6. 成熟度处理烤后烟叶评吸结果

从表6-7可以看出，不同处理间烟叶感官评吸质量存在一定差异。下部叶随成熟度增加感官评吸质量表现先提高后下降趋势，以XM2处理烟叶评吸得分较高，处理XM3和处理XM2处于同一质量档次。中部叶以CM3处理评吸结果最好，三个处理评吸得分从大到小依次为CM3>CM1>CM2。上部叶BM2处理的感官评吸得分最高，BM3稍次之，但BM2、BM3两处理质量在同一档次；BM1相对最差。

表6-7　各处理烤后烟叶评吸结果

部位	处理	香型	劲头	浓度	香气质（15）	香气量（20）	余味（25）	杂气（18）	刺激性（12）	燃烧性（5）	灰色（5）	得分（100）
X	XM1	中间	适中	中等	10.66	15.92	18.41	12.41	8.49	2.9	2.8	71.6
	XM2	中间	适中	中等	11.27	16.35	19.35	13.43	8.67	3	2.9	74.9
	XM3	中间	适中	中等	11.08	16.06	19.02	13.23	8.57	2.9	2.8	73.7
C	CM1	中间	适中	中等	11.3	16.1	19.1	13.4	8.61	3	2.9	74.4
	CM2	中间	适中	中等	11.2	15.9	18.9	12.9	8.5	3	2.9	73.3
	CM3	中间	适中	中等	11.5	16.6	19.7	13.6	8.7	3	2.9	76.0
B	BM1	中间	适中+	中等+	10.8	15.9	18.8	12.6	8.4	2.9	2.8	72.2
	BM2	中间	适中+	中等+	11.3	16.1	19.5	13.1	8.5	2.9	2.8	74.2
	BM3	中间	适中+	中等+	11.1	16.1	19.3	13.1	8.4	2.9	2.7	73.6

（二）不同采收模式对上部烟叶品质影响结果与分析

1. 各处理烟叶外观质量比较

由表6-8可以看出，红大四个采收模式处理烟叶外观质量有较大差异，从烟叶颜色、身份、油分、色度、结构等综合评价，以处理四即上部叶5片带茎采收的叶片外观质量最好，其次为处理二上部叶5片采收较好，处理三上部叶7片采收相对比较差，处理一上部叶3片采收即常规采收的叶片外观质量最差。

表6-8　四个采收模式烤后烟叶外观质量评价

处理	颜色	身份	油分	色度	结构	整体评价
3片	橘黄	厚	少	浓	紧密	杂色较多，结构紧密，少油
5片	橘黄	稍厚	有-	浓	稍密	色匀，结构尚疏，油分有
7片	橘黄-	厚-	稍有	浓-	紧密	颜色在几个处理中略淡，结构紧密
5片带茎	橘黄	适中	多	浓	尚疏	色匀，结构尚疏，油分多

2. 烤后各处理经济性状比较

由表6-9可以看出，红大四个采收模式处理中，上等烟叶比例最高的是处理四即5片带茎采收为87.26%，其次是处理二5片采收为82.57%，处理三7片采收上等烟比例稍低为79.55%，最低的是处理一常规采收即3片采收为59.23%。四个处理均价从高到底顺序依次为5片带茎、5片采收、3片采收、7片采收。

表6-9　各处理烤后经济性状

处理	上等烟叶比例/%	排序	上中等烟叶比例/%	均价/（元/kg）	排序
3片	61.23	4	100	9.73	3
5片	83.57	2	100	9.94	2
7片	78.54	3	100	9.66	4
5片带茎	87.56	1	100	10.45	1

3. 各处理烤后烟叶化学成分比较

不同采收模式对烟叶化学成分有一定影响（见表6-10）。以5片带茎采收烟叶主要化学成分含量较适宜，糖碱比协调，钾氯比最高，其他处理的钾氯比均低于4；五次采收的化学成分含量及比值适宜程度次于5片带茎，其他两个处理糖含量稍低，糖碱比失调，钾氯比值也最低。

表6-10　各处理烤后烟叶化学成分

处理	烟碱/%	总糖/%	还原糖/%	总氮/%	总钾/%	总氯/%	糖碱比	两糖比	氮碱比	钾氯比
3片	5.04	24.16	17.91	2.16	0.77	0.40	3.28	0.71	0.45	1.91
7片	5.12	24.26	16.11	2.18	0.72	0.41	3.26	0.68	0.42	1.71
5片	4.48	27.56	19.24	1.94	1.04	0.45	4.27	0.68	0.43	2.24
5片带茎	3.17	32.19	23.49	1.56	1.76	0.36	7.64	0.74	0.51	4.86

4. 烤后烟叶评吸结果比较

从表6-11中看出，上部叶四种采收模式对烟叶的评吸质量有较大影响，以处理5

片采收和5片带茎采收评吸质量较好，属于同一档次，处理5片采收总得分略高于5片带茎采收；处理3片采收和7片采收评吸质量稍差；四个处理评吸得分从高到底顺序依次为5片采收>5片带茎采收>3片采收>7片采收。

表6-11 各处理烤后烟叶评吸结果

处理	香型	劲头	浓度	香气质（15）	香气量（20）	余味（25）	杂气（18）	刺激性（12）	燃烧性（5）	灰色（5）	得分（100）
3片	中间	较大-	中等+	10.82	15.93	18.66	12.67	8.12	2.66	2.55	71.41
7片	中间	较大-	中等+	10.82	15.72	18.32	12.58	8.03	2.65	2.54	70.66
5片	中间	适中	中等	11.26	16.18	19.34	13.24	8.59	2.82	2.71	74.14
5片带茎	中间	适中	中等	11.09	15.93	19.01	12.85	8.66	2.83	2.91	73.28

（三）不同烘烤工艺对烟叶品质影响结果与分析

1. 不同变黄温度对烟叶品质影响结果与分析

（1）各处理烟叶外观质量比较。

对四个变黄温度处理烤后烟叶外观质量评价（见表6-12）得出：四个变黄温度处理烤后烟叶相比较，整体外观质量差异不大，36℃变黄处理烟叶青筋较多，40℃处理烟叶颜色略暗，38℃处理在四个变黄温度处理中整体外观质量略好。

表6-12 变黄温度处理烟叶外观质量

试验	部位	处理	颜色	身份	油分	色度	结构	整体评价
变黄温度	中部	36	橘黄	适-	多-	强	疏	差异不明显，36℃处理青筋较多，40℃处理颜色略暗，整体以38℃处理略好
		38	橘黄	适-	多-	强	疏	
		40	橘黄	适-	多-	强	疏	
		42	橘黄	适-	多-	强	疏	

（2）不同变黄温度处理烤后烟叶上中等烟叶比例及均价。

由表6-13可以看出，红大四个变黄温度处理中上等烟叶比例从高到低依次顺序为38℃（83.44%）>40℃（65.13%）>42℃（4735%）>36℃（38.52%）；红大四个变黄温度处理上中等烟叶比例均为100%；红大四个变黄温度处理均价最高的是38℃变黄处理达到8.42元/kg，其次是40℃变黄处理达到7.16元/kg，36℃变黄处理均价略低为4.51元/kg，42℃变黄处理均价最低为4.22元/kg。

表6-13　变黄温度处理烤后烟叶上中等烟叶比例及均价

试验	处理	上等烟比例/%	排序	上中等烟比例/%	均价/（元/kg）	排序
变黄温度/℃	36	38.52	4	100	4.51	3
	38	83.44	1	100	8.42	1
	40	65.13	2	100	7.16	2
	42	47.35	3	100	4.22	4

（3）不同变黄温度处理烟叶化学成分。

不同变黄温度处理对烤后烟叶主要化学成分影响如表6-14所示：各处理烟碱、总糖、还原糖和总氮均在较适宜的范围内；糖碱比42℃变黄处理太低，其他处理差异不大；两糖比和氮碱比各处理间差别不太明显，以38℃变黄处理稍高；钾氯比也以38℃变黄处理比值最高。从烟叶化学成分协调性综合考虑：四个处理化学成分以处理38℃变黄最好。

表6-14　各处理烤后烟叶化学成分

处理	烟碱/%	总糖/%	还原糖/%	总氮/%	总钾/%	总氯/%	糖碱比	两糖比	氮碱比	钾氯比
36	3.22	29.44	21.88	2.07	1.11	0.32	6.83	0.75	0.61	3.54
38	3.23	26.97	21.18	2.15	1.24	0.28	6.72	0.78	0.68	3.87
40	3.17	26.65	20.14	2.09	1.32	0.42	6.54	0.77	0.63	3.39
42	3.41	25.72	19.52	2.04	1.26	0.35	5.76	0.76	0.64	3.45

（4）不同变黄温度处理烟叶评吸结果。

不同变黄温度处理对感官评吸产生一定影响（见表6-15）。以38℃变黄处理和

40℃变黄处理评吸得分较高，42℃变黄处理和36℃变黄处理总评吸分数较低。

表6-15 各处理烤后烟叶评吸结果

处理	香型	劲头	浓度	香气质（15）	香气量（20）	余味（25）	杂气（18）	刺激性（12）	燃烧性（5）	灰色（5）	得分（100）
36	中间	适中+	中等	11.16	15.93	18.81	12.66	8.26	3.08	2.92	72.82
38	中间	适中+	中等	11.51	16.41	19.59	13.35	8.52	3.08	2.92	75.38
40	中间	适中+	中等+	11.49	16.16	19.42	13.41	8.51	3.08	2.92	75.01
42	中间	适中+	中等+	11.24	16.15	19.12	13.16	8.32	3.08	2.92	73.99

2. 不同变筋温度实验结果与分析

（1）不同变筋温度处理烟叶外观质量。

对四个变筋温度处理烤后烟叶外观质量评价（见表6-16）得出：四个变筋温度处理烤后烟叶相比较，42℃变筋处理和51℃变筋处理烟叶杂色较多，45℃和48℃变筋处理差异不大。四个变筋处理以45℃变筋处理最好。

表6-16 变筋温度试验烟叶外观质量

试验	部位	处理	颜色	身份	油分	色度	结构	整体评价
变筋温度/℃	中部	42℃	橘黄	适中	有	强	尚疏	42℃、51℃处理烟叶杂色较多，45℃、48℃处理差异不大，45℃处理略好
		45℃	橘黄	适中	有+	强+	疏-	
		48℃	橘黄	适中	有	强+	疏-	
		51℃	橘黄	适中	有	强	尚疏	

（2）不同变筋温度处理烤后烟叶上中等烟叶比例及均价。

由表6-17可以看出，红大四个变筋温度处理中上等烟叶比例从高到低依次顺序为45℃（89.55%）>48℃（73.24%）>51℃（68.49%）>42℃（56.72%）；红大四个变筋温度处理上中等烟叶比例从高到低依次顺序为45℃（100%）=48℃（100%）>51℃（94.53%）>42℃（86.75%）；均价最高的是45℃变筋处理达到13.45元/kg，其次是48℃变筋处理达到12.18元/kg，42℃变筋处理和51℃变筋处理均价略低，分别为11.53元/kg和11.67元/kg。

表6-17　变筋温度处理烤后烟叶上中等烟叶比例及均价

试验	处理	上等烟比例/%	上中等烟比例/%	均价/（元/kg）	排序
变筋温度/℃	42℃	56.72	86.75	11.53	4
	45℃	89.55	100.00	13.45	1
	48℃	73.24	100.00	12.18	2
	51℃	68.49	94.53	11.67	3

（3）不同变筋温度处理烟叶化学成分。

不同变筋温度处理对烤后烟叶主要化学成分影响（见表6-18）：各处理烟碱含量均偏高；总糖和还原糖以45℃变筋温度和48℃变筋温度处理最适宜；各处理糖碱比均较低，以处理45℃变筋温度处理稍高；钾氯比也以处理45℃变筋温度处理最高。从烟叶化学成分协调性综合考虑：四个处理化学成分以处理45℃变筋温度处理最好。

表6-18　各处理烤后烟叶化学成分

处理	烟碱/%	总糖/%	还原糖/%	总氮/%	总钾/%	总氯/%	糖碱比	两糖比	氮碱比	钾氯比
42	5.72	15.92	14.11	3.08	0.76	0.34	2.42	0.89	0.54	2.16
45	4.87	22.11	17.71	2.67	0.79	0.35	3.15	0.80	0.55	2.31
48	5.76	21.66	16.52	3.10	0.54	0.36	2.91	0.76	0.55	1.52
51	5.83	18.03	15.77	2.97	0.67	0.37	2.62	0.87	0.53	1.66

（4）不同变筋温度处理烟叶评吸结果。

从表6-19中看出，不同变筋温度处理对烟叶的评吸质量有一定影响，以处理45℃变筋温度处理评吸质量最好，42℃变筋温度处理和48℃变筋温度处理次之，处理51℃变筋温度处理相对最差。

表6-19 各处理烤后烟叶评吸结果

处理	香型	劲头	浓度	香气质（15）	香气量（20）	余味（25）	杂气（18）	刺激性（12）	燃烧性（5）	灰色（5）	得分（100）
42	中间	较大-	中等+	11.18	16.16	18.91	13.09	8.26	2.75	2.67	73.02
45	中间	较大-	中等+	11.43	16.32	19.51	13.41	8.43	2.66	2.67	74.43
48	中间	较大-	中等+	11.32	16.18	19.24	13.16	8.34	2.67	2.67	73.58
51	中间	较大-	中等+	11.08	16.11	18.73	12.66	8.24	2.67	2.67	72.16

（四）不同类型烤房对红大烟叶品质影响结果与分析

1. 供试烤房基本特点分析

由表6-20可知，3种类型烤房的气流方式：处理K_1、K_2是气流上升式，K_3属于气流下降式烤房。烤房内气流运行模式分别为：K_1是气流自然上升，其他两种烤房为强制通风模式。3种烤房的烘烤容量从大到小依次为K_3可供烘烤20亩，K_2可供烘烤10亩，K_1可供烘烤5亩。3种烤房的自动化程度也不一样，K_0是手动式的，K_2、K_3是自动式。

表6-20 不同类型烤房的基本特点

烤房处理	气流方向	气流运行模式	烘烤容量	自动化程度
K_1	上升式	自然上升	5亩	手动
K_2	下升式	强制循环	10亩	自动（手动加煤）
K_3	下降式	强制循环	20亩	自动（手动加煤）

2. 不同类型烤房的烤后烟外观质量分析

由表6-21可知，3类型烤房烤后烟叶外观质量有差别，主要是烟叶颜色，油分，身份和光泽方面。颜色方面，处理K_1、K_2烟叶颜色为浅橘黄色，K_3为橘黄色；油分方面，K_1、K_2为稍有，K_3为有；身份方面，处理K_1烟叶身份适中，其他2处理烟叶身份稍薄；光泽方面，处理K_1烟叶光泽较弱，处理K_2和K_3烟叶光泽中等。

表6-21　不同处理烤后烟叶外观质量

烤房处理	成熟度	颜色	油分	身份	结构	光泽
K_1	成熟	浅橘黄	稍有	适中	疏松	较弱
K_2	成熟	浅橘黄	稍有	稍薄	疏松	中等
K_3	成熟	橘黄	有	稍薄	疏松	中等

3. 不同类型烤房的烤后化学成分分析

由表6-22可知，3类型烤房烤后烟叶化学成分不一致。烟碱、总钾、总氯与氮碱比差别不大，但总糖方面，K_3略高于K_2，二者远高于K_1；总氮方面，K_1最高，且远高于K_2、K_3；糖碱比方面，K_3略高于K_2，二者远高于K_1；钾氯比方面，K_2高于K_1，K_3最低。

表6-22　不同处理烤后烟叶化学成分

处理	等级	烟碱/%	总糖/%	总氮/%	总钾/%	总氯/%	糖碱比	氮碱比	K/Cl
K_1	C3F	2.72	26.33	2.38	1.68	0.31	9.76	0.88	5.56
K_2	C3F	2.24	29.31	1.91	1.71	0.29	13.12	0.85	6.06
K_3	C3F	2.17	32.17	1.81	1.52	0.35	14.86	0.84	4.18

4. 不同类型烤房的烤后烟叶的等级结构及均价分析

由表6-23可知，3类型烤房烤后烟叶等级结构和均价有差异，上等烟比例从大到小分别为K_3、K_2、K_1；杂色烟比例从大到小分别为K_1、K_3、K_2；光滑烟比例从大到小分别为K_3、K_2、K_1；均价从大到小分别为K_3、K_2、K_1。

表6-23　不同处理烤后烟叶等级结构和均价

烤房处理	上中等烟比例/%	杂色烟比例/%	光滑烟比例/%	均价/（元/kg）
K_1	75，3	10.02	2.54	14.13
K_2	76.4	7.86	2.85	14.22
K_3	78.2	9.15	3.71	15.03

5. 不同类型烤房的烤后烟叶评吸质量分析

由表6-24可知，烤后烟叶评吸质量不一样，其中处理K_3分最高，达到77.63分，其次为处理K_2，分数为75.43。最小得分为处理K_1，分数为74.24。其中，K_3在香气质、香气量、余味、杂气、刺激性方面均高于K_1、K_2。

表6-24　不同处理烤后烟叶评吸质量

烤房处理	香型	劲头	浓度	香气质（15）	香气量（20）	余味（25）	杂气（18）	刺激性（12）	燃烧性（5）	灰色（5）	得分（100）
K_1	中间	适中	中等	13.05	15.07	18.32	12.45	9.35	3	3	74.24
K_2	中间	适中	中等	13.17	15.12	18.88	13.68	8.58	3	3	75.43
K_3	中间	适中	中等	13.65	15.54	19.34	13.42	9.68	3	3	77.63

四、结论

（一）不同成熟度对烟叶品质的影响

成熟度与烟叶外观质量（上中等烟比例、均价）关系密切。试验研究表明：

下部叶：随着成熟度提高，烟叶外观质量逐步改善，青烟率减少，上、中等烟比例和均价增加，化学成分趋于协调，感官质量有所改善，综合分析，以XM3处理，即叶面黄绿色，7成黄，主脉变白1/2以上采收对烟叶综合质量改善较理想。

中部叶：随着成熟度提高，烟叶外观质量逐步改善，青烟率减少，上、中等烟比例和均价增加，化学成分相对协调，感官评吸以处理CM3最好，综合分析，中部叶成熟度采收以CM3处理，即1面浅黄色，8成黄，主脉变白2/3以上采收，外观质量较好，烟叶中上等烟叶比例和烟叶均价最高，化学成分较协调，感官评吸质量较佳。其次为CM2处理。

上部叶：不同处理间烟内外观质量差异不大，随着成熟度提高，烟叶上、中等烟比例和均价增加，感官质量有所改善，评吸质量BM2、BM3处理较好，且在同一档次。综合分析，上部叶采收成熟度应该在较适宜的成熟范围内充分成熟采收对烟叶综合质量改善较有利。

（二）不同采收模式对烟叶品质的影响

该研究表明，外观质量方面，上部叶5片带茎采收与上部叶5片不带茎采收的叶片外观质量较好，而且由于5片带茎采收与5片不带茎采收相比，烘烤后的烟叶弹性好、有油分、叶片厚度适中、光泽强，无青烟、无挂灰现象，所以5片叶带茎采收处理最佳；经济效应方面，四个处理5片带茎采收的上等烟比例与均价最高，其次是5片不带茎采收；烟叶内在品质方面，综合烤后烟叶主要化学成分及其协调性，5片带茎采收烘烤烟叶的主要化学成分含量较适宜，糖碱比协调，钾氯比最高，效果最佳，5片不带茎采收烘烤后的烟叶化学成分含量及比值适宜程度次于5片带茎；感官评吸方面，以5片采收和5片带茎采收处理后的烟叶评吸质量较好，属于同一档次，其中处理5片采收总得分略高于5片带茎采收。

综合外观质量、经济效应、主要化学成分和感官评吸四个方面，5片带茎采收烘烤处理最佳，更具有推广价值。

（三）不同烘烤工艺对烟叶品质的影响

1. 不同变黄温度对烟叶品质的影响

试验研究表明，不同变黄温度处理对烟叶的外观质量、经济形状、化学成分和感官评吸质量均有影响。外观质量方面，四个处理整体差异不大，38℃处理在四个变黄温度处理中整体外观质量略好；经济效应方面，上等烟比例38℃（83.44%）最高，相应的均价8.42元/kg也最高，远高于其他处理，其次为40℃变黄处理；内在品质方面，各处理烟碱、总糖、还原糖和总氮均在较适宜的范围内，38℃处理两糖比和氮碱比稍高，钾氯比最高，从烟叶化学成分协调性综合考虑，以处理38℃变黄最好。感官评吸方面，以38℃变黄处理和40℃变黄处理评吸得分较高，效果较好。综合外观质量，经济效应，主要化学成分和感官评吸四个方面，38℃变黄处理最佳，更具有推广价值。

2. 不同变筋温度对烟叶品质的影响

试验研究表明，不同变筋温度处理对烟叶的外观质量、经济形状、化学成分和感官评吸质量均有影响。外观质量方面，四个处理整体差异较大，45℃和48℃变筋处理差异不大。四个变筋处理以45℃变筋处理最好；经济效应方面，上等烟比例45℃（89.55%）最高，相应的均价13.45元/kg也最高，远高于其他处理，其次为48℃变黄处理；内在品质方面，各处理烟碱含量均偏高，糖碱比均较低，以45℃变筋温度和48℃变筋温度处理最为适宜，从烟叶化学成分协调性综合考虑，以处理45℃和48℃变筋最好。感官评吸方面，以45℃变筋处理和48℃变筋处理评吸得分较高，效果较好，其中45℃处理稍高于48℃。综合外观质量，经济效应，主要化学成分和感官评吸四个方面，45℃变筋处理最佳，更具有推广价值。

（四）不同类型烤房对烟叶品质的影响

试验研究表明，综合外观质量、经济效应、主要化学成分、感官评吸等方面，3种类型烤房相比较，烤后烟叶综合质量较好的为处理K_3（密集式烤房），其次是处理K_2（普改密烤房），最差的是处理K_1（普通烤房）。因此，红大品种适宜的配套烤房类型为密集式烤房。

第七章 攀西烤烟生产病虫害研究

第一节 凉山州烟草黑胫病菌生理小种的鉴定

一、研究目的

烟草黑胫病菌（Phytophthora nicotianae）可危害烤烟、晾烟、晒烟、香料烟、白肋烟等所有栽培烟草。在平均气温达22℃，多雨年份及低洼潮湿地区，烟草黑胫病发生蔓延很快，1～2周内可使整个烟田毁灭，破坏性极强，大田侵染后常造成烟株整株死亡。据四川、安徽等地调查，一般平均发病率约10%～20%，凉山州可见大面积绝产现象，到目前为止，除黑龙江未发现烟草黑胫病外，其他各产烟区都有此病的报道。初步估计，我国2010年因黑胫病造成的损失达27 656.1万元，其危害仅次于花叶型病毒病（TMV、CMV和PVY）。

我国烟草黑胫病菌的生理分化研究始于20世纪80年代，采用鉴别寄主法先后对我国山东、云南、四川、贵州、河南等烟草主产区的生理小种组成进行了研究，结果表明我国烟草黑胫病菌存在0号和1号小种的分化，1号小种为优势小种。凉山州作为我国烟叶主产区，有关黑胫病菌的生理分化虽有涉及，但未见有系统的研究报道，20多年来，烟草主栽品种、种植方式和防治措施等发生了较大变化，因此有必要在全州范围内收集菌株对黑胫病菌的小种类型进行再鉴定，以便及时掌握病菌的小种组成和分布情况，提高对潜在优势种的预见性，为凉山州的烟草黑胫病的防治提供理论依据。

二、试验设计与方法

（一）鉴别寄主和菌株的来源

鉴别寄主L8、NC1071、小黄金1025、N.nesophila由中国烟草育种研究南方中心提供。试验菌株由西昌学院植物病理学实验室提供。

（二）鉴别寄主的准备

先将烟草种子于28℃下浸泡1 d，再铺在湿润滤纸上28℃下催芽，3 d后播于装有湿润土的瓷盘里，上面覆一层细沙，20～26℃温室中光照培养，20 d后移栽于装有沙壤土的塑料钵中，每钵一株。苗龄控制在50 d左右，一般在6～8片真叶期接种。

（三）黑胫病菌接种

本试验采用游动孢子悬浮液灌根接种，该方法比较接近自然状态，对实验结果影响相对较小。6～8叶期烟苗灌根接种：配置浓度为1×10^4个/mL的游动孢子悬浮液，接种待用。接种前用少量清水湿润土壤，每株接种10 mL菌液，灌根。20℃黑暗处理24 h，再28℃保持光照（日光灯，4 5001x，16 h/d）。对照施等量清水，每处理三次重复，每重复4株。

（四）鉴定标准

病害分级标准按国家行业标准YC/T39—1996规定执行。

三、结果分析

（一）寄主鉴定

从表7-1可看出，来自凉山州的冕宁、普格、西昌、会理、会东的50个菌株中只有0号和1号小种，其中0号生理小种占30%，1号生理小种占70%，可见，1号小种为凉山州该5个地区烟草黑胫病菌的优势小种。

表7-1　凉山州烟草黑胫病菌的鉴定

菌株	采集地	鉴别寄主								生理小种
		NC1071		L8		小黄金1205				
		病指	抗感	病指	抗感	病指	抗感	病指	抗感	
ML-1	冕宁	100.00	S	79.56	S	80.23	S	12.00	R	1
ML-2		96.30.	S	95.32	S	76.54	S	6.10	R	1
ML-3		96.78	S	85.36	S	92.99	S	11.22	R	1
ML-4		77.52	S	93.65	S	78.49	S	10.33	R	1
ML-5		3.00	R	7.89	R	85.67	S	87.53	S	0
ML-6		79.07	S	92.3	S	94.6	S	5.01	R	1
ML-7		6.11	R	0.00	R	79.81	S	85.23	S	0
ML-8		81.54	S	87.08	S	91.75	S	90.88	R	1
ML-9		79.58	S	75.67	S	81.33	S	13.54	R	1
ML-10		85.71	S	99.23	S	94.12	S	2.10	R	1
XC-1	西昌	6.5	R	12.32	R	84.30	S	76.55	S	0
XC-2		97.03	S	91.65	S	95.43	S	5.07	R	1
XC-3		95.72	S	95.76	S	89.39	S	87.65	R	1
XC-4		86.77	S	79.38	S	78.99	S	3.09	R	1
XC-5		100.00	S	81.59	S	80.73	S	4.67	R	1
XC-6		0.00	R	0.00	R	100.00	S	99.01	S	0
XC-7		100.00	S	87.95	S	91.33	S	0.00	R	0
XC-8		98.01	S	82.37	S	81.97	S	0.00	R	1
XC-9		98.76	S	94.53	S	96.30	S	5.09	R	1
XC-10		100.00	S	81.91	S	84.56	S	0.00	R	1
PG-1	普格	78.54	S	87．54	S	74．56	S	0.00	R	1
PG-2		0.00	R	0.00	R	99.01	S	100.00	S	0
PG-3		94.56	S	94.61	S	97.68	S	0.00	R	1
PG-4		5.32	R	8.19	R	100.00	S	7.83	S	0
PG-5		89.17	S	95.40	S	97.36	S	0.00	R	1
PG-6		100.00	S	100.00	S	85.63	S	2.79	R	1

续表

菌株	采集地	鉴别寄主								生理小种
		NC1071		L8		小黄金1205				
		病指	抗感	病指	抗感	病指	抗感	病指	抗感	
PG-7	普格	79.65	S	78.54	S	78.34	S	4.62	R	1
PG-8		94.61	S	96.08	S	84.60	S	0.00	R	1
PG-9		0.00	R	0.00	R	89.91	S	93.25	S	0
PG-10		3.47	R	0.00	R	100.00	S	100.00	S	0
HL-1	会理	0.00	R	0.00	R	100.00	S	99.07	S	0
HL-2		81.34	S	80.69	S	89.57	S	7.01	R	1
HL-3		96.55	S	90.44	S	87.04	S	0.00	R	1
HL-4		74.51	S	87.35	S	86.72	S	5.30	R	1
HL-5		3.94	R	0.00	R	90.055	S	93.74	S	0
HL-6		2.89	R	4.60	R	91.47	S	100.00	S	0
HL-7		91.23	S	88.95	S	78.45	S	12.30	R	1
HL-8		94.32	S	97.54	S	79.43	S	0.00	R	1
HL-9		100.00	S	91.65	S	98.77	S	0.00	R	1
HL-10		95.47	S	98.51	S	96.49	S	0.00	R	1
HD-1	会东	96.68	S	88.35	S	98.23	S	16.43	R	1
HD-2		89.67	S	98.49	S	72.34	S	13.40	R	1
HD-3		11.28	R	12.37	R	77.69	S	80.56	S	0
HD-4		88.25	S	96.68	S	81.14	S	0.00	R	1
HD-5		100.00	S	80.76	S	79.54	S	7.45	R	1
HD-6		81.14	S	90.62	S	72.34	S	21.54	R	1
HD-7		80.57	S	100.00	S	89.80	S	0.00	R	1
HD-8		14.95	R	0.00	R	83.22	S	80.34	S	0
HD-9		95.31	S	95.83	S	100.00	S	0.00	R	1
HD-10		18.22	R	0.00	R	100.00	S	99.11	S	0

（二）生理小种的分布

结果表明，凉山州的西昌、冕宁、普格、会理、会东5个地区的烟草黑经病菌中，0号小种占30%、1号小种占70%，显然1号小种为优势小种，具体分布情况见图7-1。

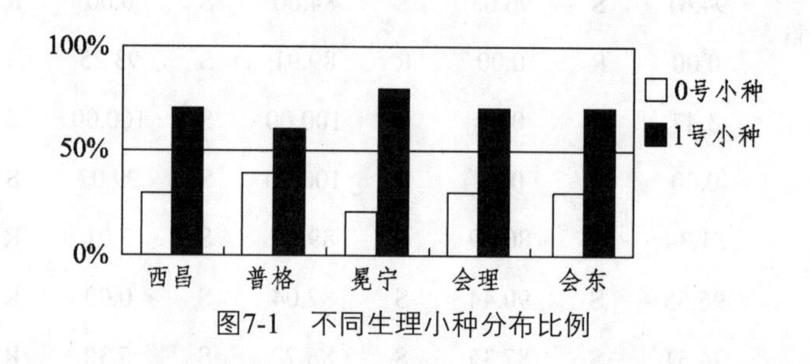

图7-1　不同生理小种分布比例

四、结论

本次鉴定采用了国内外常用的鉴别寄主，通过此次鉴别寄住鉴定，供试的50个菌株中0号小种占30%，1号小种占70%。其中从冕宁采得的10株菌株中0号小种占20%，1号小种占80%；从西昌采得的10个菌株中0号小种占30%，1号小种占70%；从普格采得的10株菌株中0号小种占40%，1号小种占60%；从会理采得的10株菌株中0号小种占30%，1号小种占40%；从会东采得的10株菌株中0号小种占30%，1号小种占70%。明显1号小种为凉山州烟草黑胫病菌优势小种，与王智发鉴定国内烟区1号小种为优势小种的结果基本一致。因此，凉山州地区的烟草品种在布局时应选择对1号小种较抗病的烟草品种，但同时要密切关注0号小种。至于凉山州烟区是否还存在其他生理小种类型，还需进一步对凉山州烟区的烟草黑胫病菌进行采样分析。

在烟草黑胫病菌生理小种的鉴定中，鉴别寄主鉴定作为传统的鉴别方法，具有其他方法不可替代的生物学意义，但这种方法受鉴别寄主品种、接种浓度、接种方法、环境条件等因素影响，鉴定结果可能会出现差异，因此，利用其他方法研究病菌分化也是很有必要的。在其他相关领域的研究中，分子生物学方法对生理小种的鉴定有很好的效果，因此，有必要将分子生物学和传统方法结合对烟草黑胫病菌的生理小种进行更进一步的研究，从而对凉山州烟草品种布局提供合理的理论依据。

第二节 烟草黑胫病菌培养特性的研究

一、研究目的

黑胫病是世界烟草生产中危害最严重的病害之一，同时也是中国烟草主要病害，中国平均每年因该病给烟草生产造成的损失达1亿元以上。烟草黑胫病菌可以危害包括烤烟、晾烟、晒烟、香料烟，白肋烟等所有栽培烟草，破坏性极强，大田侵染后常造成烟株成片凋萎死亡，而且烟株一旦发病，往往都是整株性死亡。研究表明，不同地理来源的烟草黑胫病的培养性状存在较大差异。因此研究烟草黑胫病菌的培养性状对掌握病原菌的生长繁殖规律以及病害的防治具有重要的指导意义。对烟草黑胫病菌的培养性状，国外都有研究并对相关特性进行了描述记录。国内郑小波等曾作过一些研究报道。本文对攀西地区特殊气候的烟草黑胫病菌的若干培养性状进行了研究，以期进一步了解烟草黑胫病菌的培养特性，为烟草黑胫病菌的相关研究和综合治理提供决策依据。

二、试验设计与方法

（一）试验材料

1. 供试菌株

烟草黑胫病菌供试菌株，包括HS、RH、HD菌株，HS采自西昌黄水，RH采自攀枝花仁和，HD采自西昌会东，并由西昌学院植物病理实验室参照郑小波的方法分离和保存备用。

2. 供试培养基

燕麦培养基（OA）、马铃薯培养基（PDA）、玉米培养基（CMA）、番茄汁培养基（TJA）、烟草汁培养基（TLA）。

（二）试验方法

1. 不同培养基对烟草黑胫病菌菌丝生长的影响

将上述5种培养基经121℃高压灭菌20 min后，分别倒入无菌培养皿（直径9 cm）中，然后将事先在燕麦培养基上培养5 d后且生长好的几个菌株的菌落用直径为5 mm的灭菌打孔器打孔后取边缘菌饼，再用接种铲分别接种于5种平板培养基中央，置28℃恒温黑暗条件下培养，各个培养基设3次重复，从第2 d起，每天观察测量一次菌落直径并做好记录，直到菌丝长满培养皿为止。

2. 不同温度对烟草黑胫病菌菌丝生长的影响

将生长最好的菌丝用直径为5 mm的灭菌打孔器在菌落边缘打取菌饼，然后用接种铲分别接种于OA平板中央，每处理设3次重复，分别放于20℃、24℃、28℃、32℃、36℃的恒温黑暗的条件下培养，5 d后测量并记录菌落直径。

3. 不同pH对烟草黑胫病菌菌丝生长的影响

将生长良好的菌丝分别接种在pH为5.0、5.5、6.0、6.5、7.0和7.5的OA平板培养基中央上，放在28℃恒温黑暗条件下培养，每处理设3次重复，5 d后测量并记录菌落直径。

三、结果与分析

（一）不同培养基对烟草黑胫病菌菌丝生长的影响

烟草黑胫病菌培养5 d后菌丝直径试验结果表明：3个菌株在5种不同培养基上生长速度快慢顺序排列依次是OA培养基、CMA培养基，在TJA培养基、TLA培养基和PDA培养基上生长较慢。其中在OA培养基上病菌生长速度最快，而且生长的菌丝最丰厚、浓密（见表7-2）。

表7-2　不同培养基上不同培养时期病菌的平均菌落直径

菌株	培养时间/d	平均菌落直径/mm				
		OA培养基	CMA培养基	TLA培养基	TJA培养基	PDA培养基
HD	1	13.8	7.2	12.7	13.0	8.5
	2	44.7	22.7	25.3	21.5	17.2

续表

菌株	培养时间/d	平均菌落直径/mm				
		OA培养基	CMA培养基	TLA培养基	TJA培养基	PDA培养基
HD	3	68.3	40.7	34.5	29.7	29.3
	4	79.3	53.8	44.2	40.7	40.7
	5	90	61.3	49.5	47.2	46.4
RH	1	13.8	7.2	10.3	9.5	8.7
	2	44.7	22.3	47.7	21.0	17.5
	3	68.3	40.7	31.7	25.2	25.3
	4	79.7	53.8	42.3	38.5	37.5
	5	86.6	60.5	49.1	42.7	42.9
HS	1	12.5	10.3	11.3	11.3	9.0
	2	40.3	19.0	20.7	21.2	17.7
	3	62.8	40.0	31.2	29.8	26.3
	4	79.2	49.5	35.7	42.2	36.8
	5	84.3	52.7	40.9	46.3	41.5

（二）不同温度对烟草黑胫病菌菌丝生长的影响

3个菌株在以下几种不同温度下的菌丝生长速率，其研究结果表明，当温度为28℃时，供试菌株菌丝生长最快；供试烟草黑胫病菌丝在20～36℃情况下都能生长，28℃生长最佳。菌株生长以HD长势最好，其次是RH菌株，生长最差的是HS，不同温度对菌丝生长影响差异较大（见图7-2）。

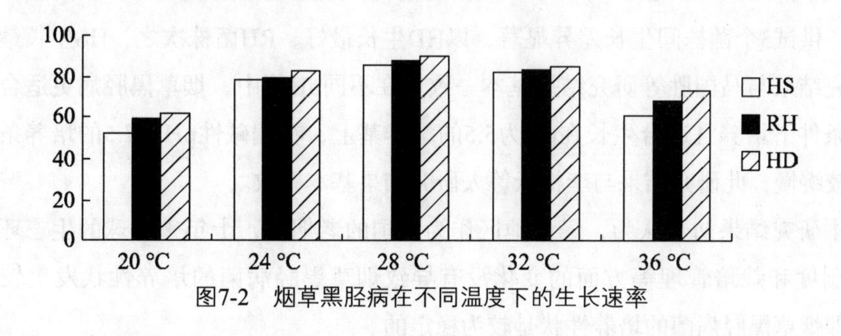

图7-2 烟草黑胫病在不同温度下的生长速率

（三）不同pH对烟草黑胫病菌菌丝生长的影响

在不同pH值下，菌株培养5 d后菌落平均直径存在显著差异。从表7-3中可以看出，3个菌株（HS、RH、HD）在pH为5.0和pH为7.5的情况下存在显著差异，菌株在pH为5.5的培养基培养条件下生长明显比在pH为7.5的培养基培养条件下生长要快，表明烟草黑胫病更适合在偏酸性条件下培养且适合生长在pH为5.5的培养基上。烟草黑胫病菌丝在pH为5.0～7.5的范围内都能生长，但在pH5.5时菌丝生长速度较快，pH超过5.5时，随着pH值的升高，菌丝的生长速度将逐渐变小，当pH值达到7.5时，菌丝生长缓慢，至pH为7.5时，菌丝仅微量生长。

表7-3　pH对烟草黑胫病菌丝的影响

地点	pH值（菌落直径/mm）					
	5.0	5.5	6.0	6.5	7.0	7.5
HD	62.1	72.3	57.2	53.4	40.0	37.1
RH	62.2	67.3	53.2	49.7	45.1	35.6
HS	62.0	69.2	51.0	49.1	40.5	34.7

四、结论

从本实验提供的5种供试培养基来看，烟草黑胫病菌在燕麦培养基上生长最好，菌落生长快，在马铃薯培养基（PAD）和番茄汁培养基（TJA）上生长最差，说明菌株对培养基的要求存在差异，可能是病菌长期进化致使生理机能在一定程度上对营养有选择性的结果。

烟草黑胫病的菌丝在20℃～36℃都能生长，最适生长温度28℃，最高生长温度36℃；供试3个菌株间生长差异显著，以HD生长最好，RH菌株次之，HS生长最差；此研究结果与马国胜等研究结果基本一致。在不同pH值中，烟草黑胫病更适合在偏酸性条件下培养且适合生长在pH为5.5的培养基上，在偏碱性pH为7.5的培养条件下生长较缓慢，此研究结果与李梅云等人研究结果基本一致。

本研究结果初步认为，攀西地区作为全国的老烟区，十年来地球的生态环境、耕作制度和栽培管理等方面的变化没有导致烟草黑胫病菌的培养性状发生较大变异，即烟草黑胫病菌的培养性状是较为稳定的。

第三节　攀西地区烟草黑胫病菌对甲霜灵的抗药性

一、研究目的

烟草黑胫病是烟草生产的主要病害，仅次于烟草病毒病。目前防治烟草黑胫病以化学防治为主，甲霜灵是防治烟草黑胫病的主要有效药剂之一。甲霜灵对病菌的作用主要是抑制核糖体RNA聚合酶活性，从而抑制RNA的合成。由于甲霜灵的作用位点单一，因此极易导致病原菌体细胞发生单基因或寡基因突变，降低受药位点与药剂的亲和性，表现出抗药性现象。

王革等（1997）研究显示云南烟草黑胫病病菌已对甲霜灵产生抗性，马国胜等（2002）研究显示安徽烟草黑胫病病菌对甲霜灵产生抗性。目前，尚未见有关攀西地区烟草黑胫病病菌对甲霜灵的抗药性研究。本研究以攀西地区13个不同采集地的89个菌株为研究对象，通过抗药性研究，为攀西地区烟草黑胫病的抗药性评价及防治提供理论基础和实践依据。

二、试验设计与方法

（一）供试菌株

供试菌株由西昌学院烟草研究室提供，其菌株编号及采集地方见表7-4。

表7-4　菌株采集地汇总

菌株编号	采集地	菌株数	菌株编号	采集地	菌株数
RH	仁和	4	DC	德昌	7
MY	米易	15	ML	冕宁	8
BT	布拖	8	XC	西昌	9

续表

菌株编号	采集地	菌株数	菌株编号	采集地	菌株数
HDL	会东联合	6	HL	会理	6
HDD	会东大山	4	HS	黄水	7
HDF	会东发菇	7	YB	盐边	3
HD	会东小岔河	5			

（二）供试药剂

72%甲霜灵（天津盛之益科技有限公司）先以丙酮溶解，再用蒸馏水定容至浓度1 000 μg/mL的母液待用。

（三）培养基

燕麦培养基的制备参照郑小波的方法进行。用打孔器在燕麦培养基上对称地打上4个孔，并在各个药孔背面培养皿上标明要装入的药液浓度，用微量移液器在各个药孔移入，分多次注入相应浓度的药液400 μL，12 h后接种试验。

（四）敏感性测定

采取生长速率法，用打孔器在培养好的病菌菌落中随机取直径为5 mm的菌饼，分别接种到含甲霜灵0 μg/mL（CK）、5 μg/mL和100 μg/mL的的燕麦培养基上，重复3次，25℃下黑暗培养72 h后测定菌落生长直径（mm）。供试菌株对甲霜灵的敏感性划分依照Parra等和Fraser等的标准确定。

（五）抗性水平测定

根据1.4测定的结果，每个采集地菌株各个表现型随机选取2～5株菌株，将抗性菌株分别移到含甲霜灵浓度为0、10、50、100、250、500、1000 μg/mL的培养基上培养，敏感菌株分别移到含甲霜灵浓度为0、0.1、0.5、1、2.5、5、10 μg/mL的培养基上培养，中间菌株分别移到含甲霜灵浓度为0、1、5、10、25、50、100 μg/mL的培养基上培养，每浓度重复3次。接种后在25℃的培养箱中培养，72 h后测量菌落生长直径，计算菌丝抑制生长率。通过几率值表将菌丝生长抑制率换算成几率值（Y），药剂浓度换算成浓度对数（X），通过菌落生长抑制几率值和药剂浓度对数之间的线性回归关系，利用毒力公式$Y=a+bX$，计算抑制中浓度EC_{50}值。

菌丝抑制生长率（%）=（对照菌落直径−处理菌落直径）/（对照菌落直径−菌饼直径）×100

抗性倍数=参试菌株的EC_{50}值/本研究建立的敏感对照菌株的EC_{50}值

三、结果与分析

（一）烟草黑胫病菌对甲霜灵敏感性测定

实验结果表明（见表7-5），参试的89个烟草黑胫病菌菌株在不含甲霜灵的培养基上均生长良好，但在含甲霜灵5 μg/mL和100 μg/mL的培养基上，菌丝生长受到不同程度的抑制，表现出不同的敏感性。供试菌株中抗性菌株64株，中间菌株22株，敏感菌株3株，分别占供试菌株的71.91%，24.72%和3.37%。此外，不同采集地的菌株对甲霜灵抗药性严重程度不同，其中以HD、HDD产生抗药性情况最严重，RH相对最弱。

表7-5 菌株数及其敏感性表现

采集地	菌株数量/株	抗性（MS）		中间（MI）		敏感（MR）	
		数量/株	比例/%	数量/株	比例/%	数量/株	比例/%
HD	5	5	100.00	0	0.00	0	0.00
HDD	4	4	100.00	0	0.00	0	0.00
HDF	7	5	71.44	1	14.28	1	14.28
HDL	6	4	66.66	1	16.67	1	16.67
RH	4	0	0.00	3	75.00	1	25.00
MY	15	12	80.00	3	20.00	0	0.00
BT	8	5	62.50	3	37.50	0	0.00
DC	7	6	85.71	1	14.29	0	0.00
ML	8	7	87.50	1	12.50	0	0.00

续表

采集地	菌株数量/株	抗性（MS）		中间（MI）		敏感（MR）	
		数量/株	比例/%	数量/株	比例/%	数量/株	比例/%
XC	9	4	44.44	5	55.56	0	0.00
HL	6	5	83.33	1	16.67	0	0.00
HS	7	5	71.43	2	28.57	0	0.00
YB	3	2	66.67	1	33.33	0	0.00
总计	89	64	71.91	22	24.72	3	3.37

（二）烟草黑胫病菌对甲霜灵的抗性差异比较

1. 烟草黑胫病菌对甲霜灵的抗性水平

从每个采集地菌株各个表现型中随机选取2～5株菌株进行抗性测定，共选出57个菌株，其中抗性菌株36株，中间菌株18株，敏感菌株3株。敏感菌株抗性水平测定见表7-6，甲霜灵对3个敏感菌株的生长抑制EC_{50}为0.676 2～0.784 3 μg/mL，平均为0.718 4 μg/mL。其中HDL-2和HDF-4抗性倍数分别为1.03和1.16。

表7-6　敏感菌株的回归方程及抗性水平

菌株编号	回归方程	相关系数	EC50（μg/mL）	95%置信区间	抗性倍数
HDL-2	Y=4.373 7+0.623 3X	0.7869	0.694 9	0.564 5～0.825 3	1.03
HDF-4	Y=4.470 9+0.590 7X	0.8601*	0.784 3	0.619 9～0.877 0	1.16
RH-4	Y=4.363 2+0.545 9X	0.8779*	0.676 2	0.470 8～0.881 6	1.00

注 “*”表示0.05水平上的差异显著，“**”表示0.01水平的差异显著。

中间菌株抗性水平测定见表7-7，18个中间菌株的EC_{50}为1.232～1.947 8 μg/mL，平均为1.493 5 μg/mL。抗性水平最高的为RH-3菌株，其抗性倍数达到2.88。

表7-7　中间菌株的回归方程及抗性水平

菌株编号	回归方程	相关系数	EC50（μg/mL）	95%置信区间	抗性倍数
HDL-3	Y=4.208 1+0.741 7X	0.8700*	1.151 0	0.470 4～1.692 3	1.70

续表

菌株编号	回归方程	相关系数	EC50（μg/mL）	95%置信区间	抗性倍数
HDF-6	Y=3.854 8+0.761 1X	0.9885**	1.631 0	1.409 0 ~ 1.863 2	2.41
RH-1	Y=3.499 5+1.124 3X	0.8764*	1.465 4	0.662 4 ~ 2.174 6	2.17
RH-2	Y=3.284 8+0.982 4X	0.9962**	1.824 4	1.680 5 ~ 1.991 9	2.70
RH-3	Y=3.437 1+0.880 2X	0.9902**	1.947 8	1.615 8 ~ 2.052 5	2.88
MY-1	Y=3.801 2+0.920 9X	0.9057*	1.375 9	0.776 7 ~ 1.939 7	2.03
MY-6	Y=3.818 9+0.824 2X	0.8246*	1.569 1	0.560 6 ~ 2.586 2	2.32
BT-2	Y=3.728 0+0.963 3X	0.8397*	1.350 8	0.525 8 ~ 2.195 0	2.00
BT-5	Y=3.790 4+0.813 6X	0.9514**	1.553 6	1.062 2 ~ 2.126 7	2.30
BT-7	Y=3.564 2+0.919 8X	0.9760**	1.684 2	1.325 0 ~ 1.951 7	2.49
DC-6	Y=4.001 2+0.798 5X	0.8733*	1.293 4	0.609 8 ~ 1.999 5	1.91
ML-5	Y=3.021 5+1.414 7X	0.9687**	1.499 2	1.139 4 ~ 1.859 0	2.22
ML-13	Y=3.808 6+0.795 5X	0.9866**	1.637 0	1.370 5 ~ 1.728 8	2.42
XC-3	Y=3.810 8+0.912 2X	0.9237**	1.421 1	0.858 4 ~ 1.953 6	2.10
XC-4	Y=4.048 9+0.893 2X	0.8932*	1.232 0	0.611 1 ~ 1.770 2	1.82
XC-7	Y=3.785 8+0.934 2X	0.9731**	1.349 1	1.092 1 ~ 1.702 4	2.00
HS-13	Y=3.422 4+1.076 7X	0.9291**	1.541 4	0.950 7 ~ 2.079 4	2.28
YB-1	Y=4.008 2+0.783 9X	0.9485**	1.357 7	0.926 9 ~ 1.708 5	2.01

注“*”表示0.05水平上的差异显著，“**”表示0.01水平的差异显著。

抗性菌株抗性水平测定见表7-8，36个抗性菌株的EC_{50}为2.073 5 ~ 6.318 1 μg/mL，平均为3.900 4 μg/mL。其中XC-2抗性倍数最高，达到9.34倍。

表7-8 抗性菌株的回归方程及抗性水平

菌株编号	回归方程	相关系数	EC50（μg/mL）	95%置信区间	抗性倍数
HDL-1	Y=3.648 1+0.646 2X	0.9794**	2.106 5	1.737 6 ~ 2.545 0	3.12
HDL-5	Y=3.561 8+0.735 9X	0.9599**	2.073 5	1.537 5 ~ 2.524 8	3.07

续表

菌株编号	回归方程	相关系数	EC50（μg/mL）	95%置信区间	抗性倍数
HDL-7	Y=2.628 1+0.483 4X	0.8841**	5.161 6	2.265 9～8.206 1	7.63
HDF-1	Y=3.439 3+0.580 8X	0.9139**	2.770 5	1.567 9～3.862 6	4.10
HDF-3	Y=3.045 5+0.391 2X	0.9929**	5.451 4	4.466 1～6.121 1	8.06
HDF-5	Y=3.318 5+0.594 7X	0.9839**	2.906 9	2.546 9～3.495 9	4.30
HDD-1	Y=3.215 8+0.423 5X	0.9751**	4.550 1	3.523 9～5.609 9	6.73
HDD-2	Y=3.141 8+0.599 0X	0.9950**	3.127 1	3.072 8～3.739 8	4.62
HDD-4	Y=3.064 9+0.918 4X	0.9941**	2.193 5	1.956 9～2.425 8	3.24
HD-2	Y=3.316 9+0.549 3X	0.9901**	3.134 9	2.772 1～3.761 5	4.64
HD-3	Y=3.357 6+0.456 0X	0.8411*	3.893 7	1.411 1～6.392 0	5.76
HD-4	Y=3.089 3+0.424 6X	0.9540**	4.630 5	3.211 3～6.152 4	6.85
MY-3	Y=2.985 6+0.471 9X	0.9896**	4.665 7	3.983 2～5.348 2	6.90
MY-7	Y=3.146 2+0.426 1X	0.8194*	4.537 2	1.364 8～7.727 7	6.71
MY-8	Y=3.120 8+0.445 5X	0.8112*	4.627 1	1.274 1～7.798 3	6.84
BT-1	Y=2.236 2+0.489 2X	0.9954**	6.164 2	5.513 6～6.7357	9.12
BT-3	Y=2.900 5+0.569 4X	0.9090*	3.982 5	2.096 9～5.845 3	5.89
BT-4	Y=3.021 2+0.691 6X	0.9138*	2.993 0	1.787 6～4.320 2	4.43
BT-8	Y=3.066 0+0.369 2X	0.9493**	5.384 9	3.549 3～7.381 9	7.96
DC-2	Y=2.321 2+0.694 7X	0.9898**	4.172 1	3.374 4～4.497 3	6.17
DC-4	Y=2.919 8+0.664 7X	0.9554**	3.195 3	2.353 4～4.261 3	4.73
DC-7	Y=3.086 0+0.579 8X	0.9856**	3.311 3	2.810 8～3.866 7	4.90
ML-2	Y=3.083 8+0.666 4X	0.9351**	2.967 4	1.950 5～4.236 3	4.39
ML-4	Y=2.941 2+0.576 3X	0.9800**	3.636 5	3.104 7～4.361 2	5.38
ML-7	Y=2.187 3+0.582 0X	0.9948**	5.084 5	4.463 9～5.566 2	7.52
XC-1	Y=3.255 5+0.637 5X	0.9871**	2.788 3	2.355 1～3.458 6	4.12

续表

菌株编号	回归方程	相关系数	EC50（μg/mL）	95%置信区间	抗性倍数
XC-2	Y=3.129 3+0.317 1X	0.9499**	6.318 1	4.046 0～8.639 7	9.34
XC-9	Y=3.145 8+0.301 4X	0.8941*	6.279 7	3.009 7～9.369 6	9.29
HL-3	Y=3.196 8+0.630 2X	0.9737**	3.033 0	2.418 2～3.667 5	4.49
HL-6	Y=3.251 5+0.530 8X	0.9704**	3.340 5	2.527 7～4.251 7	4.94
HL-7	Y=3.158 9+0.475 6X	0.9431**	4.127 0	2.640 7～5.497 2	6.10
HS-1	Y=2.588 7+0.522 0X	0.9896**	4.943 5	3.987 1～5.645 8	7.31
HS-3	Y=2.331 3+0.734 8X	0.9859**	3.664 9	3.224 4～4.259 3	5.42
HS-4	Y=3.452 4+0.617 9X	0.8511*	2.537 1	1.083 6～4.306 8	3.75
YB-2	Y=3.246 3+0.593 6X	0.9329**	2.980 8	2.030 7～4.179 1	4.41
YB-6	Y=3.535 0+0.398 2X	0.8409*	3.682 5	1.335 2～6.620 1	5.45

注“*”表示0.05水平上的差异显著，“**”表示0.01水平的差异显著。

2. 不同地理来源的烟草黑胫病菌菌株对甲霜灵抗性的差异

表7-9 甲霜灵对不同地理来源烟草黑胫病菌菌株EC_{50}值的比较

菌株来源	菌株数	EC50范围（μg/mL）	相关系数	均值（μg/mL）	抗性倍数
HD	3	3.134 9～4.630 5	0.9284**	3.886 3aA	2.63
HDD	3	2.193 5～4.550 1	0.9880**	3.290 2bB	2.23
HDF	5	0.784 3～5.451 4	0.9478**	2.708 8bcB	1.83
HDL	5	0.694 9～5.161 6	0.8960*	2.237 5bcB	1.51
RH	4	0.676 2～1.947 8	0.9351**	1.478 4cB	1.00
MY	5	1.375 9～4.665 7	0.8701*	3.355 0bB	2.27
BT	7	1.350 8～6.164 2	0.9335**	3.301 8bB	2.23
DC	4	1.293 4～4.172 1	0.9510**	2.993 0bB	2.02
ML	5	1.499 2～5.084 5	0.9730**	2.964 9bcB	2.01

续表

菌株来源	菌株数	EC50范围（μg/mL）	相关系数	均值（μg/mL）	抗性倍数
XC	6	1.232 0～6.318 1	0.9368**	3.231 3bB	2.19
HL	3	3.033 0～4.127	0.9624**	3.500 1bB	2.37
HS	4	1.541 4～4.943 5	0.9389**	3.171 7bB	2.15
YB	3	1.357 7～3.682 5	0.9074*	2.673bcB	1.81

注“*”表示0.05水平上的差异显著，“**”表示0.01水平的差异显著。

表中同一列数据后标相同小写（大写）字母表示经Duncan，s新复极差测验，在0.05（0.01）水平上差异显著性结果（见表7-9）表明，EC_{50}均值，参检的13个菌株系列之间无显著性差异，最高（HD，3.886 3 μg/mL）与最低（RH，1.478 4 μg/mL）相差1.63倍，说明不同地理来源的烟草黑胫病菌对甲霜灵抗性的差异不明显。

3. 不同地理来源菌株对甲霜灵抗性水平的系统聚类分析

用DPS3.0软件对供试菌株EC_{50}值实施规格化转换，采用卡方距离相似尺度并以离差平方和进行聚类分析，结果（见图7-3）表明：57个菌株在距离0.71处可分为3个类群，第一类群包括17个菌株（XC-2、XC-9、BT-1、HDF-3、BT-8、HD-4、HDL-7、ML-7、HS-1、MY-3、HDD-1、MY-8、BT-3、MY-7、DC-2、HD-3、HL-7）；第二类群包括17个菌株（YB-6、HS-3、ML-4、YB-2、HL-6、DC-7、DC-4、HD-2、HDD-2、HL-3、BT-4、ML-2、HDF-5、XC-1、HDF-1、HS-4、HDD-4）；第三类群包括23个菌株（HDL-1、HDL-5、RH-3、BT-7、ML-13、MY-6、HDF-6、HS-13、RH-2、BT-5、XC-3、RH-1、ML-5、MY-1、YB-1、BT-2、XC-7、DC-6、XC-4、HDL-3、HDF-4、HDL-2、RH-4）。各类群均包括不同来源的菌株，其中来源于XC的6个菌株、来源于BT系的7个菌株、来源于ML的5个菌株、来源于HS的4个菌株、来源于DC的4个菌株均在3个类群中出现，而其他来源的菌株都出现在2个聚类组中，RH系列内菌株抗性的变化幅度小，XC和BT系列内菌株抗性的变化幅度大。

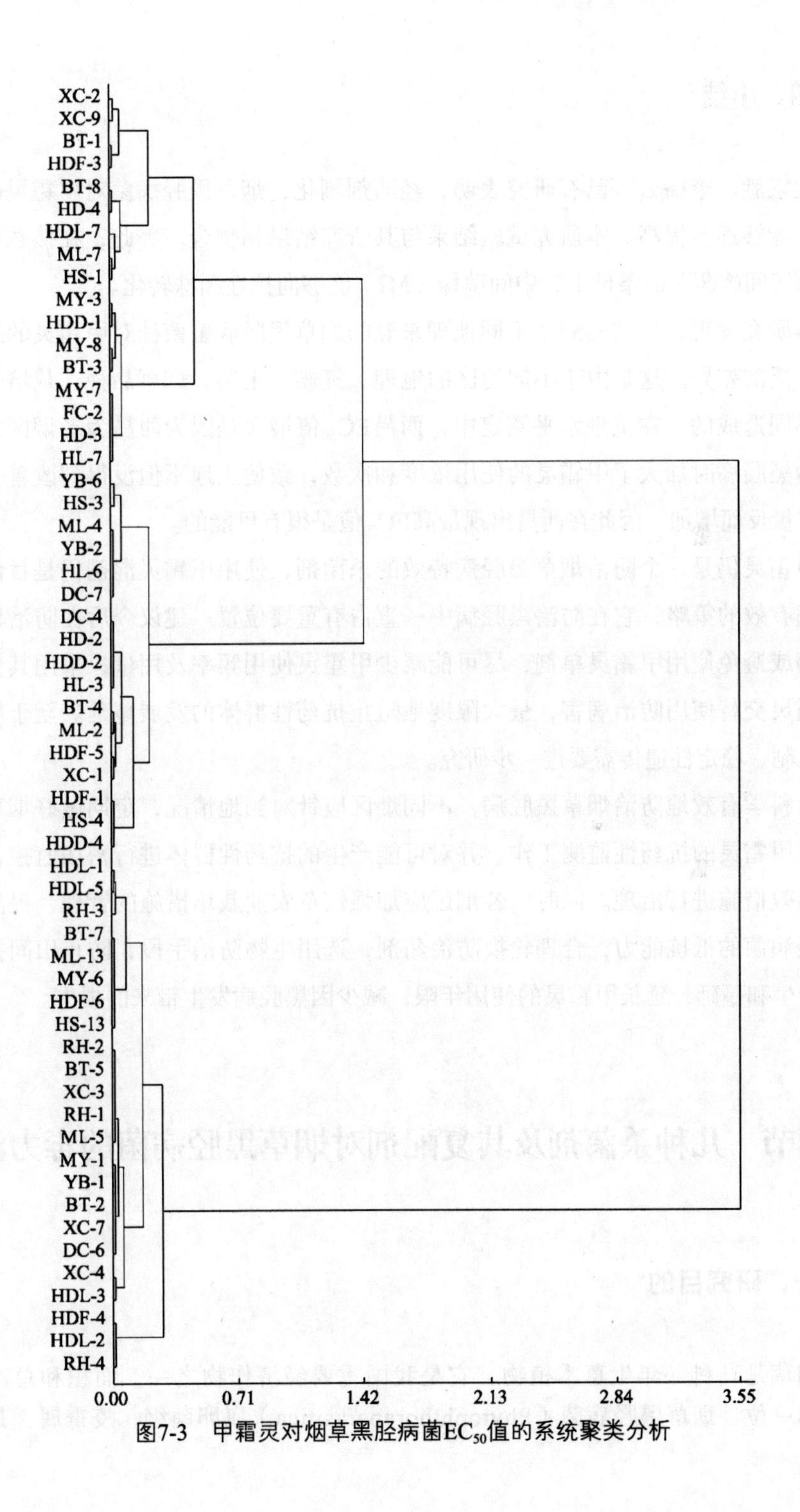

图7-3 甲霜灵对烟草黑胫病菌EC_{50}值的系统聚类分析

四、小结

袁宗胜、李梅云等已有研究表明，经药剂驯化，烟草黑胫病菌对甲霜灵的抗药性水平能够逐步提高。本研究试验结果与其研究结果相吻合。因此，在接触甲霜灵（例如田间施药）的条件下，中间菌株（MI）能够向抗性菌株转化。

本研究发现，参试的57个不同地理来源的烟草黑胫病菌菌株对甲霜灵的抗性存在着广泛的差异。这是由于不同地区的地理、气候、土壤、烟草品种、栽培管理水平的不同造成的。在抗性水平测定中，西昌EC_{50}值最大是因为西昌为老烟区，烟农在防治黑胫病时加大了甲霜灵的使用浓度和次数，致使土地不但没得到改善，其药剂残留量反而增加，因此在西昌出现最高EC_{50}值是很有可能的。

甲霜灵仍是一个防治烟草黑胫病特效的杀菌剂，使用甲霜灵混剂仍是目前防治黑胫病有效的策略，它在防治黑胫病中一直占有重要位置。建议今后在防治黑胫病中暂停或避免使用甲霜灵单剂，尽可能减少甲霜灵使用频率及用量，采用其他药剂与甲霜灵交替使用防治病害，最大限度地阻止抗药性群体的发展蔓延。至于甲霜灵抗性机制、稳定性遗传需要进一步研究。

为科学有效地防治烟草黑胫病，不同烟区应针对当地情况，定期做好烟草黑胫病菌对甲霜灵的抗药性监测工作，并对可能产生的抗药性群体进行密切监控，适时采取有效措施进行治理。同时，各烟区应加强烟草农业栽培措施的管理，提高烟株对黑胫病菌的抵抗能力，合理轮换防治药剂，选用生物防治手段，防止田间抗性群体的产生和蔓延，延长甲霜灵的使用年限，减少因黑胫病发生带来的损失。

第四节　几种杀菌剂及其复配剂对烟草黑胫病菌的毒力测定

一、研究目的

烟草是茄科一年生草本植物，它是我国重要经济作物之一，面积和总产量居世界第一位。烟草黑胫病菌（Phytophthoraparasitica）属卵菌纲、疫霉属，是世界烟草生产中危害严重的病害，在我国除东北烟区发生较轻外，绝大多数省区已经把他作为烟草生产的主要病害尤其是黄淮烟区的河南、山东、安徽、湖北、陕西；在云南、贵州、四川、湖南、广东、广西和福建等南方烟区发生亦相当普遍，并多与烟草青枯病混合发生。据不完全统计，我国烟草黑胫病平均每年发病面积高达约$7.6\times10^4\,hm^2$，产量损失约$2.87\times10^4\,t$，产值损失超过1.23亿元人民币，是仅次于病毒病的烟草第二大病害。

我国部分烟区连作年限的增加和防治药剂的单一使用，烟草黑胫病菌的抗药性也随之产生。袁宗胜等、Show、马国胜等研究表明，黑胫病菌群已对以甲霜灵为代表的苯基酰胺类杀菌剂产生明显抗性，急需选择出合适的取代或轮换药剂。敌克松对烟草的多种病害都有较好的防效，在对烟草黑胫病的防治上也有应用；银法利是德国拜耳作物科学公司研制的具最新作物机理的卵菌纲病害杀菌剂，既具有保护作用又具有治疗作用，且银法利具很强的内吸性，尤其是在连续降雨，多数杀菌剂难以使用或使用效果欠佳的情况下，银法利以其见效快和耐雨水冲刷的特点赢得许多农民的喜爱；烯酰吗啉是由美国氰胺公司研制的一种肉桂酸衍生物，是防治疫霉属病害的高效内吸性杀菌剂，具有保护、治疗和抗孢子产生的作用，烯酰吗啉在国外已普遍应用于防治烟草黑胫病，但我国目前在这方面尚未推广。因此本实验在攀西地区特定条件下，对敌克松、银发利、烯酰吗啉进行毒力测定以期筛选出对烟草黑胫病菌具有较高毒力的杀菌剂，并选取毒立较强的再进行复配，以期找出最佳使用药剂，以便有效地防治烟草黑胫病。

二、试验设计与方法

（一）供试药剂

供试药剂见（见表7-10）。

表7-10 3种供试药剂信息

药剂规格	药剂名称	产地	登记证号
68.75%悬浮剂SC	银法利（氟吡菌胺霜霉威盐酸盐）	德国拜耳作物科学公司	LS20082528
30%可湿性粉剂WP	烯酰吗啉	山东京博农化有限公司	PD20093438
80%可湿性粉剂WP	敌克松	山东百威农药有限公司	LS20061376

（二）供试菌种

烟草黑胫病菌菌株，采自西昌学院农场发病严重的黑胫病株，分离纯培养后4℃保存备用。

（三）方法

1.试验设计

采用生长速率法。为了摸索上述各药剂对供试菌株的作用浓度，在正式试验开始前进行了预备试验。预备试验设置5个预设处理浓度，分别为1、50、250、1 000、5 000 mg/L，并设置空白对照，各浓度设置3次重复。正式试验根据预备试验的结果，烯酰吗啉、敌克松、银发利均设置5个处理浓度，分别为5、10、50、100、500 mg/L，每个处理均设3次重复，以不加任何药剂的处理作为对照，试验重复3次。

2. 培养基的制作

选用燕麦培养基，参照郑晓波的方法。

3. 含药平板的配制

采用系列稀释法配制比处理浓度大10倍的系列工作浓度药剂（50、100、500、1 000、5 000 mg/L）分别取上述药液2 mL加入培养皿中，每个浓度设置3个重复，迅速晃动培养皿使药液与培养基充分混匀，置超净工作台面上冷却凝固，即得到相应处理浓度（5、10、50、100、500 mg/L）的含药平板；以加入无菌水的燕麦培养基做对照。

4. 各单剂对烟草黑胫病的毒力测定

取出在28℃恒温培养箱中培养5 d的黑胫病菌菌落，用打孔器（直径为5 mm）打取菌饼，倒置于培养基中每皿1个，并放置于28℃的恒温培养箱中培养，3 d后取出，采用十字交叉法测量并记录每个培养皿内菌落直径，求出平均值，计算不同浓度药液处理的相对抑菌率以及有效抑制中浓度EC_{50}值。

菌落直径（cm）=测得菌落直径–菌饼直径（0.5）

相对抑菌率（%）=（对照菌落直径–处理菌落直径）/对照菌落直径×100

5. 杀菌剂复配及增效计算

选取抑菌效果最好的烯酰吗啉与银发利进行复配，将烯酰吗啉和银发利按D（1∶1）、E（1∶3）、F（3∶1）的体积比混合，复配剂D、E、F浓度梯度都为5、

10、50、100、500mg/L，其余处理方法同单剂相同，得出各复配剂的相对抑菌率及有效抑制终浓度EC_{50}值。以烯酰吗啉为标准计算各药剂的毒力指数（TI），并根据EC_{50}值计算复配剂的实际毒力指数（ATI）、理论毒力指数（TTI）、共毒系数（CTC）。

$$复配剂的实际毒力指数（ATI）=\frac{单剂EC_{50}}{复配剂EC_{50}}\times 100$$

复配剂的理论毒力指数（TTI）=A毒力指数×A在复配剂中的含量（%）+B毒力指数×B在复配剂中的含量（%）

$$复配剂的共毒系数（CTC）=\frac{复配剂的实际毒力指数（ATI）}{复配剂的理论毒力指数（TTI）}\times 100$$

若共毒系数（CTC）>170，为明显增效（CTC）>120，为略有增效；120>CTC>80，为相加作用；80>CTC，为拮抗作用。

三、结果与分析

（一）杀菌剂对烟草黑胫病菌的抑制作用

表7-11 药剂对烟草黑胫病病原菌生长的抑制作用

药剂名称	浓度/（mg/L）	浓度对数	菌落直径/cm	抑菌率/%	机率值
对照CK	—	—	5.50	—	—
敌克松	5	0.699 0	4.97	9.72	3.701 2
	10	1.000 0	4.20	23.85	4.290 5
	50	1.699 0	3.83	30.64	4.492 8
	100	2.000 0	3.13	43.49	4.836 3
	500	2.699 0	1.93	65.50	5.398 9
银发利	5	0.699 0	4.43	19.63	4.144 0
	10	1.000 0	3.70	33.03	4.560 1
	50	1.699 0	3.10	44.04	4.849 0
	100	2.000 0	2.97	46.42	4.909 6
	500	2.699 0	2.03	63.67	5.350 5

续表

药剂名称	浓度/（mg/L）	浓度对数	菌落直径/cm	抑菌率/%	机率值
对照CK	—	—	5.50	—	—
烯酰吗啉	5	0.699 0	4.80	12.84	3.864 1
	10	1.000 0	4.17	24.40	4.306 5
	50	1.699 0	3.10	44.37	4.859 2
	100	2.000 0	2.53	54.50	5.113 0
	500	2.699 0	1.13	80.18	5.848 8
D	5	0.699 0	3.17	42.75	4.818 5
	10	1.000 0	2.33	58.17	4.207 0
	50	1.699 0	1.60	71.56	5.571 0
	100	2.000 0	0.93	83.85	5.990 4
	500	2.699 0	0.37	94.13	6.563 2
E	5	0.699 0	4.27	22.57	4.247 9
	10	1.000 0	3.57	35.41	4.625 5
	50	1.699 0	2.93	47.16	4.929 8
	100	2.000 0	1.90	66.06	5.415 2
	500	2.699 0	1.23	78.35	5.785 8
F	5	0.699 0	4.5	18.35	4.099 8
	10	1.000 0	4.03	26.97	4.387 2
	50	1.699 0	3.77	31.74	4.523 9
	100	2.000 0	2.97	46.42	4.909 6
	500	2.699 0	1.07	81.28	5.889 0

由表7-11可知：供试三种杀菌剂对烟草黑胫病病原菌的生长都有一定的抑制作用，但是作用效果有差异。当浓度为50mg/L时，单剂银发利和烯酰吗啉的抑菌毒力较好，分别为44.04%、44.37%，敌克松的抑菌率仅为30.64%；而混剂中D的抑菌率最好为71.56%，其次E为41.76%，再次是F为31.74%。当浓度为500mg/L时，单剂中烯酰吗啉的抑菌率最高为80.18%，而敌克松、银发利分别为65.50%、63.67%；复配剂中D最高为94.13%，E、F分别78.35%、81.28%（见表7-12）。

表7-12 杀菌剂对烟草黑胫病菌的毒力测定

药剂名称	回归方程	相关系数	EC_{50}	相对毒力指数
敌克松	Y=3.296 2+0.770 5X	0.974 2	162.67	41.70
银发利	Y=3.877 6+0.546 5X	0.976 3	113.19	59.93
烯酰吗啉	Y=3.257 9+0.951 2X	0.996 6	67.84	100.00
D	Y=3.670 3+1.086 7X	0.928 7	16.73	405.50
E	Y=3.777 1+0.755 6X	0.984 5	41.53	163.35
F	Y=3.429 8+0.822 6X	0.946 1	81.06	83.69

由表7-12可知：供试杀菌剂毒力回归方程的相关系数都在0.92以上，说明药剂浓度与抑制效果呈显著的正相关关系。在供试单剂中烯酰吗啉对烟草黑胫病的抑制效果最好，EC_{50}为67.84mg/L；其次是银发利，EC_{50}为113.19mg/L；再次是敌克松，EC_{50}为162.67mg/L。银发利和烯酰吗啉的复配药剂D、E的EC_{50}都小于各单剂的EC_{50}，其中复配剂D（1：1）抑制效果最好，EC_{50}为16.73 mg/L，毒力指数高达405.50；复配剂F的EC_{50}为81.06mg/L，毒力指数为83.69，毒力低于烯酰吗啉。

（二）复配药剂效果评价

烯酰吗啉和银发利的复配剂D抑制效果最好，共毒系数大于170，为252.74，表现出明显的增效作用；复配剂E的共毒系数在120～170之间，为124.06，表现为略有增效作用；复配剂F的共毒系数在80～120之间，为91.12，表现为相加作用。烯酰吗啉和银发利的复配剂D、E的抑菌效果较好，都优于各单剂；复配剂F的抑菌效果没有单剂烯酰吗啉好（见表7-13）。

表7-13 复配药剂的共毒系数

复配药剂	实测毒力指数	理论毒力指数	共毒系数	作用效果
D	405.50	160.44	252.74	明显增效
E	163.35	131.66	124.06	略有增效
F	83.69	91.85	91.12	相加作用

四、结论

本试验室内毒力测定结果表明：3种供试单剂对烟草黑胫病防治效果有差异，可能与其作用机理不同有关，其中烯酰吗啉和银发利的抑制效果较好，EC_{50}分别为67.84 mg/L、113.19 mg/L，这表明烯酰吗啉可以作为甲霜灵的替代药剂开发应用，但是为了避免病原菌抗药性，银发利也可以作为轮换药剂。选择效果最好的烯酰吗啉和银发利进行复配，按1∶1、1∶3、3∶1比例混合都表现出相加或增效作用，其中按1∶1混合增效作用最明显。因此为了提高病害的防治效果，减少对环境的污染，可以使用烯酰吗啉和银发利按1∶1比例混合的复配剂。

在我国预防烟草黑胫病以化学防治为主，其中甲霜灵使用最为广泛，但由于甲霜灵对病原菌的作用位点单一，病菌容易对其产生抗药性。已有研究表明，连续使用甲霜灵后，可导致烟草黑胫病菌抗性水平不断上升。因此，研究开发新型高效复配剂，对于克服病菌抗药性、有效地控制烟草黑胫病的危害，保障烟草稳产高产，具有十分重要的应用意义。烯酰吗啉和银发利混合使用不仅可以提高杀菌效果，而且有利于延缓烟草黑胫病抗药性的产生。在室外防治时由于药剂的施用时期，施用方式，气候环境条件以及烟草自身的耐药性等因素会影响药剂的使用和药效的发挥，因此室内试验的结果还有待于室外试验进一步验证。

第五节　甲霜灵与其他杀菌剂复配对烟草黑胫病菌联合毒力测定

一、研究目的

烟草黑胫病（Phytophthoraparasiticavar.nicotianae）是世界烟草生产中危害严重的病害，目前防治烟草黑胫病仍以化学防治为主。甲霜灵是防治烟草黑胫病的主要有效药剂之一，但由于甲霜灵对病原菌的作用位点单一，病菌容易对其产生抗药性。已有研究表明，连续使用甲霜灵后，可导致烟草黑胫病菌抗性水平不断上升。

因此，研究开发新型高效复配剂，对于克服病菌抗药性、有效地控制烟草黑胫病的危害，保障烟草稳产高产，具有十分重要应用意义。通过对甲霜灵、霜霉威、代森锰森、三唑酮、多菌灵、氰霜唑、烯酰码啉、丙森锌和飞矾及其复配剂对烟草黑胫病菌的单剂抑菌力、联合抑菌力进行系统的测定，旨在明确不同配比的复配剂对烟草黑胫病菌有无增效作用，从而筛选出最佳配比，为烟草黑胫病新型复配剂的研制开发提供试验依据。

二、试验设计与方法

（一）材料

1. 供试药剂

表7-14 供试药剂信息

药剂规格	药剂名称	生产地址	登记证号
60%可湿性粉剂	多菌灵	天津市农药研究所	LS981140
80%可湿性粉剂	代森猛锌	天津人农药业有限责任公司	LS20021710
80%可湿性粉剂	烯酰吗啉	深圳诺普信农化股份有限公司	LS20080344
72%可湿性粉剂	甲霜灵-锰锌	北京新科技农化有限公司	LS98652
72.2%水剂	霜霉威盐酸盐	深圳诺普信农化股份有限公司	LS20011083
70%可湿性粉剂	丙森锌	深圳诺普信农化股份有限公司	LS20041235
64%可湿性粉剂	飞矾	北京燕化永乐农药有限公司	LS20060094
10%悬浮剂	氰霜唑	如东众意化工有限公司	PD20050191
95%可湿性粉剂	三唑酮	天津市佳德化工有限公司	—

2. 供试菌种

烟草黑胫病菌，采自西昌会理烟田发病严重的黑胫病株，分离纯培养后4℃保存备用。

3. 燕麦培养基的配制

参照郑小波的方法进行。

（二）方法

1. 各单剂对烟草黑胫病菌毒力测定

采取生长速率法，将供试的九种药剂配制成终浓度为0 μg/mL、1 μg/mL、5 μg/mL、10 μg/mL、50 μg/mL、100 μg/mL、500 μg/mL、1 000 μg/mL的药液，取2mL药液加入已倒有18mL灭菌燕麦培养基中，混匀，冷却至45℃左右，凝固后制成含菌平板备用。用直径为5mm的打孔器打取菌饼，每皿放一个菌饼，每处理3次重复，28℃恒温箱中培养3 d，测量菌落直径，计算不同浓度的抑菌率及各药剂的有效抑制中浓度EC_{50}。选取抑制中浓度最低的三种药剂与甲霜灵进行复配。

2. 甲霜灵与三种药剂混配比例的确定

按甲霜灵与三种药剂EC_{50}量的比例设置100：0、90：10、80：20、70：30、60：40、50：50、40：60、30：70、20：80、10：90、0：100共11个配比，测定各混配比例的抑菌率，计算实际抑菌率和理论抑菌率。若毒性比率（实际抑菌率/理论抑菌率）>1，为增效作用；毒性比率<1，为拮抗作用；毒性比率为1左右，则为相加作用，在此基础上确定增效配比。

3. 数据处理与统计方法

根据各处理3 d的平均菌落直径，分别建立以浓度的自然对数为自变量X，抑制概率值为因变量Y的回归方程（毒力回归方程），计算各配比的抑制中浓度（EC_{50}）。利用Y.P.Sun和E.R.Johnson方法计算复配剂的共毒系数。根据共毒系数大小评价复配剂的增效作用，并确定最佳配比。

实验数据以DPS数据处理工作台进行统计分析。实验数据处理过程中涉及的公式如下：

抑制率=（对照菌落直径平均数-处理菌落直径平均数）/（对照菌落直径平均数-菌碟直径）×100%。

混剂的共毒系数（CTC）=混剂的实际毒力指数ATI/混剂的理论毒力指数TTI；增效作用判断：CTC>120时为增效作用；CTC<80时为拮抗作用；80≤CTC≤120时为相加作用。

三、结果与分析

（一）各单剂对烟草黑胫病菌毒力测定

以药剂浓度对数为横坐标，抑菌率换算得到的几率值为纵坐标，绘制各药剂的毒力曲线并得到其回归方程（见表7-15），根据方程计算各药剂的有效抑制中浓度，多菌灵、代森锰森、甲霜灵、氰霜唑、烯酰吗啉、三唑酮、丙森锌、飞矾、霜霉威分别为2.357 9、2.639 8、2.130 5、6.278 8、2.778 8、3.693 9、5.039 3、3.857 8、3.237 1，选取对烟草黑胫病作用效果最明显也是有效抑至中浓度最低的三种药剂（烯酰码啉、多菌灵、代森锰锌）与甲霜灵进行复配。

表7-15　不同杀菌剂对烟草黑胫病菌的毒力测定

药剂名称	回归方程	相关系数	EC_{50}（μg/mL）
多菌灵	Y=3.572 6+0.605 4X	0.969 4	2.357 9
代森锰森	Y=3.642 2+0.558 1X	0.957 6	2.639 8
甲霜灵	Y=3.089 3+0.424 6X	0.954	2.130 5
氰霜唑	Y=4.062 8+0.155 2X	0.932	6.278 8
烯酰吗啉	Y=2.902 8+0.793 2X	0.975 1	2.778 8
三唑酮	Y=3.663 5+0.368 0X	0.981 0	3.693 9
丙森锌	Y=3.801 8+0.242 3X	0.953 9	5.039 3
飞矾	Y=3.060 3+0.514 4X	0.960 9	3.857 8
霜霉威	Y=3.403 5+0.541 5X	0.958 1	3.237 1

（二）甲霜灵与稀酰码啉、多菌灵、代森锰锌混配比例测定

以甲霜灵与烯酰码啉、多菌灵、代森锰锌的抑制中浓度为基础设置不同的混配比例，用实际抑菌率除以理论抑菌率得出甲霜灵与三种药剂不同比例混剂的毒性比率，从表7-16、表7-17、表7-18可看出，甲霜灵与烯酰码啉混配比例为60：40、50：50、40：60、30：70和20：80时的毒性比率大于1，分别为1.40、1.66、1.80、1.17、1.25；甲霜灵、多菌灵混配比例为90：10、40：60、30：70和20：80时的毒性比率大于1，

分别为1.15、1.45、1.95、1.84；甲霜灵、代森锰锌比例为90：10、50：50、40：60、30：70、20：80和10：90时的毒性比率大于1，分别为1.15、1.56、1.39、1.73、1.81、1.76。本着减少甲霜灵用量的原则，选取药剂混配比例下毒性比率最大的一组进一步进行共毒系数的测定以验证其增效作用。甲霜灵与烯酰吗啉40：60、甲霜灵与多菌灵30：70、甲霜灵与代森锰锌20：80。

表7-16　甲霜灵、烯酰吗啉混配比例测定

甲霜灵、烯酰吗啉EC_{50}剂量/%		实际抑菌率/%	理论抑菌率/%	毒性比率
100	0	28.99	28.99	1
90	10	9.25	27.47	0.34
80	20	19.34	25.95	0.75
70	30	23.24	24.44	0.95
60	40	31.98	22.92	1.4
50	50	35.62	21.41	1.66
40	60	35.71	19.89	1.8
30	70	21.54	18.37	1.17
20	80	21.12	16.86	1.25
10	90	13.91	15.34	0.91
0	100	13.82	13.82	1

表7-17　甲霜灵、多菌灵混配比例测定

甲霜灵、多菌灵EC_{50}剂量/%		实际抑菌率/%	理论抑菌率/%	毒性比率
100	0	28.99	28.99	1
90	10	32.06	27.81	1.15
80	20	5.43	26.64	0.2
70	30	14.59	25.46	0.57
60	40	10.52	24.28	0.43
50	50	23.16	23.11	1

续表

甲霜灵、多菌灵EC_{50}剂量/%		实际抑菌率/%	理论抑菌率/%	毒性比率
40	60	31.72	21.93	1.45
30	70	40.54	20.76	1.95
20	80	35.96	19.58	1.84
10	90	17.13	18.4	0.93
0	100	17.23	17.23	1

表7-18 甲霜灵、代森锰锌混配比例测定

甲霜灵、代森锰锌EC_{50}剂量/%		实际抑菌率/%	理论抑菌率/%	毒性比率
100	0	28.99	28.99	1
90	10	32.06	27.82	1.15
80	20	4.88	26.65	0.18
70	30	14.5	25.49	0.57
60	40	23.41	24.32	0.96
50	50	36.05	23.15	1.56
40	60	30.45	21.98	1.39
30	70	35.96	20.82	1.73
20	80	35.62	19.65	1.81
10	90	32.61	18.48	1.76
0	100	17.32	17.32	1

（三）最佳配比共毒系数测定

由表7-19可知，根据供试单剂和混剂的抑制中浓度计算共毒系数得出，甲霜灵与烯酰吗啉按EC_{50}剂量40∶60混配共毒系数为138.8，大于120，表现增效作用；甲霜灵与多菌灵按EC_{50}剂量30∶70混配共毒系数为124.25，大于120，表现增效作用；甲霜灵与代森锰锌按EC_{50}剂量20∶80混配共毒系数为115.00，80<CTC<120，表现相加作用。

表7-19　甲霜灵与三种药剂最佳混配的共毒系数测定

处理	回归方程	EC50（μg/mL）	相关系数	CTC
甲霜灵	Y=3.456 3X+3.465 3	3.453 6	0.966 7	
烯酰吗啉	Y=1.678 9X+4.356 4	1.345 6	0.934 5	138.80
EC_{50}剂量40：60	Y=1.939 9X+1.192 9	0.917 3	0.965 6	
甲霜灵	Y=3.433 5X+4.359 7	1.536 3	0.993 6	
多菌灵	Y=1.459 6X+4.231 7	3.360 3	0.956 5	124.25
EC_{50}剂量30：70	Y=1.317 0X+4.552 8	2.185 5	0.987 8	
甲霜灵	Y=1.328 4X+9.307 1	0.039 1	0.925 6	
代森锰锌	Y=0.881 2X+2.918 2	10.618 2	0.956 4	115.00
EC_{50}剂量20：80	Y=0.566 7X+6.638 2	0.055 5	0.955 6	

四、结论

在实验室条件下，分别测定了甲霜灵、霜霉威、代森锰森、三唑酮、多菌灵、氰霜唑、烯酰码啉、丙森锌和飞矾及其复配剂对烟草黑胫病菌的单剂抑菌力、联合抑菌力。结果表明，烯酰吗啉、多菌灵、代森锰锌的有效抑制中浓度最低，分别为2.778 8、2.357 9、2.639 8。甲霜灵与烯酰码啉、多菌灵、代森锰锌三种药剂进行复配表明，甲霜灵和烯酰码啉按40：60配比有显著增效作用；甲霜灵和多菌灵按30：70配比有显著增效作用；甲霜灵和代森锰锌按20 : 80配比有相加作用。

我国烟草黑胫病防治主要依靠甲霜灵，因长期使用导致病原菌对其产生抗药性，防治效果已明显下降，所以研究甲霜灵与各种药剂的复配对延缓和避免病菌抗药性具有重要意义。本实验选取甲霜灵与烯酰码啉、多菌灵、代森锰锌三种药剂进行复配获得了较为理想的混合配比，不仅丰富了防治烟草黑胫病的药剂品种，也为产品的商品化开发提供了科学依据。因此针对我国长期推广、单一使用甲霜灵防治烟草黑胫病的实际情况，应首选烯酰吗啉，其次是多菌灵和代森锰锌与甲霜灵轮换交替制成混剂使用，以延缓烟草黑胫病对甲霜灵抗性的发生，延长甲霜灵的使用寿命。关于甲霜灵与烯酰码啉、多菌灵、代森锰锌三种药剂进行复配对烟草黑胫病的田间防治效果有待进一步实验研究。

第六节 短期连作对植烟土壤根际微生物群落多样性与代谢的影响

一、研究目的

为进一步明确烟草连作障碍发生机理，探索烟草连作障碍、根际微生物结构和根际代谢物之间的关系，本研究选择短期连作与未连作植烟根际土壤作为实验材料，基于微生物多样性和代谢组数据分析，发现短期连作对于根际细菌菌群结构和多样性影响不显著，但根际真菌菌群多样性显著降低。LEfSe分析结果表明镰刀菌属（Fusarium）真菌为短期连作根际土壤中具有显著差异的标志物。利用OPLS-DA模型及数据库检索，本研究发现有机氮化合物、鞘脂类、萜类、类固醇及类固醇衍生物为短期连作与未连作植烟根际土壤间的显著差异代谢物。其中，短期连作根际土壤中显著富集游离氨基酸和小檗碱、茄定碱、酒糟碱等生物碱，表明短期连作中已经产生明确的真菌感染和自毒效应。本研究进一步解析了根际微生物和根际差异代谢物的相互关系，为解决烟草连作障碍问题提供理论基础。

二、试验设计与方法

（一）样品收集

本实验采样地点位于四川省凉山州西昌市马坪坝西昌学院校内实验田。在同一生态区域内，分别选择烟草连作1年土壤和未连作土壤（前茬作物为玉米），划分小区随机分布种植两个烟草品种红花大金元和云烟87，待烟苗进入团棵期进行根际土壤取样。为保证结果的准确性，3株烟苗为一个重复，每个处理设置6个重复，共收集24个根际土壤样品。

根际微生物样品制备采用震荡法，准备含40 mL无菌PBS缓冲液的无菌离心管2～3个，将收集到的烟苗用力抖落泥土后，将根剪下放入离心管中，用力震荡2～3 min，静置5～10 min，待土粒自然沉降后，取出根系放入另一离心管并重复此步骤1～2次。收集含沉降土粒的洗涤液，12 000 r/min离心10 min，留取10 mL上清液后涡旋30 s，分装至2 mL或更大体积的EP管或冻存管中，用于根际微生物DNA制备。同时，取团棵期烟苗，3株为一个重复，每个处理设置3个重复，收集12个样品后，按上述方法制备实验样品，进行根际土壤代谢物检测。

（二）主要试剂与仪器

试剂：建库DNA提取试剂盒购置于美国MOBIO公司的Power Soil DN AIsolation Kit试剂盒，用于代谢组分析所需试剂有LC-MS级甲醇，LC-MS级乙腈，Merck公司；大于等于98%L-2-氯苯丙氨酸，上海阿拉丁；LC-MS级甲酸，TCI公司。

仪器：用于微生物多样性测序所需仪器有PCR仪，Bio-Rad公司；离心机，Eppendorf公司；超微量分光光度计Nanodrop 2000，高通量测序仪Illumina MiSeq 2500。用于代谢组分析所需仪器有超高效液相色谱Waters UPLC Acquiy I-Class Plus；高分辨质谱Waters UPLC Xevo G2-XS QTof；色谱柱Acquity UPLC HSS T3 1.8um 2.1×100 mm，Waters。

（三）样品16SrRNA和ITS基因组测序

样品基于Illumina MiSeq测序平台进行细菌和真菌高通量测序。利用DNA提取试剂盒对样品中微生物的基因组DNA进行抽提，使用Precellys缓冲液将样品在7 200 r/min下均质化30 s2次，并按试剂盒说明书要求提取总DNA。使用超微量分光光度计（Nanodrop 2000）检测DNA浓度≥20mg/mL，OD260/280为1.8～2.0，OD260/230为1.8～2.0即为合格。提取的总DNA在1%琼脂糖凝胶电泳下检查完整性，随后稀释至3.5mg/μL并保存于-20℃条件下用于后续PCR扩增。使用引物338F（5'-ACTCCTACGGGAGGCAGCA-3'）和806R（5'-GGACTACHVGGGTWTCTAAT-3'）扩增细菌16S rRNA基因的V3-V4区域，使用引物ITS1（5'TCCGTAGGTGAACCTGCGG-3'）和ITS4（5'-TCCTCCGCTTATTGATATGC-3'）扩增真菌ITS区域，并采用Illumina MiSeq2×300测序平台对PCR扩增产物进行双端测序。测序部分委托北京百迈客生物科技有限公司完成。

（四）样品代谢物检测

采集的样本经提取离心后，并将每个样本各取10 μL制成混合QC样本，随即将所有样本上机检测。正离子模式扫描下流动相A为0.1%甲酸水溶液，B为0.1%甲酸乙腈；负离子模式扫描下流动相A为0.1%甲酸水溶液，B为0.1%甲酸乙腈，进样体积为1 μ L，梯度洗脱条件见表7-20。

表7-20 流动相梯度洗脱条件

时间（）	流速（μ）	流动相	流动相
0.0	400	98	2
0.25	400	98	2
10.0	400	2	98
13.0	400	2	98
13.1	400	98	2
15.0	400	98	2

（五）数据处理与统计分析

对测序原始数据进行质控，首先进行质量过滤，即使用Trimmomatic v0.33软件，对测序得到的Raw Reads进行过滤；然后使用cutadapt 1.9.1软件进行引物序列的识别与去除，得到不包含引物序列Clean Reads。使用Usearch v10软件进行双端序列拼接，通过overlap对每个样品的Clean Reads进行拼接，然后根据不同区域的长度范围对拼接后数据进行长度过滤；随即使用UCHIME v4.2软件，鉴定并去除嵌合体序列，得到最终有效数据Effective Reads。基于有效数据进行OTUs（operational taxonomic units）物种分类分析，并通过物种注释，得到每个样品的OTUs分类的基本分析结果。最后，对OTUs进行丰富度、多样性指数分析、Alpha多样性指数统计。

对下机的代谢组数据，使用MassLynx V4.2将采集的原始数据通过Progenesis QI软件做峰提取、峰对齐等数据处理操作，基于Progenesis QI软件在线METLIN数据库进行鉴定，同时进行理论碎片识别，质量数偏差均在100 ppm以内。最后以两组间的差异倍数（fold change，FC≥2）筛选获得差异代谢物。

三、结果与分析

（一）短期连作与未连作植烟根际微生物差异分析

1. 菌群结构分析

基于细菌16S rRNA基因V3-V4和真菌ITS1区高通量测序，我们对两个烟草品种连作与未连作植烟土壤根际微生物群落结构进行了分析。基于24个根际土壤样本，经细菌16SrRNA基因测序共获得1，839，735对双端序列Reads，Reads拼接过滤后得到1，827，026条高质量序列Clean tags，每个样本中Clean tags数为51，974 ~ 79，945。真菌ITS测序共获得1，920，438对Reads，经拼接过滤后共产生1，900，515条Cleantags，每个样本中Clean tags数为78，833 ~ 79，462。质控后的序列依据97%序列相似性聚类获得细菌OTU数1 760个，使用M值方法对每个样本中OTU数量进行标准化，所有样本中OTU的覆盖率均大于99.3%，说明该测序量能够反映样本中微生物群落的真实情况。使用相同方法，聚类共获得1 198个真菌有效OTU，覆盖率均大于99.9%。我们统计不同样本OTU聚类个数后发现，两个品种间、连作与未连作处理间OTU个数均无显著差异。

我们构建稀释曲线分析了组间样品菌群结构差异。如图7-4A ~ D所示，虽然红花大金元的根际细菌较云烟87多样性较高，短期连作较未连作土壤根际细菌菌群多样性较高，但其物种丰富度差异均不显著，因此，根际细菌菌群多样性在不同品种间、连作与未连作组间均无显著差异。在根际真菌群落中，红花大金元根际真菌较云烟87多样性较高，但差异不显著。未连作土壤根际真菌多样性显著高于短期连作土壤根际真菌多样性，表明短期连作土壤中根际真菌丰度和均匀度显著降低。真菌菌群α多样性指数结果也表明，短期连作土壤相较于未连作土壤，Chao1指数、ACE指数和Shannon指数均显著降低。同时，比较连作与未连作土壤共有和特有的根际细菌和真菌特征OTU发现，连作与未连作根际土壤中细菌类群特征OTU全部共有，未见特异性细菌类型，而真菌中有51个特征OTU为未连作土壤中特异性类群，21个为连作土壤中特异性类群。

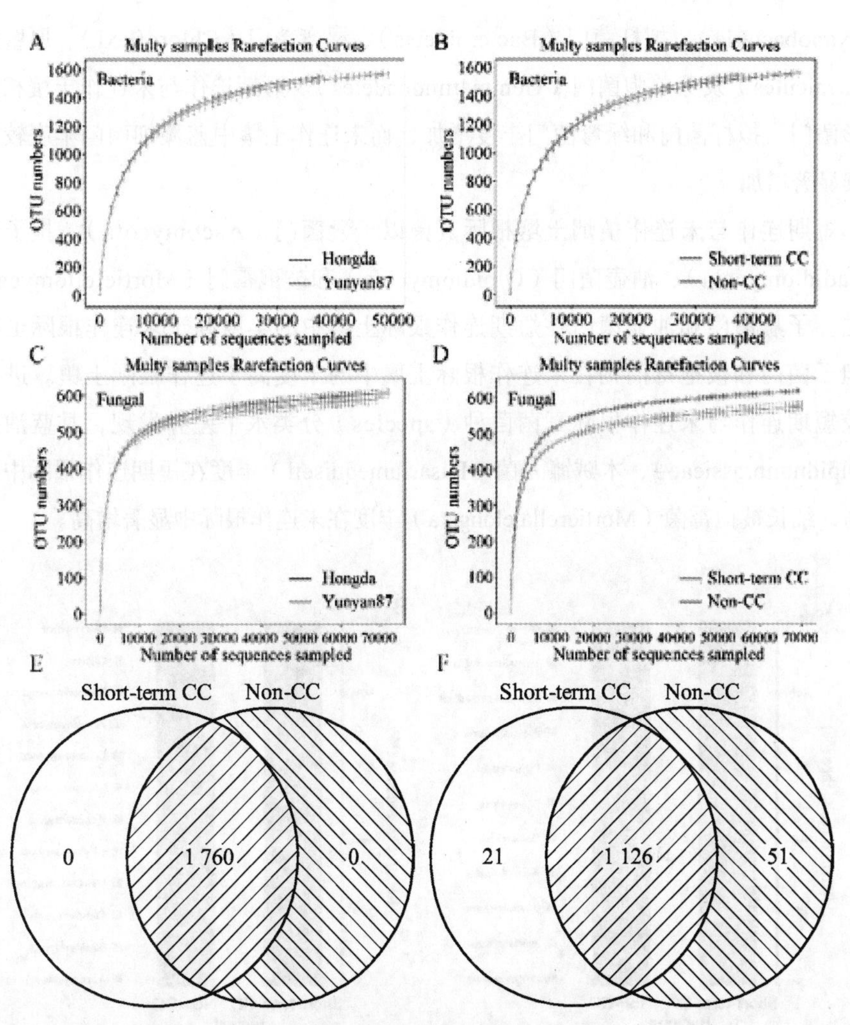

图7-4　短期连作与未连作植烟土壤根际细菌和真菌菌群结构差异。不同品种间以及不同连作处理间细菌菌群稀释曲线（A～B）和真菌菌群稀释曲线（C～D）；E～F分别为短期连作与未连作植烟土壤根际细菌和真菌样品间共有和特有OTU数量。

2. 物种丰富度分析

选取门（Phylum）分类水平上最大丰度TOP10的物种进行进一步分析发现，植烟土壤根际细菌中变形菌门（Proteobacteria）丰富度最高，其次为酸杆菌门（Acidobacteria）和放线菌门（Actinobacteria），其主要优势菌门还有蓝藻细菌门

（Cyanobacteria）、拟杆菌门（Bacteroidetes）、绿弯菌门（Chloroflexi）、厚壁菌门（Firmicutes）及芽单胞菌门（Gemmatimonadetes）。短期连作与未连作土壤相比，变形菌门、拟杆菌门和绿弯菌门丰度增加，而未连作土壤中蓝藻细菌门丰度较连作土壤显著增加。

短期连作与未连作植烟土壤根际真菌以子囊菌门（Ascomycota）、担子菌门（Badidiomycota）、油壶菌门（Olpidiomycota）和被孢霉门（Mortierellomycota）为主。子囊菌门和油壶菌门在短期连作根际土壤中的丰度高于未连作根际土壤，而担子菌门和被孢霉门则在未连作根际土壤中的丰度高于连作根际土壤。进一步比较短期连作与未连作根际真菌菌种（species）分类水平差异发现，甘蓝油壶菌（Olpidiumbrassicae）、木贼镰刀菌（Fusariumequiseti）丰度在短期连作根际中显著增高，细长被孢霉菌（Mortierella elongata）丰度在未连作根际中显著增高。

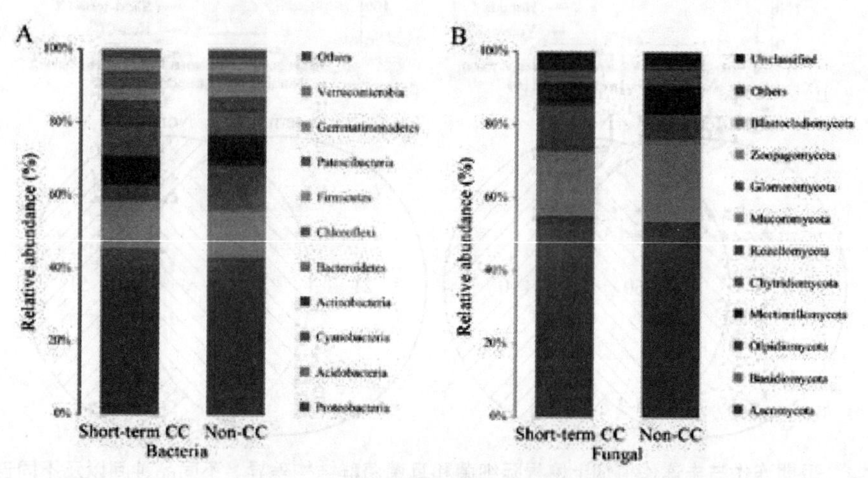

图7-5　门分类水平上短期连作与未连作植烟土壤细菌和真菌物种相对丰富度

3. 组间差异显著性分析

通过LEfSe（Line Discriminant Analysis Effect Size）分析在不同组间寻找具有统计学差异的标志物，我们比较了连作与未连作土壤根际微生物优势群落，同时得到了在丰度上有显著差异的物种。如图7-6所示，与未连作土壤相比，连作土壤根际细菌菌群富集到6种具有丰度差异的优势细菌菌群，即拟杆菌门（Bacteroidtes）、拟杆菌纲（Bacteroidia）、黄杆菌目（Flavobacteriales）、Patescribacteria、Saccharimonadia和

Saccharimonadales，而未连作土壤中并未富集到具有显著丰度差异的细菌菌群。对于真菌群落，未连作根际土壤中富集到具有显著优势的真菌群落伞菌目（Agaricales）、粪伞科（Bolbitiaceae）、田头菇属（Agrocybe）、平田头菇（Agrocybe-pediades），而在短期连作土壤仅富集到镰刀菌属（Fusarium）。

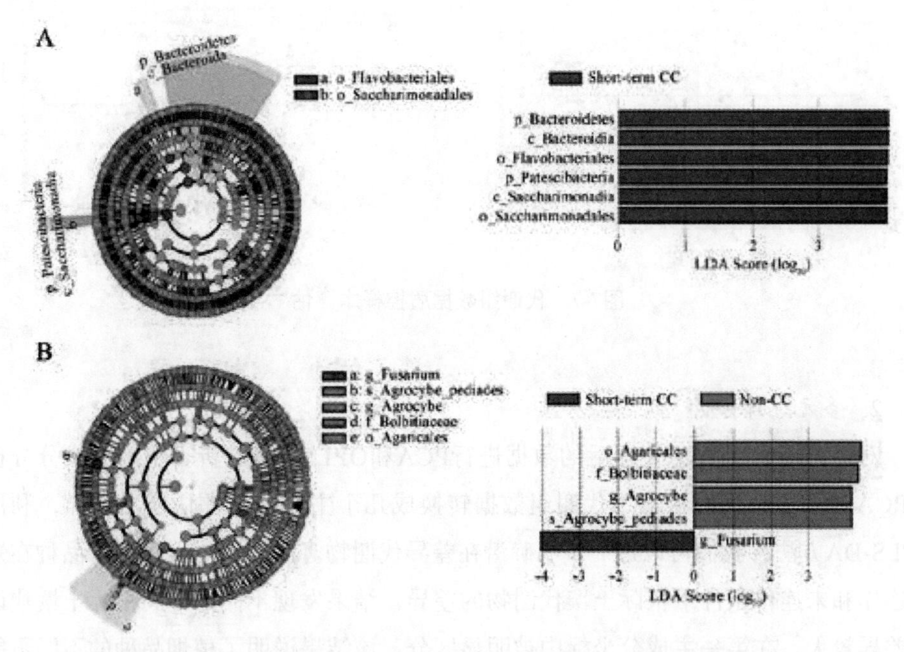

图7-6 LEfSe分析连作与未连作根际土壤中关键微生物类群

（二）短期连作与未连作植烟根际土壤代谢物差异分析

1. 代谢组数据质控

我们通过代谢组学手段对连作和未连作条件下2个品种根际土壤的代谢物质进行了测定。为了获得高质量的代谢组信息，我们对色谱质谱联用仪下机数据进行了一系列的质控分析。图7-7A和B为PCA-X一维分布图，即正负离子扫描模式下所有质控样本的变化趋势，从中可以看出QC样本分布于2STD之内。同时，图7-7C和D为正负样本的PCA分布图，可以看出所有样本QC相对集中，组内差异不明显，组间差异明显。上述结果表明，代谢组数据质量较理想，可以进行后续分析。

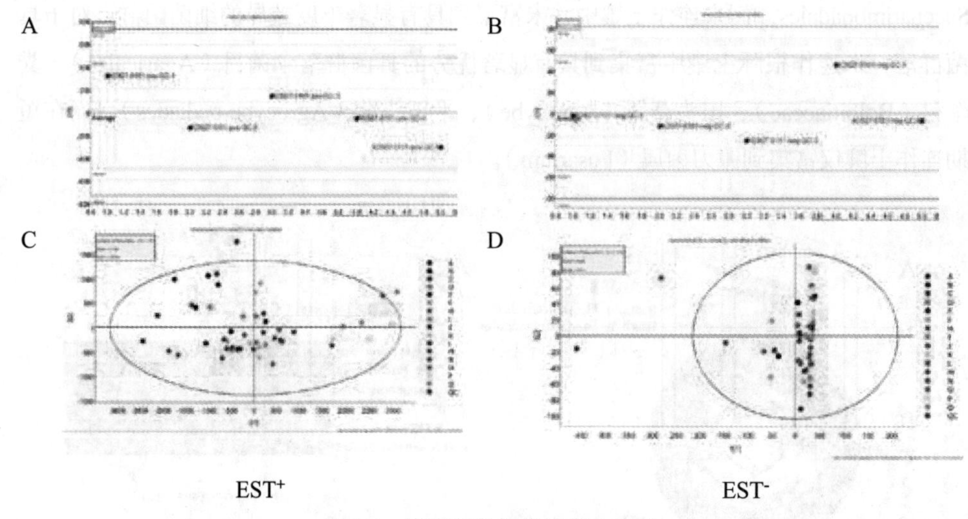

图7-7　代谢组数据质控样本评估

2. 多元统计分析

对经Progenesis QI处理后的数据进行PCA和OPLS-DA分析。利用主成分分析（PCA）方法，我们将多维代谢组数据转换成几个主成分来评估样品差异，利用OPLS-DA方法，我们可以进一步明确潜在差异代谢物。图7-8A展示了两个品种在短期连作和未连作条件下根际土壤代谢物的差异，结果发现不同品种间根际土壤代谢物差异较大，在第一主成分坐标中被明显区分。该结果说明了植烟品种的不同可能造成根际分泌物差异，对于根际土壤代谢物组成影响较大。将不同品种短期连作和未连作根际土壤代谢物分别进行PCA分析发现，短期连作和未连作根际土壤样品在组内聚集，距离较小，而样品组间9区分明显，距离较大。同时，OPLS-DA分析表明每个分组中样品分离效果良好（见图7-8B～E）。该结果一方面表明测定结果重复性较好，同时表明短期连作和未连作根际土壤样品具有明显差异，短期连作造成根际土壤代谢物发生明显变化。

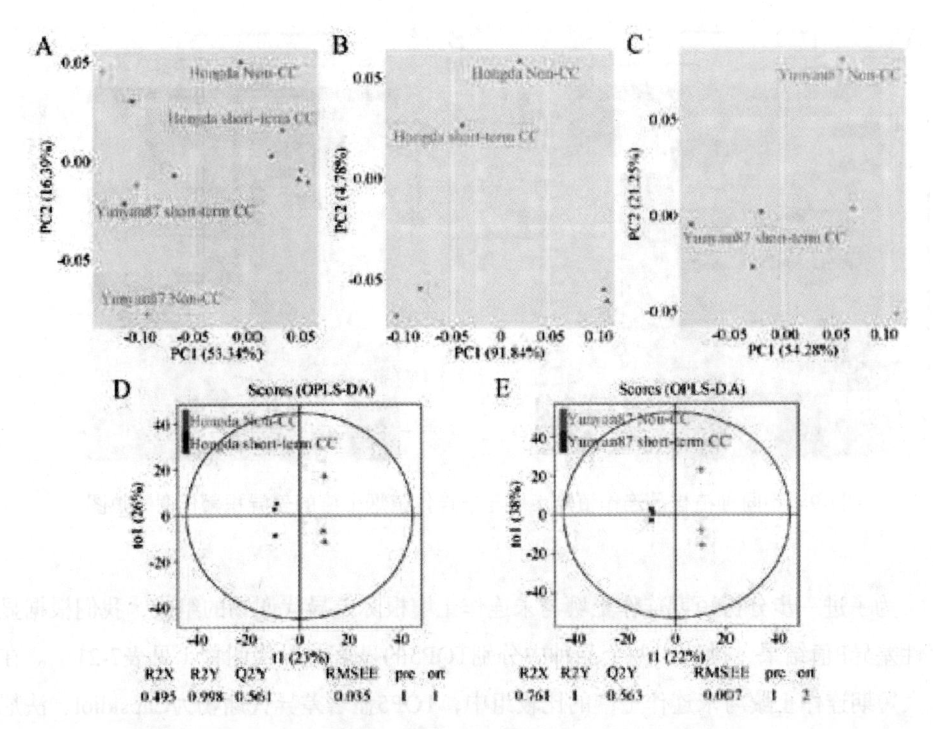

图7-8 短期连作与未连作植烟根际土壤代谢物PCA（A～C）和OPLS-DA（D～E）分析

3. 差异代谢物的挖掘与功能富集

本研究将差异倍数，t检验P值和OPLS-DA模型的VIP值相结合，筛选短期连作和未连作条件下根际土壤的差异代谢物，筛选标准为FC>2，P_{value}<0.05和VIP>1。在红大品种连作与未连作土壤样品的比较组中，共富集到21个显著差异代谢物，其中14个代谢物在短期连作土壤样品中丰度上调，7个代谢物丰度下调（见图7-9A）。通过差异代谢物KEGG功能注释及富集分析发现，这些差异代谢物主要参与孕烯醇酮脂（meta_196，meta_431）、有机氮化合物（meta_554）和鞘脂类（meta_391）等生物合成。在云烟87品种连作与未连作土壤样品的比较组中，共富集到6个差异代谢物，且均在短期连作土壤样品中丰度上调（见图7-9B）。KEGG功能注释及富集分析发现这些差异代谢物主要包含生物碱（meta_78）及其衍生物和类固醇及类固醇衍生物（meta_366）。

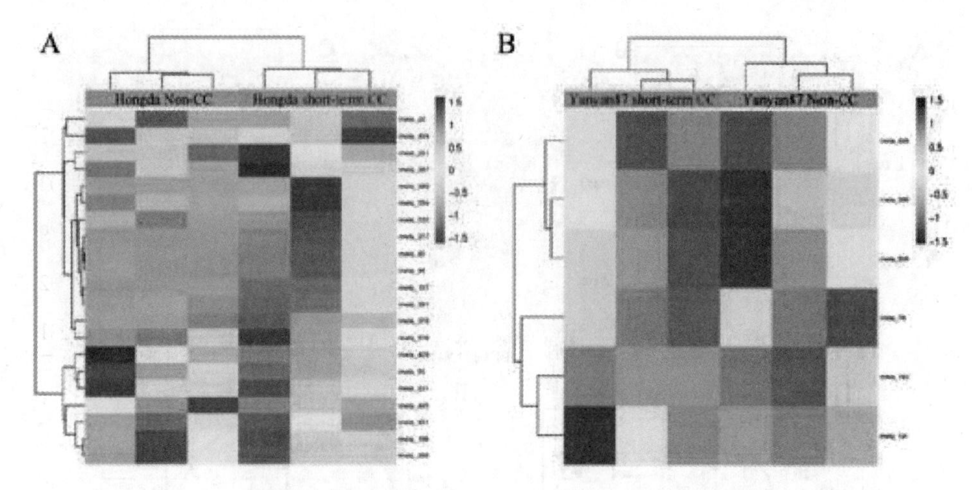

图7-9　不同种植样品连作植烟土壤与非连作植烟土壤的差异积累代谢物热图

为了进一步分析短期连作土壤与未连作土壤根际差异代谢物的组成，我们根据显著性差异P值结果，挑选出两个品种中分别TOP5的显著差异代谢物（见表7-21）。在红大短期连作土壤与未连作土壤的比较组中，TOP5显著差异代谢物为Capsidiol、法尼醇、N-乙酰基-D-苯基丙氨酸、酒渣碱、色氨酸-P-1，其中，Capsidiol和法尼醇在未连作土壤中的丰度显著高于短期连作土壤。在云烟87短期连作土壤与未连作土壤比较组中，TOP5显著差异代谢物为小檗碱、2,5-二羟基丙酮-4-甲氧基二苯甲酮、岩白菜素、4',5-二羟基-7-甲氧基-6,8-二甲基黄酮、脂肪酸酯脂，这些显著代谢物短期连作土壤中的丰度显著高于未连作土壤。

表7-21　两个烟草品种连作土壤与未连作土壤根际差异代谢物TOP5

比较组	差异代谢物			
红大短期连作-vs-未连作土壤	Capsidiol	2.42	2.91E-03	2.03
	法尼醇（（2E，6E）-Farnesol）	4.33	0.0134	1.91
	N-乙酰基-D-苯基丙氨酸（N-Acetyl-D-phenylalanine）	−1.52	0.014	1.98
	酒渣碱（Flazine）	−1.33	0.019	2.01
	色氨酸-P-1（Trp-P-1）	−1.36	0.021	1.86

续表

比较组	差异代谢物			
云烟87短期连作-vs-未连作土壤	小檗碱（Berberine）	−5.40	0.017	1.92
	2,5-二羟基丙酮-4-甲氧基二苯甲酮（CEAROIN）	−1.88	0.021	2.03
	岩白菜素（Bergenin）	−1.40	0.039	1.79
	4',5-二羟基-7-甲氧基-6,8-二甲基黄酮（Sideroxylin）	−2.04	0.046	1.92
	脂肪酸酯脂（Stearoylcarnitine）	−1.87	0.047	1.81

四、结论

烟草连作障碍一直是烟草生产中的难题，其发作机制也一直未能完全攻破（建议不要）。研究表明，连作障碍的发生与土壤的理化性状、根系分泌物、土壤微生物的变化有着紧密联系。通过测定不同连作年限的烟草根际与非根际土壤养分，研究发现，在烟草生长期内，根际、非根际土壤pH及非根际土壤有机质均呈现先降低后增加的趋势，而根际土壤有机质含量则出现递增趋势。此外，随着烟草种植年限的增加，土壤中的硝态氮、铵态氮和有效磷含量逐渐增加，出现不同程度的积累。除了土壤理化性质的影响，根系分泌的物质，包括组织脱落物及分泌的有机酸等物质也能够影响土壤的养分，并且能够降低重金属对作物本身的毒害。当然，根系分泌物积累到一定量时则会对作物的生长产生抑制作用。研究发现，连作土壤较易积累具有明显生物毒性的阿魏酸是烟草连作的主要生物毒素。不仅如此，土壤微生物的不同也会影响连作效应。土壤微生物通过矿化、硝化、氨化等一系列理化反应，能够影响土壤养分。尽管已有相关研究探讨了烟草连作障碍的产生原因，然而，当前烟草连作障碍的热点研究还是集中在土壤养分与病虫害方面，烟草连作障碍的机理还需更深入的研究。本研究基于宏基因组学和代谢组学，利用高通量测序技术及超高效液相色谱串联四级杆飞行时间质谱技术，分别取了两个烟草品种短期连作和未连作的根际土壤进行16S、ITS和代谢组测序，比较不同样本根际土壤微生物及代谢物的差异，以期明确连作土壤发病的原因。

根据测序结果，本研究在短期连作与未连作根际间并未发现具有显著差异的根际细菌菌群变化，表明短期连作对根际细菌的影响不大。有研究表明，短期连作（连作年限≤3年）土壤仍保持较高的细菌菌群多样性和较高的碳源利用率，连作4～5年的土壤细菌多样性则急剧降低。然而，本研究也发现了短期连作根际真菌群落结构相较于未连作来说出现了显著差异，主要表现在子囊菌门和油壶菌门在短期连作根际土壤中的丰度高于未连作根际土壤。马红梅等曾通过灵芝连作土壤中优势真菌菌群对灵芝菌丝体的化感效应分析表明，曲霉菌属、木霉属、青霉属和链孢霉属等子囊菌门真菌是灵芝连作土壤中的主要病原菌。在本研究也在短期连作土壤中特异性富集到镰刀菌属（Fusarium）的木贼镰刀菌（Fusarium equiseti）。镰刀真菌（Fusarium spp.）是一种重要的植物病原菌，易侵染多种粮食和经济作物，引起根腐、茎腐和穗（粒）腐等多种病害，造成作物减产，给世界范围内农作物生产带来严重破坏。另外，我们发现甘蓝油壶菌（Olpidium brassicae）丰度在短期连作根际中显著增高。研究发现，甘蓝油壶菌是许多高等植物根部的专性寄生，其游动孢子是传播一些土壤中病毒的介体，至今已发现其传播烟草坏死病毒、烟草坏死卫星病毒、烟草矮化病毒等，因此，这类真菌在短期连作根际土壤中的丰度增加也表明他们是造成烟草短期连作障碍的主要原因。同时，我们发现未连作根际土壤中以细长被孢霉（Mortierella elongata）为主的被孢霉门真菌丰度显著高于短期连作根际土壤。由于细长被孢霉是响应有机输入的最成功的真菌，具有降解一系列有毒有机物的功能，从而改善土壤健康。因此孢霉门真菌可进一步进行后期培养和应用，以应对烟草在短期连作中根际真菌的抑制性富集，以防止土壤退化、改善土壤和烟株的健康。

另外，本研究通过对短期连作与未连作植烟土壤根系代谢物差异分析发现，短期连作根际土壤中显著富集游离氨基酸和小檗碱、茄定碱、酒糟碱等生物碱，表明短期连作中已经产生明确的真菌感染和自毒效应。例如，鞘脂是细胞生物膜结构重要的组成部分，在植物-细菌和植物-真菌的相互作用中，植物鞘脂能够诱导植物产生抗性反应，一些真菌鞘脂中的GlcCers是一些植物防御素的结合位点，能够诱导植物产生防卫反应，有利于植物与真菌建立起互利共生关系。此外，大量研究表明，小檗碱、茄定碱、酒糟碱等生物碱类次生代谢物质根部分泌和植株分解等途径释放到根际环境，从而在种内产生直接或间接的生长抑制或毒害作用。因此，本研究表明，在烟草短期连作中，根际次生代谢物产生的化感作用能够快速且显著改变根际真菌菌群结构，导致治病真菌的快速繁殖，而短期连作对根际细菌群落的影响较小。本研究为今后深入开展微生物群落结构、根际分泌物与连作植烟土壤之间的关系研究，进一步开发微生物制剂调整连作植烟土壤根际环境，有效解决或缓解烟草连作障碍，提高烟草产量奠定理论基础。

第七节 生物有机肥与微生物菌剂处理下烟草根际细菌网络响应研究

一、研究目的

烟草（Nicotianatabacum）属茄科（Solanaceae）旱地作物，对连作效应敏感。四川凉山地区作为全国传统优质烤烟区，具有发展优质烟叶得天独厚的自然条件，同时也面临着长期连作导致植烟土壤微生态失衡问题。土壤微生态恶化将直接造成烟株生长发育受阻，烟叶产量降低、品质下降，土传病害加重等。作为生态系统的重要指标之一，土壤中的有益微生物可通过固氮、产生铁载体、促进植物生长类化合物合成等多种机制促进植物生长和发育。有研究表明，土壤微生物菌群多样性和关键优势菌群调控对烟叶产量和品质有着重要影响。为避免长期化肥施用造成土壤质量下降问题，生产上逐渐开始采用生物有机肥和益生菌肥以提升土壤质量。生物有机肥是畜禽粪便、农作物秸秆等动植物残体经腐熟后的有机肥料，可改善土壤微生物生长环境，并为其提供能量和养分。Kamaa等人发现生物有机肥的施用能显著增加土壤微生物生物量及碳氮含量，改变微生物多样性及其群落结构。近年来，植物生长促生菌PGPMs（Plant growth promoting microorganisms），如链霉菌（Streptomyces spp.）、假单胞菌（Pseudomonas spp.）、芽孢杆菌（Bacillus spp.）等，已被视为促进植物生长发育的益生菌种，其菌肥的开发与应用展示出一条益生菌引导植物主动防御病原菌的环境友好途径。有研究表明，包含利迪链霉菌（Streptomyces lydicus）A01和枯草芽孢杆菌（Bacillus subtilis）B068150在内的PGPMs能够影响植物根际关键微生物菌群和根系分泌物组成，含有这类PGPMs的土壤也表现出微生物菌群丰度上升、磷酸盐增溶和养分积累等特征。近年来，随着高通量测序技术的应用，根际微生物尤其是根际细菌对有机肥及PGPMs菌肥响应机制的研究逐渐增多。然而，由于PGPMs在田间与温室控制条件下的作用效果存在差异，PGPMs的使用受到限制，目前尚未有田间试验来评估PGPMs菌剂对烟草根际微生物及烟草生长发育的影响。因此，解析田间条件下PGPMs菌剂与烟草根际细菌相互作用，掌握PGPMs菌剂干预下烟草根际关键响应细菌类型，对于PGPMs菌剂的商业化开发至关重要。

本研究通过2年烟草施肥实验，利用Illumina Miseq高通量测序平台对不同施肥条件下烟草不同发育时期的根际细菌16S rRNA基因V3-V4区进行测序，探讨了生物有机肥和微生物菌剂施用对根际细菌多样性的影响。本研究主要目标是：（1）证实生物有机肥和微生物菌剂施用改变根际细菌丰度及多样性；（2）挖掘生物有机肥和微生物菌剂施用下关键响应细菌菌群并作为不同施肥处理的指示性细菌；（3）揭示烟草根际细菌对不同施肥响应的网络拓扑结构，明确网络内外核心调控菌群。通过探究烟草根际微细菌在不同施肥处理下菌群结构的变化规律，本研究对烟田土壤保育的理论和实践具有一定的指导意义；通过挖掘根际细菌共现网络中的关键调控菌群，具有进一步纯化培养和商业开发的价值。

二、试验设计与方法

（一）实验设计及取样

实验于2019—2020年在凉山州会东县乌东德镇新马乡四川中烟工业有限公司原料基地“宽窄花园”开展（经纬度：东经102° 13′ /北纬26° 12′ ，海拔高度：1 874 m），土壤类型为红壤，pH6.47，有机质18.8 g·kg^{-1}，碱解氮60.7 mg·kg^{-1}，有效磷24.4 mg·kg^{-1}，速效钾90.0 mg·kg^{-1}。选择基地中连作烟草20年以上地块设置小区，对照组为未植烟土壤；实验组一为化肥处理组（Fertilizer组），采用750kg·ha^{-1}烟草复合肥（N：P_2O_5：K_2O=10：20：20）作底肥，375 kg·ha^{-1}烟草复合肥（N：P_2O_5：K_2O=5：10：30）于移栽后20 d作追肥施入；实验组二为有机肥处理组（BOF组），采用750 kg·ha^{-1}春果生物有机肥作底肥，75 kg·ha^{-1}硝酸钾+750 kg·ha^{-1}春果生物有机肥于移栽后20 d作追肥施入，春果生物有机肥购于四川太原有机肥有限责任公司，主要活性成分为动物粪便厌氧发酵后的宿主菌以及不同来源堆肥腐殖质还原菌等，N+P_2O_5+K_2O>10%，有机质>45%；实验组三为益生菌剂处理组（PGPMs组），采用自制的PGPMs联合菌剂，有效活菌数=5.0亿/g，主要成分为枯草芽孢杆菌（Bacillus subtilis）、地衣形芽孢杆菌（Bacillus licheniformis）以及多黏类芽孢杆菌（Paenibacillus polymyxa），PGPMs按照150 kg·ha^{-1}在实验组一的基础上与底肥和追肥混施。实验小区随机区组排列，每个处理设置6个小区重复，小区面积40 m^2，每小区60株，供试烤烟品种为红花大金元。

为避免短期肥料扰动对土壤和根际微生态的影响，实验采用多年定点施肥，各施肥处理连续施肥两年并从第2年施肥后开始取样，于旺长期（移栽后约70 d）和成熟期（移栽后约118 d）进行根际土壤取样，共取得42个样本（3个施肥处理×6个小区重复×2个时间点+未植烟对照样本6个重复）。具体取样方法采用破坏性取样法将烟株整株挖出，不伤害根系，抖落根系土壤表层未分解的凋落物层后，将抖落泥土后的根（10 g左右）用无菌剪刀剪下并放入含40 mL无菌PBS缓冲液的无菌离心管中，用力震荡2～3 min，静置5～10 min，再用超声波处理两次，每次30 s，静置5～10 min，待土粒自然沉降后，取出根系放入另一离心管并重复此步骤1次。收集含沉降土粒的洗涤液，待土粒沉降后取10 mL上层液体，涡旋30 s后分装至2 mL冻存管中置于液氮中3～4 h，用于DNA提取。

（二）根际土壤样品总DNA的提取和高通量测序

样品总DNA提取采用美国MOBIO公司的Power SoilDNA Isolation Kit试剂盒。将上一步中获得的上层液室温下12 000 r/min离心10 min，倒掉上清，10 000 r/min再次离心30 s，移液器吸掉上清液。加入Precellys缓冲液轻轻涡旋重悬细胞团，并按试剂盒说明书要求提取总DNA。使用超微量分光光度计（Nanodrop 2000）检测DNA浓度≥20 mg/mL，OD260/280为1.8～2.0，OD260/230为1.8～2.0即为合格。提取的总DNA经1%琼脂糖凝胶电泳后稀释至3.5 mg/μL并保存于–20℃条件下用于后续PCR扩增。使用通用引物338F（5'-ACTCCTACGGGAGGCAGCA-3'）和806R（5'-GGACTACHVGGGTWTCTAAT-3'）扩增细菌16S rRNA基因的V3-V4区域。PCR产物经纯化、等摩尔浓度定量富集和均一化形成测序文库，经文库纯化、质检后，委托北京百迈客生物科技有限公司完成MiSeq sequencer测序。42个样本测序后的原始数据提交至中国科学院北京基因组研究所建立的组学原始数据归档库，数据访问编号为PRJCA004176。

（三）原始数据处理

使用Trimmomatic软件（v0.33）和FLASH软件（v1.2.11）对测序原始数据进行质控和数据拼接，设置50bp滑动窗口沿tag序列进行检查，截断并剔除平均质量值低于20以及含3个以上N的片段，同时使用UCHIME软件识别并去除嵌合体，然后使用USEARCH软件（v1.8.0）对过滤后的有效Tags在97%的相似度水平下聚类成为操作分类单元（OTU，Operational Taxonomic Units）并以测序总序列数的0.005%作为阈值过滤OTU。OTUs随即与已知数据库GreenGene、Silva等进行比对以去除宿主线粒体和叶绿体序列。考虑到不同样品间测序深度的差异，使用R/BioConductor包edgeR中trimmed mean of Mvalues（TMM）方法对OTU矩阵进行标准化，得到OUT相对丰度矩阵。使用RDP Classifier软件（v2.2，置信度阈值0.8）并基于Silva分类学数据库对OTU进行分类学注释，得到每个OTU对应的物种分类信息，进而在各水平统计样品的群落组成。

（四）多样性统计与显著性分析

细菌菌群多样性分析采用实验室自编程序完成。基于R语言包中负二项式广义线性模型进行OTU丰度差异分析，每组样品的6个生物学重复进行合并。组间OTU丰度差异的显著性分析采用Wilcoxon秩和检验，并采用FDR通过多次测试使用0.05的假阳性率校正相应的P值。使用R语言包中diversity函数计算细菌菌群α多样性指数，Vegan capscale函数进行非限制性PCoA分析同时使用Vegan包中的adonis函数进行PERMANOVA检验。使用R语言包中的ggplot2软件包完成文中所有配图。

（五）随机森林模型的构建

首先使用R中的randomForest软件包（importance=TRUE，proximity=TRUE，ntree=1 000，默认参数mtry=p/3）对纲、目、科、属、OTU共5个层次下细菌类群相对于施肥处理的丰度进行回归，建立根际细菌分类模型，经100次迭代后基于分类群缺失对模型预测准确度的降低程度将细菌进行排序。使用randomForest包中的rfcv函数实现10倍交叉验证以确定合理的分类群标记数量，剔除特异性较差的分类群，提高模型预测的准确度。

（六）根际细菌共现网络的构建

为探讨不同施肥处理下烟草根际细菌的响应调控机制，首先通过R中的cor函数计算根际细菌菌群OTU之间的Spearman相关系数，相关性阈值为$r \geqslant 0.6$，$P<0.01$。

基于OTU相关性矩阵，使用MENA流程构建细菌共现网络，网络中的节点（nodes）代表参与调控的OTU而连接OTU的线段edges代表两个节点间显著的相关性。针对不同的网络，进一步计算节点间平均连接度（avgK）、平均聚类系数（avgCC）、平均距离（avgGD）及网络内部模块数等，用以描述不同网络的拓扑结构。所有算法及统计学分析均使用R中的vegan和igraph软件包完成，网络的可视化采用交互式平台Cytoscape软件完成（v3.8.2）。

为了挖掘网络内不同模块间起关键响应作用的节点OTU，我们采用自编的R脚本计算模块内连通度（Z_i）和模块间连通度（P_i），并基于Olesen等人的方法将节点属性分为4种类型：（1）模块中心点（Module hubs），在模块内部具有高连通度的节点，Z_i>2.5，P_i<0.62；（2）连接节点（Connectors），在两个模块之间具有高连通度的节点，Z_i<2.5，P_i>0.62；（3）网络中心点（Network hubs），在整个网络中具有高连通度的节点，Z_i>2.5，P_i>0.62；（4）外围节点（Peripherals），在模块内部和模块之间均不具有高连通度的节点，Z_i<2.5，P_i<0.62。其中，模块中心点、连接节点和网络中心点即为关键节点。

三、结果与分析

（一）不同施肥处理下烟草根际细菌菌群结构变化规律

本实验采集的42个样本经细菌16S rRNA基因高通量测序后共获得3 431 623对双端序列（Reads），经双端Reads拼接过滤后得到3 171 641条有效序列（Clean tags），每个样本中有效序列数为51 222 ~ 128 291条。质控后的序列依据97%的序列相似性聚类获得细菌OTU总数1 587个，使用M值方法对每个样本中OTU数量进行标准化，所有样本中OTU的覆盖率均大于99.0%，说明测序量能够反映样本中微生物群落的真实情况。将OTU序列与微生物参考数据库比对得到每个OTU对应的物种分类信息，所有OTU被归类到22个门、67个纲、142个目、227个科、426个属，其中98.6%来自相对丰度最高的前12个门，即变形菌门、放线菌门、蓝细菌门、酸杆菌门、绿弯菌门、拟杆菌门、芽单胞菌门、Patescibacteria、厚壁菌门、硝化螺旋菌门、疣微菌门、浮霉菌门。图7-10A展示了不同施肥处理间根际细菌相对丰度情况。由图可知，生物有机肥和微生物菌剂对根际细菌菌门水平上的影响主要表现在蓝细菌门、放线菌门和厚壁菌门的菌群丰度相对于化肥处理来说极显著地增加（P<0.01，t检验，下同），而酸杆菌门和硝化螺旋菌门的丰度相比于化肥处理显著降低。图7-10B展示了3种施肥处理与未植烟空白对照相比根际细菌菌门丰度的差异倍数。其中，蓝细菌门、厚壁菌门和Patescibacteria菌门的丰度相比于对照都显著增高，且在生物有机肥和微生物菌剂的处理下这些菌门丰度增加的倍数均高于化肥处理。我们将所有OTU根据其在不同样品中的分布划分为土壤共性OTU和肥料特异性OTU，1404个OTU（88.47%）存在于所有土壤和根际样品中，另有137个OTU特异性存在于根际样品，其中40个OTU特异性存在于微生物菌剂处理的根际环境，另2种施肥处理方式没有根际特异性OTU（见图7-10C）。

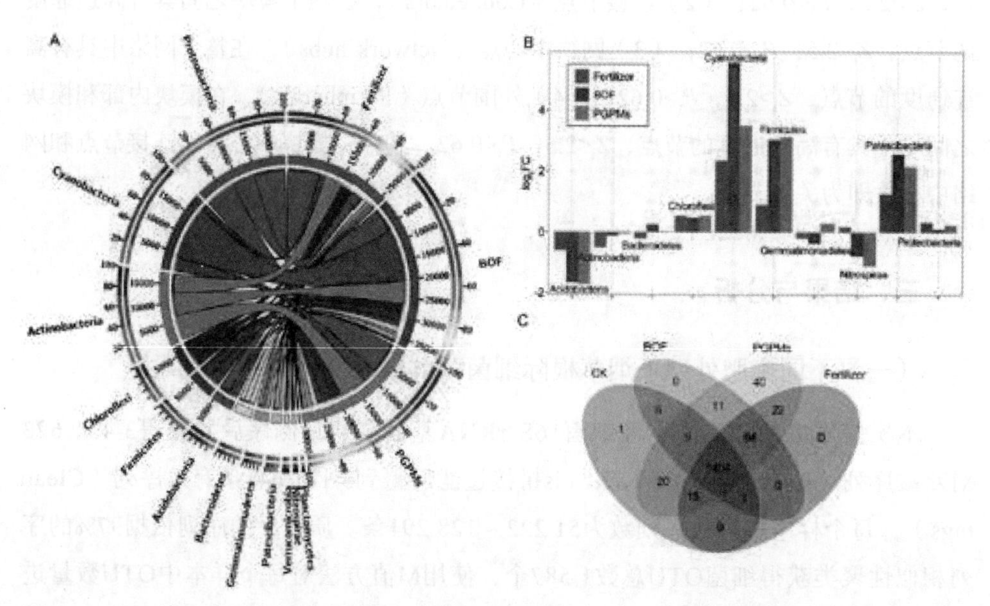

图7-10　不同施肥处理下烟草根际微生物菌群相对丰度。（A）化肥、生物有机肥和PGPMs益生菌剂处理下根际细菌丰度最高的10个菌门丰度比例。外圈的条形长度代表不同处理下每个菌门所占的百分比。（B）不同施肥处理相比于未植烟土壤根际细菌相对丰度的倍数经log_2转化后的比值。OTU丰度已经标准化统一处理。（C）维恩图展示不同施肥处理下核心OTU和泛OTU的数量。

从Chao1指数来看，微生物菌剂处理的根际细菌丰富度最高，其次是生物有机肥处理，化肥处理和空白对照土壤样本中根际细菌丰富度都较低。另外，香农指数显示，有机肥和微生物菌剂处理下根际细菌菌群的均匀度较化肥处理有所降低，造成其差异的主要原因是前两者处理下由于外源微生物的加入干扰了原生根际细菌菌群结构的稳定性，造成细菌种间的均匀度降低（见图7-11A-B）。为了更好地解释不同施肥处理在多大程度上影响了根际细菌的菌群结构，我们进一步开展基于权重UniFrac距离的主坐标分析（PCoA），并通过置换多元方差分析（PERMANOVA）确定菌群结构差异的显著性（见图7-11C）。PCoA结果表明，实验组与空白对照间形成了明显独立的簇，实验组中化肥处理下的根际样品单独聚集，且基本不受烟株生长发育时期的影响。生物有机肥和微生物菌剂处理下的根际样品间虽然也能明显区分，但受烟株生长发育时期的影响较大。其中旺长期样品中有机肥与微生物菌剂处理下的根际细菌群落结构具有显著差异（R_2=0.582，P<0.001），但成熟期样品中2种处理下的根际细菌菌群结构趋于一致。该结果表明，生物有机肥和微生物菌剂的施用相比化肥都显著改变了根际细菌群落结构，且对根际菌群的影响随着烟株发育时间的不同差异显著，特别是微生物菌剂处理下烟草不同时期的根际菌群结构差异较大，菌剂施用需考虑植物自身的发育状态。

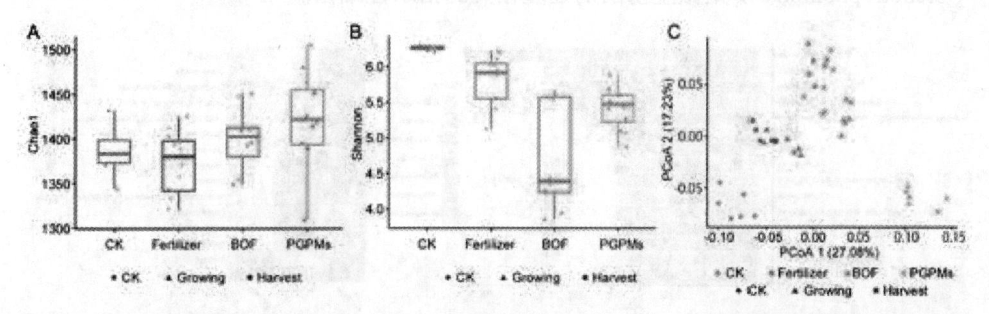

图7-11　不同施肥处理下烟草根际微生物组菌群多样性。（A-B）不同取样时期根际土壤和未植烟对照土壤中细菌菌群多样性香农指数和Chao1指数。矩形框内的横条代表中位数，圆形、三角形和正方形的点分别代表对照、生长和收获阶段的根际样品。（C）基于加权unifrac距离的主坐标分析（PCoA）展示不同施肥处理下根际细菌菌群结构差异（P<0.001，置换多元方差分析PERMANOVA）。

（二）生物有机肥与微生物菌剂处理下根际指示性细菌类群

为了挖掘在不同施肥处理下根际细菌菌群响应的指示性细菌，我们将所有样品中根际细菌的相对丰度进行了回归。使用随机森林机器学习算法依次在纲、目、科、属和OTU水平上建立模型将根际细菌菌群与施肥处理相关联，重复随机抽取3/4的数据为训练集构建模型，剩余1/4数据为测试集用以测试不同分类水平下模型的准确度，最终选择准确度最高的属水平模型进行交叉验证。采用10倍交叉验证并重复5次评估指示性细菌的贡献度，结果发现在使用15个细菌分类群时的交叉验证错误率趋于稳定，因此，我们将这15个菌群定义为模型中的指示性细菌分类群，并按其对模型准确度的贡献率水平排列（见图7-12A）。在15个指示性细菌类群中，8个来自于变形菌门，2个来自Patescibacteria菌门，拟杆菌门、绿弯菌门、蓝细菌门、硝化螺旋菌门、疣微菌门各1个标记，其中，来自变形菌门中的寡养单胞菌属对于模型准确度的贡献最高。

本模型鉴定的指示性细菌类群与不同肥料处理高度相关。硝化螺旋菌属（Nitrospira）、Ohtaekwangia、丛毛单胞菌属（Comamonas）等被认为是化肥处理相关指示性细菌；博德特氏菌（Bordetella）、新根瘤菌属（Neorhizobium）、Castellaniella、藤黄单胞菌属（Luteimonas）及剑菌属（Ensifer）被认为是生物有机肥处理相关的指示性细菌；而泛菌属（Pantoea）和寡养单胞菌属（Stenotrophomonas）是微生物菌剂处理相关的指示性细菌。

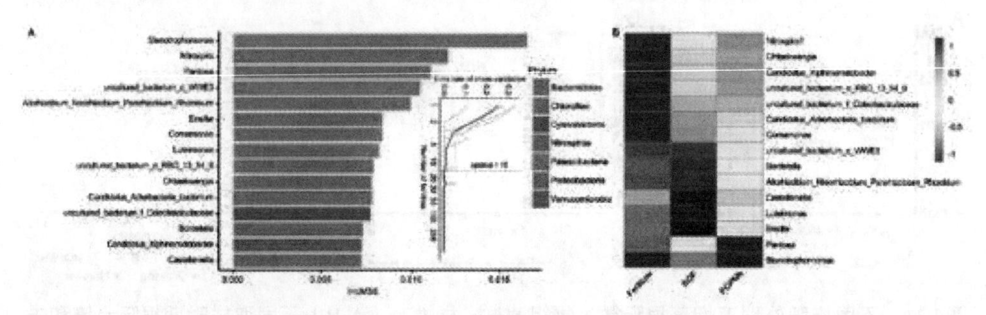

图7-12　基于随机森林模型预测不同施肥处理下烟草根际指示性菌群。（A）不同施肥处理下基于根际细菌菌群相对丰度建立的前15个指示细菌科水平的分类情况。指示细菌分类群按对模型准确性的重要性降序排列。内部插图表示十倍交叉验证误差，用于按变量重要性顺序区分指示细菌分类群数量的依据。（B）热图展示15个科水平上的指示细菌在不同施肥处理下的相对丰度。

（三）不同施肥处理下细菌共现网络

微生物共现网络是基于随机矩阵理论表征生态系统中不同类群相互关系的一种系统分析方法。构建菌门水平上的细菌共现网络，可了解烟草根际细菌响应不同肥料处理的调控及相互作用。我们分别构建了化肥处理、生物有机肥处理、微生物菌剂处理下的根际细菌共现网络，其网络参数如表7-22所示。将3个网络的参数相比可知，从化肥、生物有机肥到微生物菌剂处理，根际细菌网络结构从松散、多样化的状态转变为紧密且复杂调控的状态，具体表现为化肥处理下网络节点数最高（482个）、连接数最低（1 194个）、每个节点平均连接度最低（4.954）而枝长最长（5.331），表明化肥处理下根际细菌种类丰富但彼此间调控较为松散，相邻细菌间的调控关系较远，平均一个关键OTU能够调控周围不到5个OTU，其中属于拟杆菌门Microscillaceae的核心OTU556连接数最高（Max degree=52）且为具有最大中间值的节点（Maximal betweenness=10 473.92），因此该节点在网络中起中心调控作用。然而，在微生物菌剂的处理下，根际细菌网络节点数骤降（194个）但连接数最高（1 930个）、每个节点平均连接度最高（19.897）且枝长最短（2.510），表明微生物菌剂的加入对根际细菌的调控网络影响较大，菌剂作用下优势菌群调控增强，与周围菌群紧密联系、高度协作，平均一个关键OTU能够调控周围接近20个OTU的丰度，同时由于优势菌群间的紧密调控改变根际微生态环境导致节点总数的降低。在该网络中，连接数最高的核心节点是来自拟杆菌门黄杆菌属（Flavobacterium）的OTU596，它能够与网络中61个OTU产生调控关系。然而，该网络中具有最大中间值的节点为OTU404（Maximal betweenness=819.242），与其他节点相比，因有更多信息通过该节点，以至于它对整个网络具有更多控制权，更有能力促进其他节点间的调控。

表7-22 不同施肥处理下烟草根际细菌共现网络参数比较

样品 Sample	节点 Nodes	连接 Edges	平均连接度 avgK	平均聚类系数 avgCC	平均距离 avgGD	模块个数 No. of module	最大连接度节点 Nodes with max degree
化肥处理	482	1194	4.954	0.192	5.331	65	OTU556（52）
有机肥处理	377	1258	6.674	0.227	4.166	50	OTU528（55）
菌剂处理	194	1930	19.897	0.196	2.510	47	OTU596（61）

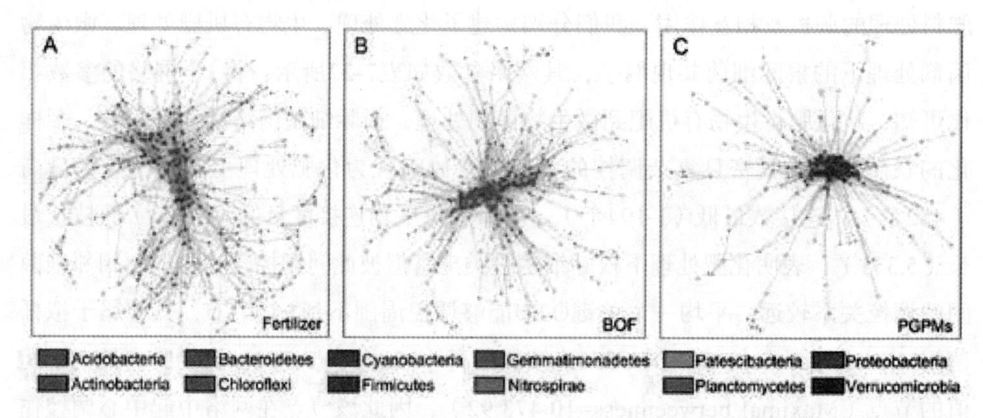

图7-13不同施肥处理下烟草根际细菌共现网络总览。不同颜色的节点表明网络中丰度最高的前12个菌门。

为了进一步挖掘共现网络中的关键节点，我们计算了每个网络模块内连通度（Z_i）和模块间连通度（P_i）并根据其经验值分为网络中心点、模块中心点、连接节点和外围节点。如图7-14所示，化肥处理下的根际细菌共现网络几乎所有节点均为外围节点，其节点在网络模块内外的连接均比较松散，而相比于生物有机肥处理下的根际细菌网络中，我们发现了5个在模块内部具有高连通度的模块中心点，其作用有效稳固了每个网络模块内部的结构和调控关系，发现了32个两两模块间具有高连通度的节点，这些节点对于模块间的相互调控及对整个网络的致密稳固都至关重要。同时，我们还发现了1个网络中心点OTU6070，该节点为鞘氨醇单胞菌属细菌，既能稳定模块内部关系又能将模块之间高度连通。与之类似，我们在微生物菌剂处理下的根际细菌共现网络中也发现了1个网络中心点OTU9946，属链霉菌，同时还有8个模块中心点和29个连接节点，表明该处理下的细菌网络也处于紧密协作的状态，且模块内部的稳定性更高。反之化肥处理下的网络由于缺少了模块内外连通调控的关键节点，网络结构较为松散，容易受外界环境干扰而崩溃。

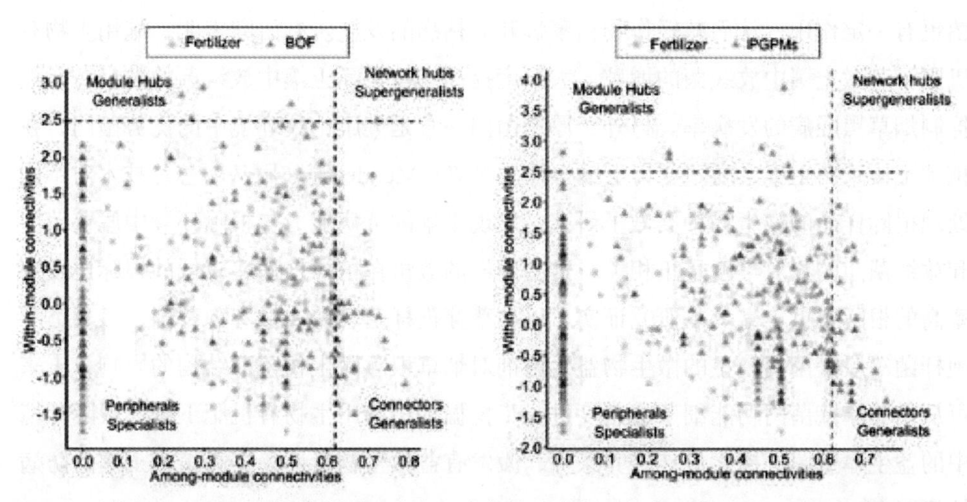

图7-14 基于*Zi-Pi*图展示细菌种群两个连通度参数的分布。每个点代表化肥和BOF处理（左）以及化肥和PGPMs处理（右）下的OTU。用于划分OTU的Z_i和P_i的阈值分别为2.5和0.62。

四、结论

在现代农业生态系统中，施肥和耕作等管理措施可能会改变土壤理化参数，影响土壤细菌群落的多样性和组成，从而增强作物抗逆性和抗病性，提高作物产量和品质。本研究表明，施用生物有机肥和微生物菌剂对不同生育期的烟草根际微生物群落结构及多样性产生了一定影响。一方面，有机肥和微生物菌剂处理下根际细菌菌群的丰富度增加而均匀度降低。根据O'Brien等人的报道，菌群均匀度的降低表明外源微生物的加入干扰了原生根际细菌菌群结构和功能的稳定性，同时丰富度的增加表明多种微生物的富集提高了微生物群落的活性和资源利用效率。因此，生物有机肥和微生物菌剂的加入可正向调整土壤中根际环境的菌群结构。另一方面，在有机肥和微生物菌剂处理下蓝细菌门、放线菌门和厚壁菌门的菌群丰度显著增加。该结果可为烟草专用根际菌肥配方提供一定参考。早在1940年就有研究报道了一种以蓝细菌为主的水稻生物肥料，蓝细菌的施用可降低水稻中氮肥的用量。近半个多世纪以来，具分枝状异形细胞的蓝细菌对生物固氮作出了全球性的贡献。有研究表明，绿肥种植促进了蓝细菌门等与氮素循环相关微生物类群的生长。放线菌在土壤中除了转化养分外，大多数还分泌放线菌素抑制病原菌的生长，对抑制土传病原真菌也有一定作用，从而减轻作物枯萎病和立枯病的发生。有研究表明，施用生物有机肥可刺激土壤中放线菌的增殖，大幅度提高烟株根际土壤中放线菌的数量，有效抑制烟草黑胫病的发病率。另外，厚壁菌门一直是健康土壤环境中的优势菌门，在植烟土壤茶园土壤、高寒草甸土壤中都有报道。Mendes等采用基因芯片技术对不同处理根际样品的微生物种类做了研究，发现土壤的抗病能力与根际环境中厚壁菌门和放线菌门的相对丰度呈正相关，这些菌群的数量在植株发病率较低的根际比发病率高的根际中更丰富。本研究证实了以枯草芽孢杆菌、地衣形芽孢杆菌、多黏类芽孢杆菌等厚壁菌门为主的微生物益生菌剂对烟草根际微生物菌群结构的影响，未来可从培养厚壁菌门功能细菌的角度进一步挖掘烟田施用生物有机肥下健康根际环境中的益生厚壁菌，探索最佳培养条件，激发有益微生物活性，提高植烟土壤的防病抗病能力。

本研究还利用细菌共现网络模型来挖掘不同施肥处理下细菌群落中的调控模式。微生物共现模式是微生物生态学中理解群落动态的核心，可以通过利用微生物间丰度的相关性进行网络构建，识别微生物菌群间的联通性，从而进行群落中微生物调控模式的预测。近年来，微生物共现网络已被用于分析微生物群落成员之间的共生和相互作用，且在植物微生物、动物肠道微生物中也有应用。有研究认为，通过微生物共现网络挖掘出的“核心”微生物对整个群落的结构和功能都会产生相当大的影响。本研究中，微生物菌剂处理相对于其他两个处理来说，根际细菌网络结构紧密且表现出菌群间的复杂调控，表明微生物菌剂的加入对根际细菌的调控网络影响较大，菌剂作用下优势菌群调控增强。在微生物菌剂处理下的细菌共现网络中，我们挖掘到了两类核心节点细菌，其一是连接数最高的核心节点黄杆菌属（Flavobacterium）细菌，它能够与网络中61个OTU产生调控关系；其二是网络中具有最大中间值的节点马赛菌属（Massilia）细菌，它是网络中的信息流汇集节点，对整个网络具有更多控制权。可以明确的是，这两类核心节点细菌均为土壤中抑制土传病害的有益微生物。黄杆菌属（Flavobacterium）细菌是公认的植物根际促生菌（Plant growth promoting rhizobacteria，PGPR）。有研究表明，小麦根际分离的44种黄杆菌属细菌都具有植物生长促进特性，如溶解磷酸盐的能力、利用1-氨基环丙烷-1-羧酸盐（ACC）作为唯一氮源的能力以及产生生长素、铁载体、水杨酸和几丁质酶的能力等。另外，属于变形菌门的马赛菌属（Massilia）细菌具有较强的环境适应能力，在土壤修复、病害防治、产酶及其他代谢方面具有重要应用价值。有研究表明，从长期施肥的土壤中分离出的马赛菌属细菌具有溶磷功能，这种磷酸盐增溶菌（PSB）是显著增强土壤中顽固磷酸盐溶解的强大驱动力，对于植物吸收磷元素及植物生长具有重要意义。同时，马赛菌属（Massilia）细菌能够帮助某些有益共生体（如丛枝菌根真菌）的定殖，从而促进植物生长。例如有研究者曾分离到一株马赛菌属细菌菌株RK4能够显著增加玉米根细对丛枝菌根真菌的定殖从而提高玉米在盐胁迫下的养分利用效率。因此，基于微生物促生菌剂的广泛应用可以进一步发掘更多作物病害抑制因子，进一步分析导致土壤中抑制土传病害的有益微生物组组装的共进化过程。了解这些过程将揭示土壤病原微生物如何被抑制，从而使我们能够设计土壤微生物组，从而在病原体入侵之前迅速发挥疾病抑制作用。

第八章
攀西烤烟逆境生产研究

第一节　干旱胁迫对烟草生理生化特征的影响

一、研究目的

烟草是我国重要的经济作物，栽培面积和产量均居世界首位，经济效益高，是我国财政收入的重要组成部分。烟草喜温暖而湿润的气候，整个生育期对水分的要求都很高，只有在水分适宜的生态条件下，烟草的生命活动才能够顺利进行。但我国大部分烟区尤其是北方烟区由于缺乏必要的灌溉条件，每年总有一些烟区因土壤干旱而影响烟株的正常生长发育，造成烟叶的产量和品质降低。本试验研究不同烟草品种在干旱胁迫下的生长性状及生理生化指标的变化，意在比较不同烟草品种的抗旱性的强弱。

二、试验设计与方法

（一）供试材料

K326、云烟87、净叶黄、NC82和Ti448A，由西昌学院烟草研究室提供。

（二）试验方法

试验于2009年在西昌学院农场进行。试验采用盆栽试验，选用5个品种，每个品种设3个重复（T）。待烟草8叶一心时移栽于内径25 cm、高30 cm的塑料花盆中，每盆填充混合均匀的腐熟有机肥料及土壤至盆的2/3处。用遮雨篷遮住所有的盆钵，以防雨水进入花盆而影响试验效果。移栽后14 d（2w）进行干旱处理（10 d不浇水），在干旱处理当天（CK）、干旱处理的第4 d（7月24日）、第6 d（7月26日）、第8 d（7月28日）、第10 d（7月30日）和复水处理的第2 d（8月1日）、第4 d（8月3日）取顶端以下第5片功能叶测定CAT活性、SOD活性、MDA含量和Pro含量。

过氧化氢酶（CAT）活性采用碘量法测定；超氧物歧化酶（SOD）活性采用氮蓝四唑（NBT）法测定；丙二醛（MDA）含量采用硫代巴比妥酸（TBA）法测定；脯氨酸含量（Pro）采用茚三酮比色法测定。

三、结果与分析

（一）干旱胁迫对CAT活性的影响

如表8-1所示，经干旱处理后，5个品种的CAT活性显著增加。其中品种K326、云烟87的CAT活性缓慢上升，净叶黄、NC82、Ti448A的CAT活性则先升后降，如品种净叶黄，在处理第六天CAT活性为4.44H_2O_2 mg/g/min，但在处理第八天CAT活性下降为4.02H_2O_2 mg/g/min。复水后5个品种的CAT活性都很快恢复到对照水平。

表8-1　干旱胁迫对烟草CAT活性的影响

品种	CK	7.24	7.26	7.28	7.30	8.1	8.3
K326	3.58	4.02	5.48	5.99	6.67	4.51	3.32
云烟87	2.93	3.70	4.42	4.96	5.40	3.55	3.15
净叶黄	3.48	4.08	4.44	4.02	3.95	3.46	3.06
NC82	3.04	3.86	4.14	4.04	3.52	3.04	2.46
Ti448A	2.88	3.56	3.73	3.40	3.01	2.89	2.48

（二）干旱胁迫对SOD活性的影响

试验结果表明（见表8-2），经过干旱处理后，品种K326、云烟87的SOD活性先升高后降低。如云烟87，在处理第八天SOD活性为415.45 μg/g，而在处理第十天下降为410.68 μ g/g。品种净叶黄、NC82、Ti448A的SOD活性呈一直上升趋势。复水后5个品种的SOD活性值仍保持在较对照高的水平，如品种NC82的处理在复水第四天的SOD活性为312.18 μg/g，而同一时期对照的SOD活性为248.82 μg/g，处理是对照的1.25倍。

表8-2　干旱胁迫对烟草SOD活性的影响

品种	CK	7.24	7.26	7.28	7.30	8.1	8.3
K326	290.91	315.15	436.36	581.82	472.73	527.27	452.46
云烟87	363.64	375.28	402.06	415.45	410.68	389.09	369.09
净叶黄	284.48	308.18	354.55	363.36	396.75	336.36	369.64
NC82	245.14	272.73	345.45	363.64	390.91	354.55	312.18
Ti448A	247.45	265.36	303.64	363.25	387.27	345.45	300.24

（三）干旱胁迫对MDA含量的影响

如表8-3所示，经过干旱处理后，5个品种的MDA含量显著增加，其中品种K326、云烟87的MDA含量增加相对较慢，增幅较小，如品种K326，在处理第六天的MDA含量是处理第四天的1.08倍，而品种净叶黄、NC82、Ti448A增加幅度较大，如净叶黄，处理第六天的MDA含量是处理第四天的1.39倍。复水后5个品种的MDA含量降低，与对照基本持平或低于对照水平。

表8-3　干旱胁迫对烟草MDA含量的影响

品种	CK	7.24	7.26	7.28	7.30	8.1	8.3
K326	2.66	2.85	3.09	3.19	3.29	2.93	2.26
云烟87	3.32	3.56	3.88	4.03	4.27	3.98	3.56
净叶黄	3.52	4.51	6.27	8.89	10.44	3.80	3.66
NC82	3.49	4.02	4.60	5.42	5.99	3.99	3.75
Ti448A	3.44	4.94	6.14	9.34	10.69	3.10	2.85

（四）干旱胁迫对Pro含量的影响

由表8-4可知，在干旱胁迫下，K326、云烟87的Pro含量增加迅速，云烟87在处理第八天的Pro含量是69.48 μmol/g，处理第六天的Pro含量是47.25 μmol/g，处理第八天是处理第六天的1.47倍，而净叶黄、NC82、Ti448A缓慢增加，Ti448A在处理第八天的Pro含量是50.75 μmol/g，处理第六天的Pro含量是38.80 μmol/g，处理第八天的Pro含量是处理第六天的1.30倍，而且Pro含量随胁迫的严重而增加越迅速。复水后，5个品种Pro含量均显著降低。

表8-4　干旱胁迫对烟草Pro含量的影响

品种	CK	7.24	7.26	7.28	7.30	8.1	8.3
K326	16.81	40.45	61.82	99.40	125.31	100.54	84.57
云烟87	17.08	30.65	47.25	69.48	96.75	66.82	59.48
净叶黄	17.55	28.96	34.22	49.90	53.26	31.32	25.24
NC82	18.92	29.44	40.38	52.24	68.57	41.35	32.55
Ti448A	15.45	26.66	38.80	50.75	62.65	40.21	35.54

四、结论

植物对干旱胁迫及胁迫后复水的响应是一个十分复杂的过程，干旱胁迫后复水可直接或间接地引起植物一系列代谢功能的变化，这些变化可作为鉴定植物抗旱性的重要指标。

当植物处于逆境条件时会导致植物细胞内自由基产生和因清除得不平衡而出现自由基的积累，并由此引发或加剧了细胞的膜脂过氧化，CAT既可清除体内过量的H_2O_2，因而代谢旺盛的叶片需保持高水平的CAT酶活性以维持自由基代谢平衡。CAT活性测试结果表明，5个品种的CAT活性都显著增加，复水后5个品种的CAT活性在短期内即恢复到对照水平，这说明CAT酶具有抗氧化作用，是烟草抗干旱保护酶系统的重要组成部分。

作为广泛存在于生物界的金属酶类，SOD能专一地清除生物氧化中的超氧阴离子自由基，防止其对细胞膜系统造成伤害。本试验结果表明，各品种的SOD活性均先升高后降低，可能是干旱逆境诱导的结果。但不同品种出现的峰值时间不同，复水后，5个品种SOD活性在较长时期内仍保持在较对照高的水平。覃鹏（2003）研究表明干旱下植物体内SOD活性上升，且抗旱性越强SOD活性上升幅越大。本节的研究结果与覃鹏的研究结果是一致的，由此可推断出本试验所用品种K326、云烟87较净叶黄、NC82、Ti448A抗旱。

MDA是植物脂质过氧化的产物，是检测植物膜伤害的一个重要的指标，其含量可以表示脂膜过氧化的程度。MDA作为膜脂过氧化的一种产物，在前人进行不同材料的干旱胁迫处理中所得结果差异较大。文建成等（1998）通过对干旱胁迫下不同抗旱性甘蔗品种MDA含量变化的分析发现，抗旱性强的品种，其MDA含量增加相对较慢，增幅较小，而抗旱性弱的增加幅度较大。但是高丽萍等（2000）在猕猴桃的衰老试验中，却观察到MDA含量呈先升后降的趋势。此外，王建华等（1989）在试验中发现，较抗旱的地衣品种在慢干旱处理中，MDA含量先迅速降低，而后保持稳定；但是在快干旱处理中MDA含量则保持稳定。本试验中5个烟草品种的MDA含量总体上随着干旱胁迫的不断加重而呈现出上升的趋势，其中品种K326、云烟87的MDA含量增加相对较慢，增幅较小，而净叶黄、NC82、Ti448A增加幅度较大，在处理后期5个烟草品种上升速度都较慢，这是因为在干旱处理初期，由于MDA大量产生，其含量呈现上升趋势；随着干旱程度的不断增加，植株逐渐受害，叶片逐渐萎蔫，正常的生物合成受阻，导致MDA上升缓慢，这与文建成的研究结果是一致的。复水后5个品种MDA含量有所下降，与对照基本持平。

植物在正常条件下，游离脯氨酸（Pro）的含量很低，但遇到干旱逆境时，Pro便会大量积累，并且积累的指数与植物本身的抗旱性有关，表现为Pro积累越多，抗旱能力越强。Pro含量的增加有利于提高烟草对干旱胁迫的抗逆性。本试验结果表明，5个烟草品种在干旱处理下Pro含量呈明显上升趋势，复水后5个烟草品种Pro含量明显下降，该试验与汪耀富等（1996）的研究结果一致。

植物体在逆境胁迫下保护酶的作用，可能是通过它们之间相互协调且保持一个稳定的平衡态所进行的，有关两者的关系还有待进一步地研究。通过对以上各指标的测定表明：品种K326、云烟87抗旱能力强，可作为抗旱品种在干旱地区栽培，净叶黄、NC82、Ti448A的抗旱能力较弱，不易于干旱地区的栽培。但是不管是抗旱品种还是不抗旱品种，在栽培的过程中都应该注意烟草的水分条件。

第二节 混合盐碱胁迫对黄花烟部分理化特性的影响

一、研究目的

盐碱胁迫是人类面临的生态危机之一，它给农业生产造成的损失仅次于干旱。认识作物对盐碱胁迫的反应，提高作物的抗盐性，备受世界各国政府和科学家的关注，也是当前农业科学研究的热点。植物在盐碱环境下生长时，因渗透胁迫而导致活性氧的生成、脂质过氧化和生理代谢的变化，最终生长受到抑制。本试验以四川盐源黄花烟为材料，以不同浓度NaC1、Na_2CO_3及pH对其进行短期胁迫处理，研究其在盐碱胁迫下丙二醛、脯氨酸、细胞膜透性及各种保护酶活性的变化。

二、试验设计与方法

（一）材料

盐源黄花烟

（二）试验设计

盆栽试验于2008年在人工防雨棚中进行。将西昌学院试验基地稻田土与蜂窝煤渣分别过筛按1∶1混合成营养土，按肥：土比1：3 000施复合肥（氮：磷：钾=14：16：15），然后用上口直径为30 cm，下口直径23 cm，高20 cm的花盆装入混有复合肥料的营养土，每盆装土12 kg，九叶期将烟苗移栽入花盆中，按常规进行肥水管理和病虫害防治。烟株长到十二叶期时，选择生长状况基本一致的烟株于下午5：00-6：00分别用不同梯度的盐碱溶液进行处理，每个浓度3盆，共计18盆，各浓度梯度见表8-5。第一次处理后3 d进行第二次处理，每次处理都用大于最大持水量的混合盐碱溶液进行透灌，每天浇适量水以补充蒸发耗分，处理6 d后进行各项指标的测定，各项指标的测定均在一天内完成。

表8-5 不同梯度盐碱溶液的成分、浓度和pH

处理	浓度（mmol/L）					pH
	Nacl	Na_2co_3	Na^+	cl^-	co_3^{2-}	
CK	0	0	—	—	—	6.5
T_1	12.5	12.5	37.5	12.5	12.5	8.0
T_2	25.0	25.0	75.0	25.0	25.0	8.5
T_3	50.0	50.0	150.0	50.0	50.0	9.0
T_4	100.0	75.0	250.0	100.0	100.0	9.5
T_5	200.0	100.0	400.0	200.0	200.0	10.0

三、结果与分析

表8-6 不同梯度盐碱胁迫对黄花烟部分理化特性的影响

处理	Pro含量（$\mu g.g^{-1}$）	MDA含量（$\mu mol.g^{-1}$）	细胞膜透性（$us.cm^{-1}.g^{-1}.mL^{-1}$）	CAT活性（$U.g^{-1}.min^{-1}$）	POD活性（$U.g^{-1}.min^{-1}$）	SOD活性（$U.g^{-1}.min^{-1}$）
CK	114.9	0.003	2.6	262.0	794.5	221.3
T_1	421.3	0.018	6.4	218.7	1 793.2	166.5
T_2	507.6	0.024	6.7	133.4	2 324.6	148.7
T_3	417.5	0.027	7.3	90.4	2 782.5	115.0
T_4	309.1	0.028	10.8	81.2	1 582.1	97.2
T_5	218.8	0.059	16.2	66.7	999.7	90.1

（一）盐碱胁迫对Pro含量的影响

当生物体受到逆境伤害时，大多数体内都会积累较高水平的游离脯氨酸，从而起到调节渗透压而保护生物体的作用。实验结果显示（见表8-6），盐碱处理后的烟草，脯氨酸出现富集现象，其含量均高于CK，到T_2时达峰值，达到507.6 $\mu g.g^{-1}$，而后随盐碱浓度的进一步增加，脯氨酸逐渐降低，这与刘铭（2008）等人的研究结果一致。

（二）盐碱胁迫对MDA含量的影响

植物在逆境下遭受伤害，往往发生膜脂过氧化作用，丙二醛（MDA）是膜脂过氧化的最终分解产物，当其从膜上产生的位置释放出后，可以与蛋白质、核酸反应，从而丧失功能，还可使纤维素分子间的桥键松驰，或抑制蛋白质的合成。因此，MDA的积累可能对膜和细胞造成一定的伤害，其含量可以反映植物遭受逆境伤害的程度。在正常条件下，叶片内MDA含量很低，仅为0.003 $\mu mol.g^{-1}$，随着盐碱胁迫的增强，MDA含量逐渐增加，且当盐碱浓度达到T_5处理，其含量急剧增加，说明盐碱胁迫伤害超过一定限度时，植物衰老进程加速。

（三）盐碱胁迫对细胞膜透性的影响

植物细胞的膜系统不仅是细胞与环境进行物质交换的主要通道，也是盐害发生的原初部位，盐胁迫下脂膜损伤，选择性降低或丧失，电解质和有机质大量外渗。电导率反映了电解质外渗的程度，其值越高，膜系统受害的强度就越大。由表2可知，在正常条件下，其电导率极小，随着盐碱浓度的增加，电导率急剧增加，这是因为外界Na^+大量进入细胞，竞争性地取代了细胞膜上Ca^{2+}的位置，导致细膜结构发生改变，细胞膜透性增加，大量无机离子K^+外渗，从而电解质外渗率上升。

（四）盐碱胁迫对CAT的影响

过氧化氢酶（CAT）是植物组织中常见的一种酶，主要存在于过氧化体中，有时也存在于叶绿素中。由于过氧化氢酶能将H_2O_2分解为H_2O和O_2，减少了由H_2O_2诱发的单线态氧（O_{2-}）和某些自由基的产生，避免了对膜结构和DNA与蛋白质等生物大分子的损伤。从这个意义上说，过氧化氢具有在逆境条件下保护植物、延缓衰老的作用。

从表2中可以看出，盐碱胁迫对CAT的影响表现为抑制作用，在正常情况下（CK），CAT值很高，而随着胁迫处理程度的增加，其CAT降低，到T_5处理时，其活性仅为CK的25%。

（五）盐碱胁迫对POD的影响

过氧化物酶（POD）是植物对膜质过氧化的酶促防御系统的保护酶之一，主要起到酶促降解H_2O_2的作用，避免细胞膜的过氧化伤害。试验表明（表2），在盐碱胁迫条件下，POD先升高后降低，在T_3处理达峰值。前期升高是由于胁迫诱导并激发了保护酶活性，使得组织细胞的抗逆能力得到提高，这可能是植物细胞对逆境胁迫的一种保护性反应；后期降低是由于随着胁迫的加重，细胞的完整性受到破坏，有毒物质含量增加，酶活性下降，同时膜系统结构和功能受到损伤。

（六）盐碱胁迫对SOD的影响

超氧化物歧化酶（SOD）能消除逆境中生成的氧自由基，是防护氧自由基对细胞膜系统伤害的保护酶。从表2中可以看出，盐碱胁迫对SOD的影响表现为抑制作用，在正常情况下（CK），SOD值很高，达221.3$U.g^{-1}.min^{-1}$，而随着胁迫处理程度的增加，其SOD降低，到T_5处理时，活性仅为90.1 $U.g^{-1}.min^{-1}$，其变化趋势与本研究中CAT变化趋势一致。

四、结论

植物的抗盐碱性主要依赖膜系统的稳定性，即盐碱胁迫下仍能保持膜系统的完整性，以维持对离子的选择性吸收和其他功能。细胞质膜透性的变化比其他生理反应出现得早，它的变化会导致细胞间和细胞内的各种微环境发生改变，从而引起酶和基质间的平衡丧失，各种代谢过程失调，最终导致植物受伤害。有研究表明：盐生植物细胞内，膜系统的稳定性较高，使植物得以生存，而不耐盐植物的膜系统盐稳定性较差，高浓度的盐离子存在时膜系统被破坏，无法进行其他的调节同。

环境胁迫导致细胞膜系统伤害主要是由于膜质过氧化所致，MDA是膜质过氧化的主要产物之一，MDA通过影响细胞质膜透性及膜蛋白而影响细胞对离子的吸收和积累及活性氧代谢系统的平衡。许多有关逆境胁迫对植物伤害的研究结果表明，活性氧介导了膜脂的过氧化作用，活性氧在细胞内大量积累时才会直接引起细胞膜脂的过氧化，正常情况下这些活性氧可被细胞内的抗氧化系统清除，而当植物处于逆境胁迫时，抗氧化酶的活性受到影响致使一些活性氧积累，对膜造成伤害。

第三节　淹水对烟草理化特性的影响

一、研究目的

烟草（Nicotiana tabacum L.）在植物学分类上属茄科（Solanaceae）烟属（Nicotiana），水分在烟草生产中起着至关重要的作用，它参与烟株体内一切代谢过程和烟草的形态构成，水分过多或过少都不利于优质烟草生产。烟草较耐旱，不耐涝，农谚说“烟怕淹”即由此而来。在淹水条件下，烟草根系生长受阻，水分和矿质元素的吸收、运输能力下降，生理机能紊乱，促使烟叶外部形态出现萎焉、黄叶等现象，导致产量和品质的降低。笔者研究淹水条件下不同烟草品种植株的多项理化指标的变化。

二、试验设计与方法

（一）供试材料

云烟85由凉山州烟科所提供，大乌烟、柳叶子、黄毛毛和达州晾烟由西昌学院烟草研究室提供。

（二）试验方法

试验于2009年在西昌学院农场进行，采用盆栽试验，选用5个品种。待烟草8叶一心时移栽于内径25 cm、高30 cm的塑料花盆中，每盆填充混合均匀的腐熟有机肥料及土壤至盆的2/3处。移栽后21d（3w）进行淹水处理（T），并设对照（CK），3次重复。淹水处理在人工建造的水池中进行，水位以刚淹没盆土为宜。处理后分别在淹水的第0、2、4、5、6、7天进行理化指标测定。

脯氨酸（Pro）含量采用酸性茚三酮比色法测定；丙二醛（MDA）含量采用硫代巴比妥酸比色法测定；超氧物岐化酶（SOD）活性采用氮蓝四唑光还原法测定；过氧化氢酶（CAT）活性采用碘量法测定。

三、结果与分析

（一）淹水对烟草植物学性状的影响

烟草在淹水胁迫1 d时，形态上与未淹水时无明显区别；淹水2 d后，最下面4片叶子开始出现萎焉；淹水4 d后，除最上面2片叶以外，其他叶片出现不同程度的萎焉，且烟株下面的叶片开始泛黄；水淹5 d以后，除了新叶以外，整个植株均呈现大面积的萎焉，叶片皱干且普遍泛黄；淹水6 d后，烟株趋于枯死。

（二）淹水对烟草Pro含量的影响

游离脯氨酸（Pro）是一种重要的渗透调节物质，Pro含量测定结果（见表8-7）表明，随着淹水时间的延长，Pro的含量均迅速积累，但积累程度存在很大差异，供试的5个品种，Pro的积累程度为：柳叶子＞达州晾烟＞云烟85＞黄毛毛＞大乌烟。

表8-7　淹水对烟草Pro含量的影响　μg/g

品种	处理时间					
	7.20（CK）	7.22	7.24	7.25	7.26	7.27
云烟85	15.75	23.43	42.44	54.11	75.65	109.74
大乌烟	15.74	16.42	29.94	35.5	47.86	71.75
柳叶子	13.94	32.71	60.7	110.25	141.61	176.19
黄毛毛	14.26	30.05	41.36	55.28	64.18	93.65
达州晾烟	16.94	27.36	34.08	81.29	103.6	169.45

（三）淹水对烟草MDA含量的影响

试验结果（见表8-8）表明，随着淹水时间的延长，各品种的MDA含量均出现先上升后下降的趋势，其中云烟85和达州晾烟在淹水后第4 d，其MDA含量达到峰值，分别达到14.74 nmol/g和10.08 nmol/g，而大乌烟、柳叶子和黄毛毛的MDA含量虽然也是在淹水后第4d达到峰值，但含量水平和增加幅度明显较云烟85及达州晾烟低。

表8-8 淹水对烟草MDA含量的影响

品种	处理时间					
	7.20（CK）	7.22	7.24	7.25	7.26	7.27
云烟85	2.24	5.09	14.74	9.41	6.07	3.65
大乌烟	2.11	2.27	7.79	4.08	3.53	3.16
柳叶子	1.94	4.39	5.54	4.87	4.66	3.56
黄毛毛	2.18	2.56	5.96	2.77	2.48	2.07
达州晾烟	2.33	6.68	10.08	7.6	4．01	3.78

（四）淹水对烟草SOD活性的影响

超氧化物歧化酶（SOD）是活性氧清除体系中的关键酶，SOD活性的测定结果（见表8-9）表明，5个供试品种经淹水处理后SOD的活性均高于对照，随着淹水时间的延长，5个品种的SOD活性显著增强，淹水处理7 d后，云烟85、大乌烟、柳叶子、黄毛毛和达州晾烟的SOD活性分别达到1 763.64 μg/g、2 327.29 μg/g、1 636.36 μg/g、1 509.18 μg/g和2 454.77 μg/g；各品种SOD活性增幅为：达州晾烟＞大乌烟＞云烟85＞柳叶子＞黄毛毛。

表8-9淹水对烟草SOD活性的影响

μg/g

品种	处理时间					
	7.20（CK）	7.22	7.24	7.25	7.26	7.27
云烟85	250.91	745.45	1 072.73	1 345.26	1 572.34	1 763.64
大乌烟	246.31	484.35	1 018.18	1 278.57	1 653.71	2 327.29
柳叶子	249.51	563.64	1 083.45	1 388.11	1 423.67	1 636.36
黄毛毛	253.99	509.09	890.91	1 023.94	1 345.25	1 509.18
达州晾烟	257.64	763.64	1 154.55	1 456.38	1 766.12	2 454.77

（五）淹水对烟草CAT活性的影响

CAT活性的测定结果（见表8-10）表明，随着淹水时间的延长，CAT活性均显著增强。淹水7 d后，云烟85的CAT活性达29.06 H_2O_2mg/g/min，为处理前的8.14倍；大乌烟的CAT活性达25.61 H_2O_2mg/g/min，为处理前的7.38倍；柳叶子的CAT活性达29.80 H_2O_2mg/g/min，为处理前的8.03倍；黄毛毛的CAT活性达27.97 H_2O_2mg/g/min，为处理前的8.23倍；达州晾烟的CAT活性达26.46 H_2O_2mg/g/min，为处理前的7.95倍。在试验的5个品种中，CAT活性增幅为：黄毛毛 > 云烟85 > 柳叶子 > 达州晾烟 > 大乌烟。

表8-10　淹水对烟草CAT活性的影响　　H_2O_2mg/g/min

品种	处理时间					
	7.20（CK）	7.22	7.24	7.25	7.26	7.27
云烟85	3.57	5.06	13.95	19.18	26.36	29.06
大乌烟	3.47	5.32	13.95	16.63	20.68	25.61
柳叶子	3.71	5.29	13.06	16.63	23.89	29.80
黄毛毛	3.40	5.26	13.41	17.31	22.96	27.97
达州晾烟	3.33	5.38	12.38	17.82	23.61	26.46

四、结论

植物对淹水的响应是一个十分复杂的过程，淹水胁迫可直接或间接地引起植物一系列代谢功能的变化，这些变化可作为鉴定植物抗逆性的重要指标。

植物在正常条件下，游离脯氨酸（Pro）的含量很低，但遇到逆境时，Pro便会大量积累，并且积累的指数与植物本身的抗逆性有关，表现为Pro积累越多，抗逆能力越强。试验结果表明，随着淹水胁迫处理的持续，Pro含量显著增加，而淹水胁迫越严重，Pro含量的积累量也越大。

MDA是植物脂质过氧化的产物，其含量可以表示脂膜过氧化的程度，是衡量不同植物物种和品种耐淹水能力强弱的指标之一。试验结果表明，烟叶MDA含量随着淹水时间的延长而呈现先上升后下降的趋势，这与曾淑华等（2004）的淹水对烟草生理指标的影响的研究结果基本一致。

当植物处于逆境条件时会导致植物细胞内自由基产生和由清除得不平衡而出现

自由基的积累，并由此引发或加剧了细胞的膜脂过氧化，CAT既可清除体内过量的H_2O_2，从而使细胞免于遭受H_2O_2的毒害。根据试验的测定结果，5个品种的CAT活性都显著增加。这说明CAT具有抗氧化作用，是烟草抗逆境保护酶系统的重要组成部分。

作为广泛存在于生物界的金属酶类，SOD能专一地清除生物氧化中的超氧阴离子自由基，防止其对细胞膜系统造成伤害。试验结果表明，5个供试品种经淹水处理后SOD的活性均显著增加。这与前人在研究其他植物淹水时SOD活性的变化有一定的差异，如大白菜受水涝胁迫时，SOD活性开始上升而后急剧下降，小麦、大麦和芝麻经淹水处理后，SOD活性明显下降。不同的植物在淹水后SOD活性变化的差异，表明不同植物对淹水的反应不同。

第四节　烟草苗期干旱胁迫诱导根系mRNA和miRNA快速响应机理研究

一、研究目的

烟草是我国重要的经济作物，栽培面积和产量均居世界首位，经济效益高，是我国财政收入的重要组成部分。干旱严重影响烟叶产量和品质，是烟草生产主要的非生物胁迫因素之一。

烟草响应干旱胁迫是一个多水平的复杂调控反应，包括了生理生化水平的调节和基因表达网络的分子适应。干旱胁迫下的基因表达调控网络十分重要，尤其是转录因子可用来提高植物对干旱胁迫的耐受性。通过对模式植物的分子生物学和基因组研究，现已发现一些干旱胁迫响应基因和各种参与调节胁迫诱导基因的转录因子。干旱胁迫增加内源脱落酸（ABA）水平，诱导依赖ABA和不依赖ABA的转录调控网络的表达。对拟南芥的相关研究已初步建立了干旱响应转录调控网络，一些重要的启动子元件，如ABA反应元件（ABREs）和耦合元件（CE），也已通过实验验证，但迄今对烟草抗旱的分子机制尚不清楚。此外，microRNAs（miRNAs）也是重要的基因表达调控因子，其主要原理是通过抑制mRNA的表达实现转录后水平的调控。拟南芥中干旱胁迫响应的转录和转录后调控之间存在复杂的相互作用，有些miRNA（如miR159和miR169等）在干旱胁迫应答反应中发挥了重要作用，但这种作用在烟草中仍未被确定。

二、试验设计与方法

本研究以烟草品种红花大金元为研究材料，经过生理生化指标的检测和筛选，分别对六叶期幼苗进行6 h和48 h的短期干旱胁迫处理，分析对照和各处理在干旱胁迫下根系mRNA和miRNA的表达动态、鉴定差异表达的miRNA所调控的靶基因并预测干旱胁迫下的基因表达调控网络，旨在揭示烟草苗期在干旱逆境条件下诱导根系mRNA和miRNA的快速响应机理，为阐述烟草苗期耐旱性的分子机制及利用分子标记辅助育种提供理论依据。

三、结果与分析

（1）为选择干旱胁迫下烟草根系基因表达分析的最佳时间点，用20%的PEG6000对烟草六叶期的幼苗进行模拟干旱处理，分别于0 h，3 h，6 h，12 h，24 h，48 h和96 h这7个时间点取其根系（5株烟苗根系均匀混合），其中0 h的样品为CK，然后测定其超氧化物歧化酶（SOD）活性、丙二醛（MDA）和脯氨酸（Pro）的含量。结果表明，SOD活性、MDA和Pro含量显著增加，6 h和48 h两个时间点相对于3 h和24 h两个时间点，其变化更为显著（$P<0.05$）。结合胁迫后的表型和生理生化指标的结果，本研究干旱胁迫检测的最佳时间点是6 h和48 h。

（2）选择0 h，6 h和48 h的根组织样品作为测序的试验材料，分别命名为NCK（对照组），N6H和N48H。分别对三组样品提取总RNA，采用高通量测序技术构建了数字表达谱（DGE）的文库。经测序，3个文库平均获得约3.37 Mb个reads，3个文库中共有21 128个基因表达，注释的烟草基因占43.7%，其中3个文库中基因均表达的有13 101个基因，仅有1 887个基因差异表达，占烟草根系总表达基因的8.9%。qRT-PCR验证结果和测序结果基本一致。利用k-means聚类算法，依照基因功能分类和基因分组对差异基因进行Gene Ontology（GO）功能显著性富集分析，共分成6个类群

（*P*<0.05），主要包含一些编码脂肪酸代谢、酰基转移酶活性、氧化还原酶活性、乙醇代谢及初始乙醇代谢和转移酶活性等的基因；Pathway分析发现有17条通路可能被影响，主要涉及谷胱甘肽代谢、脂肪酸延长、二苯乙烯类化合物和姜辣素的生物合成、次生代谢物的生物合成和苯丙生物合成等。

（3）根据数据库预测烟草基因组中同源的转录因子，共确定了609个转录因子，DGE的结果表明：所有的转录因子都可以在干旱胁迫下的烟草幼苗根系中检测到。这些根系中的转录因子，有82个差异表达，分属于24个转录因子家族，主要是与抗旱性相关的MYB、NAC和ERF家族，而其他差异表达的转录因子家族（HD-ZIP，NF-YA，NAC，GRAS，TCP）主要参与了发育和分生组织保持，防御/应激信号通路（HSP，WRKY和bZIP），生长素（Aux / IAA）诱导的的激素介导或胁迫介导的信号传导等。53%转录因子在NCK的表达水平最高（G1），而只有10%的转录因子是在N6H的表达水平最高（G2），另外还有37%的转录因子表达高峰在N48H（G3）。此外，我们还确定了一些家族特异性转录因子的表达趋势。C2H2、MYB、WRKY、ERF和Dof家族的转录调节因子分别有3、3、4、3、13和3个基因在NCK中高效表达，GATA、MYB和ERF家族的转录因子在干旱胁迫过程的NCK和N6H时间点分别有1、3和3个基因的表达水平最高；MYB、NAC、MYB相关、NF-YA，HD-ZIP、和ERF家族分别有6、6、2、2、2和2个基因在N6H优先表达。

（4）通过与已知基因和Nicotiana benthamiana烟草的注释信息进行序列同源性比较，我们发现了276个干旱应答候选基因（DRGs），其中，约40%（110/276）的基因是WRKY、NAC、ERF和bZIP家族的转录因子。同时，我们也分析了这些干旱应答候选基因（DRGs）的功能，发现了其中有46个是差异表达的干旱应答候选基因（DRGs）。在这些基因中，21个（46%）是分属于NAC（6），MYB（4），ERF（10）和bZIP（1）家族的转录因子；其他干旱应答候选基因（DRGs），如GRF6、ABF1、APX2，SIPK和ZPT2，在干旱胁迫时也呈现不同的表达模式。

（5）从干旱处理和对照的根组织样品以及正常发育的叶、茎组织中，分离所有小分子RNA，构建small RNA文库并进行高通量测序，测序经生物信息学分析，共检出122个烟草miRNAs。在全部的miRNAs中，保守的miRNAs比非保守的miRNAs的表达量要高得多，如miR166和miR168家族的的表达丰度占总测序片段的57%和16%。然而，仍有43个前人报道的miRNAs未在这些样品中检测到。相对于对照，干旱胁迫的样品中有5个已知的烟草miRNA家族表达量的相对变化（log2root-ck/root-treat）大于2，表明表达差异显著或极显著。虽然miR159、miR169、miR402和miR408的表达在其他植物受干旱胁迫时的差异显著，但在本实验中根系样品处理前后表达并没发生明显的改变。

（6）为了解烟草响应干旱胁迫的miRNA的功能，以前人通过降解组测序得到的已鉴定的烟草miRNA的靶基因为参考，我们的研究仅有27个靶基因GSS序列可以比对到烟草参考基因组中，并与87个转录子相对应。只有两个干旱响应的miRNA家族（miR160和miR395）找到了对应的靶基因。

（7）在干旱和低温应急反应过程中，许多研究人员提出了响应过程中的复杂的调控网络，涉及到miRNA和其调控的靶基因。本研究在前人的基础上，结合DGE、small RNA的测序数据和其调控的靶基因也绘制了一个简易的调控网络。这个网络主要包含两条通路（依赖ABA和不依赖ABA的通路）。在依赖ABA的通路中，NCED参与了对干旱胁迫的快速和应急反应。其级联转录过程，包括了AREB/ABF，MYB，bZIP，NAC和CBF/DREB1，他们参与了在应激反应中的渐进和适应的过程。$SnRK_2$.6蛋白激酶也参与了在ABA中的信号传导。在不依赖ABA通路中，未知蛋白被认为具有渗透传感器和ERF系统的上游元件的功能。此外，响应的miRNAs（miR160、miR162、miR394、miR395和miR827）也都表明是其表达存在时间的特异性。这个调控网络的绘制和分析将为以后研究烟草应对干旱，低温和重金属等非生物胁迫反应的基因表达调控提供参考。

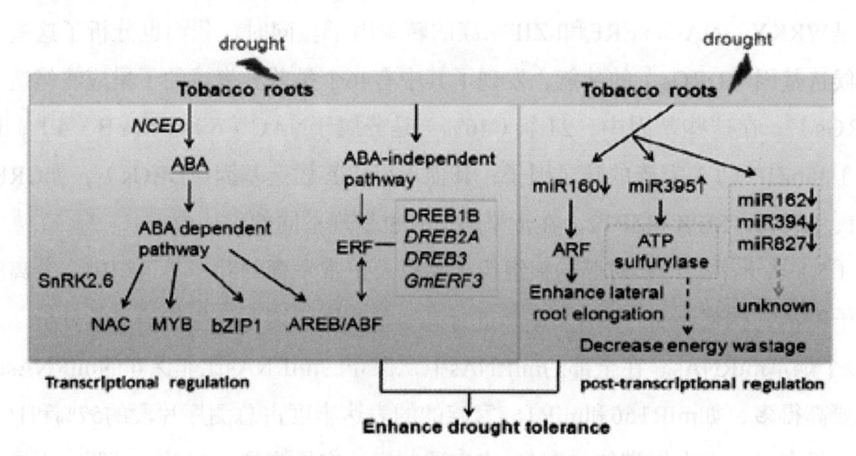

图8-1　推测的响应干旱胁迫反应的基因表达调控网络

第九章
烤烟最佳陈化时间研究

一、试验目的

复烤烟叶陈化发酵过程中其品质变化的主要特征是烟叶中化合物的分解和转化，特别是不具备香味特性的大分子物质转化为具有香味特性的小分子化合物，如各种挥发性香气成分和挥发性酸，从而影响烟叶的香气和吸味品质。由于烟叶叶面微生物在自身代谢时能够生成酸类、单萜类、酯类和氮杂环类等多种小分子物质或中间产物，从而增加致香化合物生成、转化与积累的效率和速度，因此，探索烟叶发酵过程中微生物群落演替以及代谢产物的变化是提高发酵烟叶品质的重要途径。尽管之前的研究基于分离鉴定的方法，研究了发酵烟叶微生物的变化，但事实上，大多数微生物无法通过培养方法检测。而近年来兴起的高通量测序技术，能够以更低的成本和更短的时间对复杂菌群进行深入精准的鉴定，解决传统方法存在的不足。同时，结合代谢组学分析，解析发酵烟叶中的代谢物谱，能够为生产高质量烟叶奠定理论基础。

本研究选取4个陈化发酵阶段（陈化0年，1年，4年，7年）的上部烟叶（B2F）作为样本，利用高通量测序技术以及液质联用技术对不同发酵阶段的烟叶表面微生物多样性以及差异代谢物进行分析，从微生物组及代谢组层面探讨发酵烟叶在不同发酵阶段的特征，为进一步提高烟叶品质提供理论依据。

二、试验设计与方法

（一）实验材料

供试品种为红花大金元，产自四川省凉山州乌东德镇新马乡，烟叶等级为B2F。各年份贮藏烟叶在入库前均采用近红外检测其内在质量（见表9-1），各指标在不同年份入库烟叶间差异不显著（显著性分析基于SPSS软件LSD最小显著性差异法完成）。烟叶封箱后进入同一仓库的同一贮藏高度储存，仓库位于四川省凉山州德昌县烟叶复烤厂区，库内相对空气湿度控制在（60±2）%，温度控制在（30±5）℃。

表9-1　各年份烟叶入库前内在成分含量表（等级B2F）

年份	总糖/%	还原糖/%	总植物碱/%	总氮/%	钾/%	氯/%	糖碱比	氮碱比	两糖差	钾氯比	淀粉/%
2020	32.7±2.66	25.7±2.23	3.02±0.21	2.25±0.27	1.68±0.13	0.27±0.04	10.90±1.66	0.75±0.15	7.0±1.67	6.25±0.47	6.38±0.89
2019	33.1±2.76	26.3±2.59	2.96±0.27	2.36±0.23	1.71±0.18	0.26±0.01	11.28±2.01	0.80±0.14	6.8±1.48	6.57±0.55	6.35±0.92
2016	32.2±2.70	25.1±2.46	3.23±0.23	2.42±0.27	1.72±0.11	0.27±0.03	10.01±1.45	0.75±0.13	7.1±0.95	6.37±0.85	6.32±0.79
2013	32.6±2.85	26.4±2.41	3.08±0.24	2.18±0.22	1.68±0.15	0.26±0.02	10.58±1.58	0.71±0.13	6.2±1.30	6.46±0.24	6.33±0.95

（一）实验方法

1. 取样方法

以复烤后片烟封箱入库的时间作为起始发酵时间，分别选取陈化0年（Nt2020）、1年（Nt2019）、4年（Nt2016）和7年（Nt2013）的样品进行取样，将样品随机分为3个生物学，重复分装至样品袋内密封，4℃保存。

2. DNA提取和PCR扩增

利用DNA提取试剂盒（美国MOBIO公司）对发酵烟叶样品中微生物基因组DNA进行抽提，利用琼脂糖凝胶电泳检测抽提的基因组DNA质量，随后稀释至3.5 mg/μL并保存于-20℃条件下用于PCR扩增。使用通用引物338F（5'-ACTCCTACGGGAGGCAGCA-3'）和806R（5'-GGACTACHVGGGTWTCTAAT-3'）扩增细菌16S rRNA基因的V3-V4区域。

3. 文库构建和测序

PCR产物经纯化、等摩尔浓度定量富集和均一化形成测序文库，经文库纯化、质检后，委托北京百迈客生物科技有限公司完成MiSeq测序。

4. 测序数据分析

使用Trimmomatic v0.33软件对Raw Reads进行过滤，Cutadapt 1.9.1软件进行引物序列的识别与去除，Usearch v10软件进行拼接，UCHIME v4.2软件鉴定并去除嵌合体序列，最后对数据进行划分Feature（OTUs、ASVs）、多样性分析、差异分析、相关性分析及功能预测分析。使用R/Bioconductor包edgeR中trimmed mean of M values（TMM）方法对OTU矩阵进行标准化，得到OTU相对丰度矩阵。使用RDP Classifier软件（v2.2，置信度阈值0.8）并基于Silva分类学数据库对OTU进行分类学注释。

（1）菌群多样性统计与显著性分析。

细菌菌群多样性分析采用实验室自编程序完成。采用R语言edgeR包中glmfit函数进行OTU丰度差异分析并采用stats包中wilcox.test函数进行Wilcoxon秩和检验。使用R中ggplot2包完成文中所有配图。在微生物功能预测中，使用PICRUSt2软件进行物种注释，使用IMG微生物基因组数据进行功能信息输出，推测样本的功能基因组成。使用STAMP中的G-TEST检验方法进行两两样本间的显著性差异检验，P-value阈值为0.05。使用KEGG数据库完成微生物代谢功能的富集。

（2）代谢物提取和色谱质谱分析。

称取50 mg样本，加入1 000 μL含有2 μL内标L-2-氯苯丙氨酸（中国阿拉丁公司）的提取液，涡旋混匀后加入瓷珠研磨处理10 min，冰水浴超声10 min，−20℃静置1 h。4℃下，12 000 rpm离心15 min后，取500 μL上清，在真空浓缩器中干燥提取物，再加入160 μL提取液复溶，涡旋后冰水浴超声10 min，4℃下12 000 rpm离心15 min。取120 μL上清于2 mL进样瓶，同时从每个样本各取10 μL混合后上机检测。

使用液质联用系统（超高效液相色谱：Waters UPLC Acquity I-Class PLUS，美国Waters公司；高分辨质谱：Waters UPLC Xevo G2-XS QTof，美国Waters公司）完成色谱质谱分析。正负离子模式扫描下，流动相A为0.1%甲酸水溶液，B为0.1%甲酸乙腈，进样体积为1 μL，梯度洗脱条件见表9-2。

表9-2 流动相梯度洗脱条件

时间（time）	流速/（μL/min）	流动相A/%	流动相B/%
0.0	400	98	2

续表

时间（time）	流速/（μL/min）	流动相A/%	流动相B/%
0.25	400	98	2
10.0	400	2	98
13.0	400	2	98
13.1	400	98	2
15.0	400	98	2

（3）代谢组数据处理及统计分析

采集的原始数据通过Progenesis QI软件进行峰提取、峰对齐等数据处理操作。基于Progenesis QI软件在线METLIN数据库进行代谢物鉴定，最后以两组间代谢物差异的显著性（P-value<0.05，t检验）和OPLS-DA模型的VIP值（VIP>1）为标准筛选获得差异代谢物，并使用MetaboAnalyst结合KEGG数据库进行代谢通路分析。

三、结果与分析

（一）不同陈化发酵时间烟叶感官质量评价

对不同陈化发酵时间烟叶样本的内在质量评价结果表明（见表9-3），Nt2016（发酵4年样本）较其他年份样本烟叶香气质及香气量显著提高，表明烟叶香气质和香气量在陈化4年时间后达到最佳。进一步延长陈化时间，烟叶内含物质进一步分解，烟叶的香气量降低。

表9-3　陈化后烟叶感官质量评价表（等级B2F）

样本	香气特性						烟气特性		口感特性		
	风格特征		香气质量				浓度	劲头	刺激性	回甜感	余味
	香型	强度	香气质	香气量	杂气						
					种类	程度					
Nt2020	清	明显	5.5	5.5	—	6	6	5.5	6	5.5	5.5
Nt2019	清	明显	7.5	7.5	—	7.0	7.5	7.0	7.0	7.5	7.5
Nt2016	清	明显	8.5	8.5	—	8.5	7.5	7.0	8.0	7.5	8.0
Nt2013	清	明显	8.0	7.0	—	8.0	7.5	7.0	8.0	7.0	8.5

注：各指标均分值采用9分制。

（二）不同陈化发酵时间烟叶微生物菌群多样性

对不同发酵时间烟叶菌群物种丰富度和多样性的测定结果表明（见图9-1），随着测序深度增加，稀释曲线基本达到饱和，说明测序数据能够反映发酵烟叶中的微生物多样性。不同发酵时间样本稀释曲线的分布结果表明，Nt2016样本中细菌菌群多样性最高，其次为Nt2013和Nt2019样本，复烤后陈化时间不足1年的Nt2020样本中细菌菌群多样性最低。

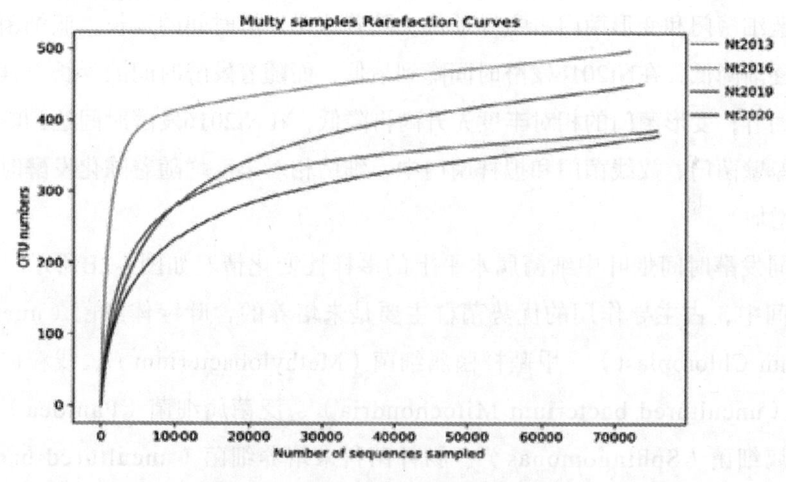

图9-1 发酵烟叶测序样品稀释曲线

进一步分析每个样本的Coverage覆盖度指数、Chao1丰富度指数、Shannon多样性指数以及Simpson多样性指数。由表9-4可知，不同发酵时间的烟叶中的Coverage覆盖度指数都大于0.99，表明样品文库中的序列基本都被测出，数据可用于后续分析。α多样性分析表明，随着发酵时间的延长，Chao1指数、ACE指数和Shannon指数先升高后降低。在Nt2016中，物种丰度和多样性达到最高。

表9-4 不同样本的α多样性指数

样本	Shannon指数	Chao1指数	Simpson指数	ACE指数	Coverage指数
Nt2013	4.09	497.93	0.72	469.21	0.9995
Nt2016	4.86	493.08	0.86	578.18	0.999
Nt2019	3.88	473.50	0.67	448.71	0.9995
Nt2020	2.92	467.88	0.59	462.58	0.9992

进一步构建柱状图展示样本在不同分类水平上的群落结构分布，不同陈化发酵时间烟叶在细菌门水平上的多样性变化情况如图9-2A所示。在所有发酵时间的烟叶中均发现10个菌门，分别是髌骨细菌门（Patescibacteria）、广原菌门（Euryarchaeota）、绿弯菌门（Chloroflexi）、疣微菌门（Verrucomicrobia）、酸杆菌门（Acidobacteria）、拟杆菌门（Bacteroidetes）、放线菌门（Actinobacteria）、厚壁菌门（Firmicutes）、变形菌门（Proteobacteria）和蓝细菌门（Cyanbacteria）。其中，蓝细菌门和变形菌门占主导地位，随着陈化发酵时间的延长，蓝细菌门的相对丰度逐渐降低，在Nt2016发酵时间降到最低，而随着发酵时间的延长，其相对丰度有所回升；变形菌门的相对丰度先升高再降低，在Nt2016发酵时间达到峰值。另外，在厚壁菌门、放线菌门和拟杆菌门中，细菌相对丰度均随着陈化发酵时间的延长逐渐增加。

不同发酵时间烟叶中细菌属水平上的多样性变化情况如图9-2B所示，在所有发酵时间中，占主导作用的优势菌群主要是未培养的含叶绿体细菌（uncultured bacterium Chloroplast）、甲基杆菌属细菌（Methylobacterium）、线粒体中未培养细菌（uncultured bacterium Mitochondria）、泛菌属细菌（Pantoea）、鞘脂单胞菌属细菌（Sphingomonas）、肠杆菌科未培养细菌（uncultured bacterium Enterobacteriaceae）、假单胞菌属细菌（Pseudomonas）、肠道菌科未培养细菌（uncultured bacterium Muribaculaceae）、罗尔斯通菌属细菌（Ralstonia）、不动杆菌属细菌（Acinetobacter）。其中，泛菌属细菌在Nt2019发酵时间开始相对丰度逐渐增加，特别是在Nt2016发酵时间丰度激增，而随着陈化发酵时间的进一步延长其相对丰度骤减。

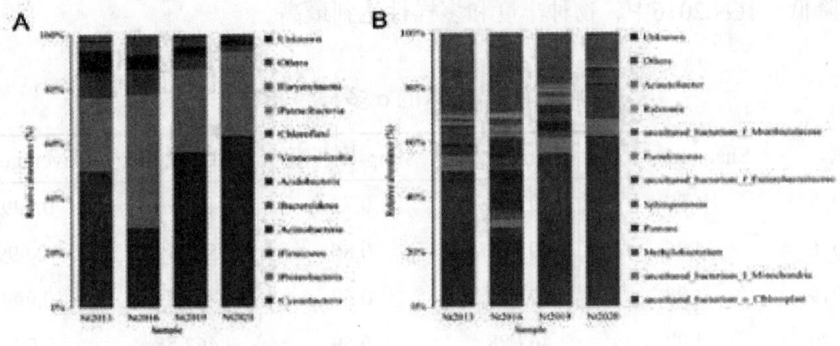

图9-2　不同发酵时间烟叶细菌在菌门（A）和菌属（B）水平上相对丰度变化

（三）不同陈化发酵时间烟叶微生物功能分布及差异比较

为了进一步探索Nt2016发酵时间与其他3个发酵时间烟叶中微生物菌群差异，通过微生物基因功能预测及KEGG代谢途径差异分析，确定了Nt2016样本与其他发酵时间样本两两间微生物群落的功能基因在代谢途径上的差异和变化。如图9-3所示，随着陈化发酵时间的延长，群落样本为适应环境变化发生了代谢功能改变，其丰度变化规律主要可分为两个类型。其一是在整体代谢图谱（Global and overview maps）、能量代谢（Energy metabolism）、辅因子与维生素代谢（Metabolism of cofactors and vitamins）方面，随着发酵时间的延长，相关微生物丰度先显著增加，而在后期发酵4年和7年又显著下降。即在Nt2020与Nt2019比较中，Nt2019中微生物丰度比例显著高于Nt2020，而在Nt2016和Nt2013的相关微生物丰度均显著低于Nt2020。其二是在细胞运动（Cell motility）、信号转导（Signal transduction）和碳水化合物代谢（Carbohydrate metabolism）代谢通路中，随着发酵时间的延长，相关微生物丰度先显著下降，但在发酵4年时间处理的烟叶显著增加，后在发酵7年时间其丰度又有所降低。即在Nt2020与Nt2019比较中，其95%置信度区间内微生物丰度占有较大优势，而在Nt2020与Nt2016的比较中，Nt2016中微生物丰度比例显著高于Nt2020。Nt2020与Nt2013相比，Nt2013中微生物丰度比例也显著高于Nt2020，但95%置信度区间内两者的差异比例小于Nt2016。该结果表明，随着发酵时间的延长，微生物整体代谢活性在不断降低，而在部分代谢途径中，Nt2016发酵时间的相关微生物较为活跃。

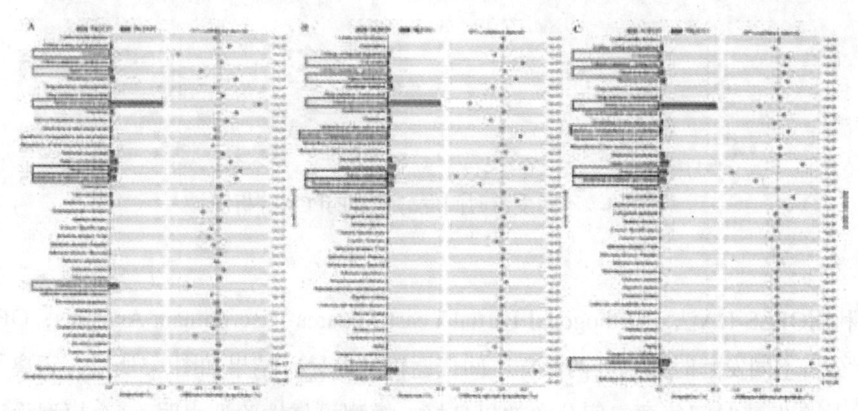

注：图中A～C左边所示为不同代谢途径的微生物在两两样本间的丰度比例，中间所示为95%置信度区间内微生物丰度的差异比例，右边为显著性，p值<0.05。

图9-3　不同陈化时间样本中微生物KEGG代谢途径差异。

（四）复烤烟叶陈化不同发酵时间代谢组分析

对不同发酵时间烟叶的代谢组分析结果表明（见图9-4），正负离子扫描模式下所有质控样本的变化分布于2STD之内，且正负样本的PCA分布中所有样本QC相对集中、组内差异不明显、组间差异明显、代谢组数据质量高，可以进行后续分析。利用主成分分析（PCA）方法将多维数据降维评估样品的总体差异发现（见图9-4），不同发酵时间的烟叶样品组内聚集，距离较小，而样品组间区分明显，距离较大。该结果一方面表明测定结果重复性较好，同时表明不同发酵时间的烟叶样品具有明显差异，其体系内代谢物发生明显变化。其中，Nt2020与Nt2019组间差异较小，Nt2016与Nt2013组间差异也较小，而在Nt2019与Nt2016间代谢物差异较大，表明其代谢物的主要变化时间应集中在发酵2～4年之间。

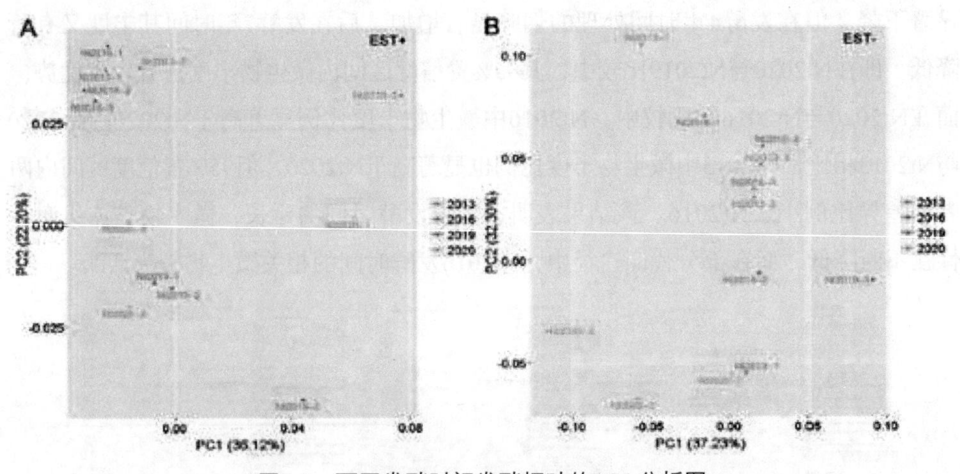

图9-4　不同发酵时间发酵烟叶的PCA分析图

利用OPLS-DA法（Orthogonal Partial Least Squares Discriminant Analysis，OPLS-DA）分析不同发酵时间烟叶两两样本间代谢物的差异，结果如图9-5所示，正离子模式下，4个发酵时间每两组间分离效果良好。模型可靠性验证表明，6个模型稳定，结果可信度高。

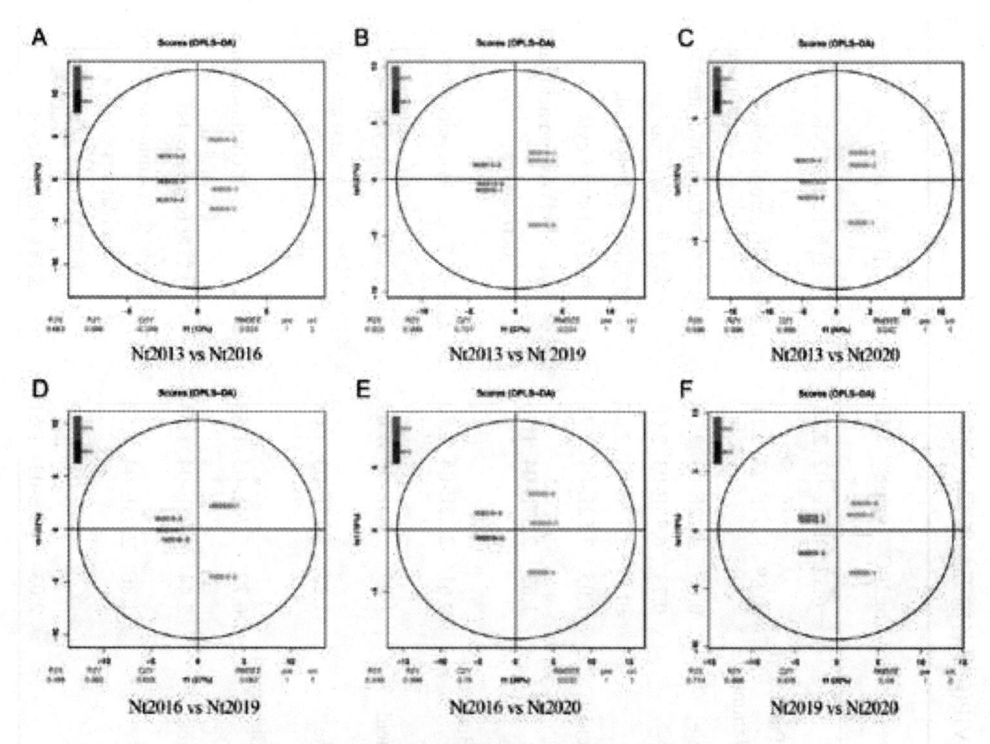

图9-5 不同发酵时间两组间发酵烟叶OPLS-DA图

基于不同发酵时间两两样本间代谢物丰度经t检验后的P值（P-value<0.05）和OPLS-DA模型的VIP值（VIP>1），筛选出6个比较组间共计173个具有显著性差异的代谢物，每组分别产生了15～96个显著差异代谢物，以OPLS-DA模型的VIP值从高到低排列Top5的显著差异代谢物如表9-5所示。在这些差异代谢物中，玉米烯酮在3个Nt2016参与的比较组中都表现出显著高丰度，1-棕榈酰-2-羟基-丙三基-3-磷酸乙醇胺和肉毒碱代谢物丰度在2个Nt2016参与的比较组中显著增高。另外，在Nt2013参与的比较组中，（E）-2-丁烯基-4-甲基-苏氨酸和β-高脯氨酸的丰度相对于Nt2019和Nt2020样本中的丰度显著增高，表明其在长期发酵过程中不断积累。去甲丙咪嗪和罗布麻苷在Nt2020样本中的丰度显著高于Nt2019和Nt2013样本，表明其在烟叶初期发酵中可能发挥重要作用。

表9-5　六个比较组中VIP值排名前五的差异代谢物

比较组	差异代谢物总数	VIP值前五的差异代谢物	Log2FC	-value	VIP	代谢物类型
Nt2013 vs Nt2016	15	1-十六烷醇1-Hexadecanol	−6.32	1.75E-02	2.15	脂肪酰Fatty Acyls
		1-棕榈酰-2-羟基-sn-甘油-3-磷酸乙醇胺1-Palmitoyl-2-hydroxy-sn-glycero-3-phosphoethanolamine	−0.89	8.57E-03	2.11	甘油磷脂Glycerophospholipids
		β-D-氨基葡萄糖β-D-Glucosamine	0.66	4.22E-03	2.09	碳水化合物Carbohydrates
		甲基吡嗪Methylpyrazine	0.73	6.33E-03	2.08	吡嗪类化合物Pyrazine
		玉米烯酮Zearalenone	−0.47	8.77E-03	2.07	聚酮类化合物Polyketides
Nt2013 vs Nt2019	45	2-十二碳烯二酸2-Dodecenedioic acid	1.05	3.62E-03	1.71	脂肪酰Fatty Acyls
		β-高脯氨酸β-Homoproline	1.63	2.57E-04	1.70	氨基酸及其衍生物Amino acids and derivatives
		（E）-2-丁烯基-4-甲基-苏氨酸（E）-2-Butenyl-4-methyl-threonine	0.61	2.25E-04	1.70	环孢菌相关化合物Cyclosporin
		十七酸甲酯Methyl Heptadecanoic acid	1.09	1.84E-03	1.69	脂肪酰Fatty Acyls
		天冬氨酰-精氨酸Aspartyl-Arginine	1.23	1.17E-03	1.68	氨基酸及其衍生物Amino acids and derivatives
Nt2013 vs Nt2020	71	（E）-2-丁烯基-4-甲基-苏氨酸（E）-2-Butenyl-4-methyl-threonine	0.79	7.74E-05	1.53	环孢菌相关化合物Cyclosporin
		十七酸甲酯Methyl Heptadecanoic acid	2.44	1.05E-04	1.53	脂肪酰Fatty Acyls
		β-高脯氨酸β-Homoproline	1.86	2.03E-04	1.53	氨基酸及其衍生物Amino acids and derivatives
		罗布麻苷Cymarin	−2.48	7.4E-04	1.52	类固醇Steroids
		α-亚麻酸 α-Linolenic acid	2.03	1.9E-03	1.51	脂肪酰Fatty Acyls

续表

比较组	差异代谢物总数	VIP值前五的差异代谢物	Log2FC	-value	VIP	代谢物类型
Nt2016 vs Nt2019	58	1-棕榈酰-2-羟基-sn-甘油-3-磷酸乙醇胺1-Palmitoyl-2-hydroxy-sn-glycero-3-phosphoethanolamine	1.35	1.96E-04	1.66	甘油磷脂Glycerophospholipids
		α-羟基十四烷酸 α-hydroxy myristic acid	1.21	2.23E-04	1.66	脂肪酰Fatty Acyls
		异喹胍 Debrisoquine	1.08	9.73E-04	1.64	胍衍生物Guanidine derivatives
		玉米烯酮 Zearalenone	0.94	5.84E-04	1.63	聚酮类化合物polyketides
		肉毒碱Carnitine	1.18	1.05E-03	1.63	氨基酸及其衍生物Amino acids and derivatives
Nt2016 vs Nt2020	96	玉米烯酮Zearalenone	0.97	8.09E-04	1.44	聚酮类化合物polyketides
		肉毒碱Carnitine	1.28	9.34E-04	1.43	氨基酸及其衍生物Amino acids and derivatives
		4-羟基-2，3，9-三甲氧紫檀碱 4-Hydroxy-2，3，9-trimethoxypterocarpan	1.53	0.93E-03	1.42	紫檀烷类化合物pterocarpan
		Halaminol A	2.78	1.06E-04	1.42	\
		5-甲基-2-巯基尿苷5-Methyl-2-thiouridine	1.62	1.14E-03	1.42	核苷类似物Nucleoside
Nt2019 vs Nt2020	52	去甲丙咪嗪Desipramine	−5.92	1.84E-04	1.63	\
		罗布麻苷Cymarin	−3.17	2.41E-04	1.62	类固醇Steroids
		麦角灵-1-吡咯甲醛，8-（羟甲基）-10-甲氧基-6-甲基- Ergoline-1-carboxaldehyde，8-（hydroxymethyl）-10-methoxy-6-methyl-	0.25	9.77E-04	1.60	\
		N-甲基-D-天冬氨酸 N-Methyl-D-aspartic acid	1.26	8.48E-04	1.60	氨基酸及其衍生物Amino acids and derivatives
		环戊醇胺酯Cyclopentolate	0.67	8.94E-04	1.59	抗胆碱类化合物Anticholinergics

利用clusterProfiler软件选用超几何检验的方法对差异代谢物进行KEGG富集，结果如图9-6所示，两两比较组中的显著差异代谢物参与的代谢通路有亚麻酸代谢、精氨酸和脯氨酸代谢、色氨酸代谢、脂肪酸生物合成、脂肪酸降解、半乳糖代谢、亚油酸代谢、赖氨酸生物合成、赖氨酸降解、类单萜生物合成、戊糖葡萄糖醛酸转换、磷酸盐代谢、嘧啶代谢、类固醇生物合成、牛磺酸代谢、萜类骨架生物合成。在上述富集的代谢通路中，脂肪酸降解通路在Nt2016样本与其他样本相比较都具有显著差异。另外，类固醇生物合成途径在Nt2020样本与其他样本相比较均有显著差异，表明其可能是烟叶陈化初期发酵的主要代谢途径。

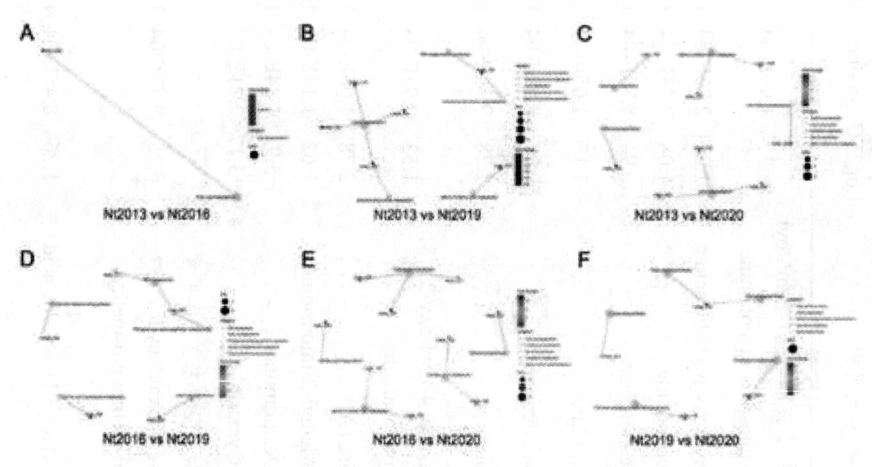

图9-6　两两样本比较中的差异代谢物及其参与的代谢途径网络图

四、结论

烟草吸食品质与复烤烟叶发酵过程中微生物的作用密切相关。Li等研究发现，人工发酵2周、4周、6周的发酵烟叶中假单胞菌属、鞘脂单胞菌属、甲基杆菌属、泛菌属为优势菌属，随发酵时间延长，假单胞菌丰度增加，鞘脂单胞菌属和甲基杆菌属丰度降低。龚俊等利用克隆文库法和高通量测序法对烟叶微生物类群的研究发现，假单胞菌属、不动杆菌属和鞘氨醇单胞菌属为主要优势细菌。本研究发现在陈化发酵4年后（Nt2016），烟叶中的微生物丰度达到最大，微生物种类最多，其中，泛菌属和假单胞菌属在该样品中丰度达到最大。以甲基杆菌属为代表的菌属则在新发酵烟叶（Nt2020）中丰度达到最大，并随着发酵时间的延长其丰度逐渐降低。

前人研究表明，假单胞菌具有降解烟碱的能力，且降解烟碱时以烟碱作为唯一碳源和氮源从而成为优势菌属。因此，假单胞菌属在降低烟草吸食危害，改变可燃卷烟的成瘾性中起重要作用。鞘氨醇单胞菌作为从假单胞菌属中分离出来的新菌属，具有独特的脂多糖结构，繁殖能力强，广泛应用于生物大分子的降解方面。有研究表明，经鞘氨醇单胞菌发酵处理后，烟叶淀粉含量显著降低，总糖、还原糖含量增加，同时鞘氨醇单胞菌能够降解烟草中绿原酸及芸香苷等多酚物质，使烟叶感官质量提高。Zhao等证实了泛菌属微生物可以降解烟叶中的类胡萝卜素，并生成巨豆三烯酮、二氢大马酮等香气物质，改善烟草的香气质量。本研究发现，这些与烟叶品质相关的优势菌属在不同发酵时间的烟叶中丰度存在差异，这可能与不同时间的发酵烟叶品质有关。同时，本研究利用PICRUSt方法对鉴别到的微生物进行代谢功能注释，结果表明，随着发酵时间的延长，以能量代谢为主的微生物整体代谢活性在不断降低，而与细胞能动性、信号转导和碳水化合物代谢相关特异性微生物丰度在Nt2016中显著增加，表明陈化发酵4年时烟叶中微生物代谢活性发生显著变化。

本研究通过代谢组学分析鉴定了不同发酵时期烟叶中的差异代谢物。其中，玉米烯酮在Nt2016参与的所有比较组中都表现出显著高丰度。玉米烯酮是常见的霉菌毒素之一，由霉菌产生。早在1933年就有研究发现，在烟叶陈化发酵过程中，细菌和霉菌是烟叶表面主要的两大类群微生物。本研究中Nt2016的发酵烟叶产生高丰度的真菌代谢产物，表明在Nt2016的发酵烟叶中不仅细菌的多样性和代谢活性显著增加，同时也应该存在着高丰度的真菌。另外，在Nt2013与其他样本间的比较组中发现，苏氨酸、脯氨酸、天冬氨酰–精氨酸、丙氨酰–苯丙氨酸这些氨基酸分子在组间差异积累显著。研究表明苯丙氨酸能够降解生成苯甲醛、苯乙醇及苯乙醛，这些物质为烟叶香气物质，因此长期陈化发酵确实有利于香气物质的积累。KEGG富集分析发现这些差异代谢物参与到氨基酸代谢、脂肪酸代谢等代谢合成途径。其中，脂肪酸降解途径在Nt2016的发酵烟叶与其他时间发酵烟叶的差异代谢物中均被富集到，且在Nt2016呈现高丰度的差异代谢物，如丙三醇-1-豆蔻酸、肉毒碱、1-棕榈酰-2-氢氧根-丙三基-3-磷酸乙醇胺、a-羟基十四酸等也确实参与脂肪酸降解途径。已有研究表明，脂肪酸降解物与多个烟草评析指标，如香气、烟气浓度、杂气、刺激性、吃味、劲头、甜度等均存在显著或极显著相关水平。结合陈化不同年份烟叶的内在质量评吸结果，香气质和香气量在Nt2016烟叶内在品质达到最佳，因此可以推断，上部烟叶陈化发酵4年时期，烟叶中以假单胞菌属和泛菌属为代表的微生物活性达到峰值，通过脂肪酸降解途径相关的代谢物积累和作用，在提高烟叶化学成分协调性的基础上显著增加了烟叶香气质和香气量，相对于发酵1年和7年来说应为发酵最佳时期。前人研究中曾采用质量评定和化学分析方法探究烟叶陈化发酵过程中生化特性的变化规律，表明不同等级烟叶的理论陈化标准时间有所不同。如余校芳认为上桔二最佳贮存期为12~20个月，上桔三为15~23个月；郭俊成等认为中三中四烟叶陈化时间两年为宜，上二烟需要3年时间品质才能达到要求。本研究选用的样品即是内含物质较丰富的上部叶片，其相较于中下部叶片结构更紧密，身份更为厚实，其陈化时间理论上应比中下部叶片更长。另外，韩锦峰的研究表明在现有技术条件下烤烟达到最佳吸味品质的最佳自然醇化时间为24 ~ 30个月。由于本研究中取样范围较大，主要比较了0年、1年、4年和7年的陈化样本，因此在后续实验中还可采用微生物组和代谢组研究手段在1~4年时间段内进一步研究烟叶陈化发酵机理。

本研究发现在烟叶复烤后的不同陈化发酵时间，烟叶中微生物菌群与代谢产物均会发生显著变化。其中，发酵4年的烟叶中微生物种类最多，多样性丰值最大，且发酵4年烟叶中显著高丰度的差异代谢物主要富集在脂肪酸降解途径。结合感官质量评价数据表明，上部叶片陈化发酵4年相对于其他发酵时期烟叶的内在品质最佳。本研究明确了复烤烟叶在陈化发酵不同时间微生物多样性及代谢物质的差异，有利于烟叶发酵过程中功能微生物的筛选，对烟叶发酵过程的机理研究提供一定理论参考，为进一步研究烟叶陈化时期与烟草吸味品质之间的关系提供了一定理论基础。

附　录

Q/HNYC

中华人民共和国烟草行业标准

YC/T142—1998

烟草农艺性状调查方法

1998-03-12 批准　　　　1998-05-01 实施

国家烟草专卖局　　发　布

烟草农艺性状调查方法

1　范围

本标准规定了烟草农艺性状及生育期的调查方法。

本标准适用于我国所有的栽培烟草，即红花烟草和黄花烟草。

2　引用标准

下列标准所包含的条文，通过在本标准中引用而构成本标准的条文。本标准出版时，所示版本均为有效。所有标准都会被修订，使用本标准的各方应探讨使用下列标准最新版本的可能性。

YC/T20—1994烟草种子检验规程。

3　定义

本标准采用下列定义。

3.1　生育期

烟草从出苗到果实成熟的总天数；栽培烟草从出苗到烟叶采收结束的总天数。

3.2　农艺性状

烟草具有的与生产有关的特征和特性，它是鉴别品种生产性能的重要标志。

3.3　出苗期

从播种至幼苗子叶完全展开的日期。

3.4　十字期

幼苗在第三真叶出现时，第一、第二真叶与子叶大小相近，交叉呈十字形的日期，称小十字期。幼苗在第五真叶出现时，第三、第四真叶与第一、第二真叶大小相近，交叉呈十字的日期，称大十字期。

3.5　生根期

十字期后，从幼苗第三真叶至第七真叶出现时称为生根期。此时幼苗的根系形成。

3.6　假植期

将烟苗再次植入假植苗床或营养袋（块）的日期。

3.7　成苗期

烟苗达到适栽和壮苗标准，可进行移栽的日期。YCT142-1998。

3.8　苗床期

从播种至成苗这段时期。

3.9　移栽期

烟苗栽植大田的日期。

3.10　还苗期

烟苗从移栽到成活为还苗期。根系恢复生长，叶色转绿、不调萎、心叶开始生长，烟苗即为成活。

3.11　伸根期

烟苗从成活到团棵称为伸根期。

3.12　团棵期

植株达到团棵标准，此时叶片12 ~ 13片，叶片横向生长的宽度与纵向生长的高度比例约2∶1，形似半球状时为团棵期。

3.13　旺长期

植株从团棵到现蕾称为旺长期。

3.14　现蕾期

植株的花蕾完全露出的时间为现蕾期。

3.15　打顶期

植株可以打顶的日期。

3.16　开花期

植株第一中心龙开放的日期。

3.17　第一青果期

植株第一中心蒴果完全长大，呈青绿色的日期。

3.18 蒴果成熟期

蒴果呈黄褐色的日期。

3.19 收种期

实际采收种子的日期。

3.20 烟叶成熟期

烟叶达到工艺成熟的日期。

3.21 大田生育期

从移栽到烟叶采收完毕（留种田从移栽到种子采收完毕）的这段时期。

4 调查方法

以株为单位。

4.1 选点

大区选取有代表性的田块，采用对角线选点。

4.2 取样

田间采用五点取样方法。每点不少于10～20株，小区试验少于20～30株应作普查。

5 调查及记载项目

5.1 农艺性状调查

调查农艺性状按下列项目记载：

5.1.1苗期生长势：在生根期调查记载。分强、中、弱三级。

5.1.2苗色：在生根期调查。分深绿、绿、浅绿、黄绿四级。

5.1.3大田生长势：分别在团棵期和现蕾期记载。分强、中、弱三级。

5.1.4整齐度：在现蕾期调查。分整齐、较齐、不整齐三级。以株高和叶数的变异系数10%以下的为整齐；25%以上的为不整齐。

5.1.5腋芽生长势：打顶叶首次抹芽前调查。分强、中、弱三级。

5.1.6株形：植株的外部形态，开花期调查。

5.1.61塔形：植株自下而上逐渐缩小，呈塔形。

5.1.6.2筒形：植株上、中、下三部位大小相近，呈筒形。

5.1.6.3橄榄形：植株上下部位较小，中部较大，呈橄榄形。又称腰鼓形。

5.1.7株高：

5.1.7.1不打顶植株在第一青果期进行测量。自地表茎基处至第一荫果基部的高度（单位：cm，下同）。

5.1.7.2打顶植株在打顶后茎顶端生长定型时测量。自地表茎基处至茎部顶端的高度，又称茎高。

5.1.7.3现营期以前的株高，为自地表茎基处至生长点的高度。

5.1.8茎粗：第一青果期在株高1/3处测量茎的周长（单位：cm，下同）。

5.1.9节距：第一青果期在株高1/3处测量上下s个叶位，每个叶位测量2个节距（共测量10个节距）的平均长度。

5.1.10茎叶角度：于现蕾期的上午10时前，在栋高1/3处测量叶片与茎的着生角度。分甚大（90° 以上）、大（60° ~ 90° ）、中（30° ~ 60° ）和小（30以内）四级。

5.1.11叶序：以分数表示。自脚叶向上计起，把茎上着生在同一方位的两个叶节之间的叶数作为分母；两叶节之间着生叶片的顺时针或逆时针方向所绕圈数作为分子表示。通常叶序有2/5、3/8、5/13等。

5.1.12茸毛：现蕾期在上部叶片的背面调查，记载茸毛的多少。分多、少两级。

5.1.13叶数：

5.1.13.1有效叶数：实际采收的叶数。

5.1.13.2着生叶数（或称总叶数）：自下而上至第一花枝处顶叶的叶数。

5.1.13.3苗期和大田期调查叶数时，苗期长度2 cm以下的小叶、大田期长度5 cm以下的小叶不计算在内。

5.1.13.4叶片长宽：分别测量脚叶、下二期、腰叶、上二棚和顶叶各个部位的长度和宽度（单位：cm，下同）。长度自茎叶连接处至叶尖的直线长度；宽度以叶面最宽处与主脉的垂直长度。

5.1.15叶形：根据叶片的性状和长宽比例（或称叶形指数），以及叶片最宽处的位置确定。YCT142—1998分椭圆形、卵圆形、心脏形和披针形。

5.1.15.1椭圆形：叶片最宽处在中部。

a）宽椭圆形：长宽比为（1.6～1.9）：1；

b）柄圆形：长宽比为（1.9～22）：1；

e）长椭圆形：长宽比为（2.2～3）：1；

5.1.15.2卵圆形：叶片最宽处靠近基部（不在中部）。

a）宽卵圆形：长宽比为（1.2～1.6）：1；

b）卵圆形：长宽比为（1.6～2.0）：1；

c）长卵圆形：长宽比为（2.0～3.0）：1。

5.1.15.3心脏形：叶片最宽处靠近基部，叶基近主脉处呈凹陷状，长宽比为（1～1.5）：1。

5.115.4披针形：叶片披长，长宽比为3.0：1以上。

5.1.16叶柄：分有、无两种。自茎至叶基部的长度为叶柄长度（以cm表示）。

5.1.17叶尖：分钝尖、渐尖、急尖和民尖四种。

5.1.18叶耳：分大、中、小、无四种。

5.1.19叶面：分皱折、较皱、较平、平四种。

5.1.20叶缘：分皱折、波状和较平三种。

5.1.21叶色：分浓绿、深绿、绿、浅绿、黄绿等。或以比色卡的实际读数表示（见附录A）。

5.1.22叶片厚薄：分厚、较厚、中、较薄、薄五级。

5.1.23叶肉组织：分细密、中等、疏松三级。

5.1.24叶脉形态：

5.1.24.1主脉颜色：分绿、黄绿、黄白等。多数白肋烟为乳白色。

5.1.24.2主脉粗细：分粗、中、细三级。

5.1.243主侧脉角度：在叶片最宽处测量主脉和侧脉着生角度。

注：5.1.1—5.1.24以腰叶的调查结果为准。

5.1.25茎色：分深绿、绿、浅绿和黄绿四种。多数白肋烟为乳白色。

5.1.26花序：在盛花期记载花序的密集或松散程度。

5.1.27花朵：在盛花期调查花冠、花弯的形状、长度直径和颜色。分深红、红、淡红，白色、黄色、黄绿色等。

5.1.28蒴果：青果期记载蒴果长度、直径及形状。

5.1.29种子：记载种子的形状、大小和色泽。

5.2生育期调查

调查生育期按下列项目记载：

5.2.1播种期：以月、日表示。

5.2.2出苗期：全区50%出苗的日期。

5.2.3小十字期：全区50%幼苗呈小十字形的日期。

5.2.4大十字期：全区50%幼苗呈大十字形的日期。

5.2.5生根期：全区50%幼苗第四、五真叶明显上竖的日期。

5.2.6假植期：以月、日表示。

5.2.7成苗期：全区50%幼苗达到适栽和壮苗标准的日期。

5.2.8苗床期：以天数表示。

5.2.9移栽期：以月、日表示。

5.2.10还苗期：移栽后全区50%以上烟苗成活的日期。

5.2.11伸根期：以月、日表示。

5.2.12团棵期：全区50%植株达到团棵标准。

5.2.13旺长期：全区50%植株从团棵到现蕾称为旺长期。

5.2.14现蕾期：全区10%植株现蕾时为现蕾始期；达50%时为现蕾盛期。

附录A

（标准的附录）

比色卡实际读数表示方法

A1比色卡

叶色比色卡由国家烟草专卖局委托中国农科院烟草研究所统一制作。比色卡读数9以上为浓绿，8～9为深绿，7～8为绿色，6～7为浅绿，以下为黄绿等。

A2发芽势计算

$$\text{发芽势（\%）}=\frac{\text{7 d内发芽种子粒数}}{\text{受检种子数}}\times 100\cdots\cdots\cdots\cdots\cdots\cdots（A_1）$$

A3发芽率计算

$$\text{发芽率（\%）}=\frac{\text{14 d内发芽种子粒数}}{\text{受检种子数}}\times 100\cdots\cdots\cdots\cdots\cdots\cdots（A_2）$$

DB5134

四川省（区域性）地方标准

DB5134/T137—2011

烤烟成熟采收技术标准

2011-07-28 发布 2011-08-28 实施

四川省凉山质量技术监督局 发 布

前 言

本标准按GB/T1.1《标准化工作导则第1部分：标准的结构和编写》进行编写。

本标准由四川省烟草公司凉山州公司、四川省凉山质量技术监督局提出。

本标准由四川省烟草公司凉山州公司起草。

本标准主要起草人：宋俊、邢小军、虞卫东、王勇、殷红、吴晓彦。

本标准由四川省烟草公司凉山州公司负责解释。

烤烟成熟采收技术标准

1 范围

本标准规定了烤烟不同部位烟叶的成熟特征、采收技术及注意事项等。

本标准适用于京山州烤烟种植区烟叶成熟采收。

2 鲜烟叶的成熟度

2.1 成熟度

鲜烟叶的成熟度是指田间烟叶的成熟程度，即是指田间鲜烟叶外观形态特征所反映的烟叶成熟程度。鲜烟叶的成熟度划分为未熟、欠熟、适熟、完熟、过熟和假熟六个成熟度档次。

2.2 未熟

叶面呈绿色或深绿色，烟叶生长发育未完成或尚未完成，干物质积累尚不充分。

2.3 欠熟

叶面呈浅绿色，叶尖和叶缘开始退绿，烟叶生长发育完成（生理成熟），干物质积累达最高值。

2.4 适熟

叶面呈黄绿色，烟叶生长发育完成，干物质积累充分，内在化合物开始向利于烟叶质量方面转化，成熟特征体现出来。烟株分层落黄，主脉发白，中部烟叶有不明显成熟黄斑，上部烟叶有明显成块突起黄斑。

2.5 完熟

叶面呈黄色，烟叶内在化合物进一步分解转化，积累的干物质开始降低。中上部烟叶主脉发白、发亮，中部烟叶有成熟黄斑，上部烟叶有明显成块黄、白斑突起。

2.6 过熟

叶面呈黄白色，烟叶内在化合物分解消耗过度。叶片变薄、叶色变白。

2.7 假熟

因不良气候条件影响，烟叶生长发育不充分，叶面未正常成熟就表现出不规则淡黄色。

3 鲜烟叶成熟特征与判断方法

3.1 鲜烟叶成熟的外观特征：下部烟叶于始退绿，叶色呈黄绿色，主脉一半发白。中部烟叶叶面积50%～70%变赏，主脉全白。上部烟叶叶片全黄出现明显的突起黄斑，主脉发亮。同时，茎叶角度加大，叶面茸毛脱落，富有光泽，中上部烟叶叶面发皱。

3.2 成熟烟叶外观特征的判断方法：叶龄加外观特征相结合的判断方法。

3.2.1下部叶叶色由绿色转为黄绿色，主脉一半发白，茸毛部分脱落，叶龄60～65 d，采收时声音清脆，断面整齐。

3.2.2中部叶叶面呈黄色，成熟班分布均匀，主脉全白，支脉半白，叶尖、叶缘落黄明显，叶龄75～80 d，采收时声音清脆。断面整齐。

3.2.3上部叶片全黄，成熟斑明显较多，叶耳变黄，主脉发亮，支脉变白，叶片充分落黄发皱，叶龄90～100 d，采收时声音清脆，断面整齐。

4 烟叶采收

4.1 采收原则

采收应按烟珠叶片着生部位自下而上逐叶成熟，根据烟叶成熟标准，推行“下部叶适时早采、中部叶成熟采收、上部叶充分成熟采收”的原则。烟叶最佳采收成熟度范围：下部烟叶为欠熟至适熟；中部烟叶为适熟；上部烟叶为适熟至完熟。熟一片，采一片，不采生，不留熟，少损伤，确保采收的烟叶成熟度整齐一致。推行上部叶4～6片叶一次性采收，以顶叶2片叶达到成熟时，一次采收。

4.2　采收时间

一般烟株打顶后7 ~ 10 d，即可依据成熟标准进行采收。宜在上午日出前开始采收，有利于对成熟度的判断。

4.3采收叶数

对于生长整齐，成熟一致的烟田，每次每株采2 ~ 3片叶：烟叶成熟不一致的烟田，应按部位选择成熟致的烟叶采收。顶部4 ~ 6片叶充分成熟后一次性采收或一次性带茎采烤。

4.4　采收要求

4.4.1采收时应根据不同的气候条件灵活掌握。干旱天气，应采露水烟；雨天应在雨停后采收：烟叶成熟期遇雨返青后，应待雨停后烟叶重新表现成熟特征时再进行采收。

4.4.2采收时应在当天完成采摘、编竿、装炕、开烤。田间采收烟叶后，应及时装筐或装车运回，堆放整齐，将烟叶叶柄向下，叶尖向上堆放在凉棚内，避免日晒，等待编竿。

4.4.3采收中要避免叶片损伤、日晒，做到轻摆放、轻装卸，防挤压、遮阴堆放。

DB5134

四川省（区域性）地方标准

DB5134/T130—2011

烤烟田间管理技术规程

2011-07-28 发布　　2011-08-28 实施

四川省凉山质量技术监督局　发　布

前　言

本标准按GB/T1.1《标准化工作导则第1部分：标准的结构和编写》进行编写。

本标准由四川省烟草公司凉山州公司、四川省凉山质量技术监督局提出。

本标准由四川省烟草公司凉山州公司起草。

本标准主要起草人：宋俊、邢小军、虞卫东、王勇、吴晓彦。

本标准由四川省烟草公司凉山州公司负责解释。

烤烟田间管理技术规程

1 范围

本标准规定了烤烟田间管理各项技术措施及操作方法。

本标准适用于凉山州烤烟生产种植区。

2 规范性引用文件

下列文件对于本文件的应用是必不可少的。凡是注8期的引用文件，仅所注日期的版本适用于本文件。凡是不注日期的引用文件，其最新版本（包括所有的修改单）适用于本文件。

DB5134/T127 烤烟平衡施肥技术规程

DB5134/T132 烟草病害综合防治技术规程

DB5134/T133 烟草虫害防治技术规程

3 目标要求

大田烟株长势健壮，生长发育一致、成熟落黄一致、营养状态好、病虫危害轻。田间各个时期垄面，沟心无杂草、无积水，整株无烟杈，打顶后底无脚叶，顶无烟花、腰无烟杈、无脱肥烟株。

4 生长期划分

移栽后3-Sd为还苗期，30 ~ 35 d达到团棵期，35 ~ 40 d进入旺长期，55 ~ 60 d开始现蕾，60 ~ 70 d烟株基本定形，进入成熟期。

5 田间管理技术要求

5.1移栽后3～5 d，应对缺窝苗、断垄苗、死苗、病苗、老苗、弱苗及时补栽同一品种的预备苗，并偏重管理。

5.2适时培土、追肥、除草。

5.2.1地膜烟管理。

5.2.1.1移栽后7～10 d内第1次追肥结束。烟行烟沟中杂草较多的应及时除草。

5.2.1.2移栽后20～25 d内第二次追肥。

5.2.1.3揭膜上厢在移栽后40～45 d，烟株进入旺长后，叶片数达13～14片，心叶长15 cm，即可揭膜上厢。上厢时应揭一沟上一沟。厢沟应达到30 m以上。

5.2.2地烟管理

5.2.2.1移栽后7～10 d内第1次应追肥结束。

5.2.2.2地烟20～25 d进行第二次追肥。

5.2.2.3揭膜上厢。

按DB5134/T126—2011执行。

5.2.3非地膜烟管理

移栽后10～15 d，进行第一次追肥、除草、培土上厢；移栽后20～25 d，进行第二次追肥、除草、培土上厢。

5.3水分管理

5.3.1移栽后应注意浇水保苗。烟田雨后不积水，干旱垄体不发白。

5.3.2团棵前，若雨水少要结合浇施提苗肥和追肥及时补充烟株水分。

5.3.3团棵至旺长期需水量大，要保证有充足的水分供应，不能受旱。这段时期土壤最大持水量应保持在70%～80%，若膜内土壤发白，要及时沟灌，沟中水位达到10 m左右，就应断开水源，让垄体自然吸湿；无沟灌条件的，及时进行浇灌。

5.3.4大雨过后应做好清沟排水工作，防止田间积水，减少肥料流失和垄体板结。

5.4病虫害防治

按DB5134/T132、DB5134/T133执行。

5.5适时打顶、合理留叶

5.5.1科学分类打顶，彻底抹芽，做到烟株上无烟花，腰无烟芽。

5.5.2打顶时间：以掌握适宜的留叶数为原则，可采叶宜控制在20 ~ 22片。一是生长旺的多留叶，长势差的少留叶。二是生长正常的烟株，初花期时打顶，采取二次打顶方法，即全田50%中心花开放后进行第一次打顶，留2片心叶10 m长的叶片，待烟株叶片基本定型后，叶色开始落黄时再打掉顶部叶片。

5.5.3彻底抹芽

5.5.3.应彻底抹芽杜绝满身杈。全烟地无长于5 cm的杈芽，有芽株率不超过5%。每次采叶前进行一次抹芽。

5.5.3.2抹芽方法

5.2.1.人工抹芽：烟芽长到2 ~ 3 cm时进行，同一块烟地人工抹芽一般每隔46 d进行一次，连同腋芽一同抹去，抹芽应遵循先抹健株、后抹病株的原则，并将烟芽及时清理出烟地。

5.5.2化学抑芽：使用烟草专用药剂抑芽，采用涂抹、杯淋、喷淋等方法除芽。

5.6烟叶成熟期内，应适时成熟采收进行烘烤。这时期要注意烟地防旱、防洪排涝。

5.7搞好田间卫生，抑制病虫害暴发流行。

5.7.1田管各项农事操作应遵循先健株后病株的原则，避免人为传染。

5.7.2田管摘出的烟花、烟杈应及时集中清理出烟田，集中放入卫生坑，统一进行处理，避免传染病害。

5.7.3黄烂脚叶及沟中杂草应及时清除，增强烟株的通风透光，防止底烘及根茎病的暴发和流行。

5.7.4中耕培土时，应尽量减少对根茎的伤害，减少病源物对伤口的侵入。

DB5134

四川省（区域性）地方标准

DB5134/T101—2011

凉山清甜香优质烤烟综合标准体系

2011-07-02 发布　　2011-08-28 实施

四川省凉山质量技术监督局　　发　布

前 言

本标准按GB/T1.1《标准化工作导则第1部分：标准的结构和编写》进行编写。
本标准由四川省烟草公司凉山州公司、四川省凉山质量技术监督局提出。
本标准由四川省烟草公司凉山州公司起草。
本标准主要起草人：宋俊、李世斌、伍斌、邢小军、虞卫东、王勇、吴晓彦。
本标准由四川省烟草公司凉山州公司负责解释。

凉山清甜香优质烤烟综合标准体系

1 范围

本标准规定了《凉山清甜香优质烤烟综合标准体系》的基本构成。

本标准适用于凉山州烤烟生产综合标准化区域。

2 规范性引用文件

下列文件对于本文件的应用是必不可少的。凡是注8期的引用文件，仅所注日期的版本适用于本文件。凡是不注日期的引用文件，其最新版本（包括所有的修改单）适用于本文件。

GB/T1.1　　标准化工作导则第1部分：标准的结构和编写

GB/T13016　　标准体系表编制原则和要求

3 术语和定义

凉山清甜香烤烟：是指凉山境内生产的一类烤烟。其烟叶成熟度好，厚薄适中；颜色金黄、桔黄，叶面与叶背、叶尖与叶基色度基本一致；叶表面色度饱和、均匀、油分多、富弹性、光泽强，组织疏松。烟叶清甜香韵明显，劲头中等，浓度中等至稍浓，香气质好，香气量足，烟气飘逸感和透发性较好，香气的厚实感明显；烟气细腻、柔和，成团性好；余味舒适、干净，甜度较强；刺激性较小。内在质量总糖含量25%～32%；还原糖含量20%～26%；淀粉<4%；烟叶上、中、下部烟碱含量分别为2.5%～3.2%、1.5%～2.5%、1%～1.5%；糖碱比8～12；钾含量≥2.0%、氯离子含量0.2%～0.6%；蛋白质含量<8%；石油醚提取物>6%，农药残留量低于国家标准的优质烤烟。

4 烤烟综合标准体系

4.1 烤烟综合标准体系框图（见图附4-1）

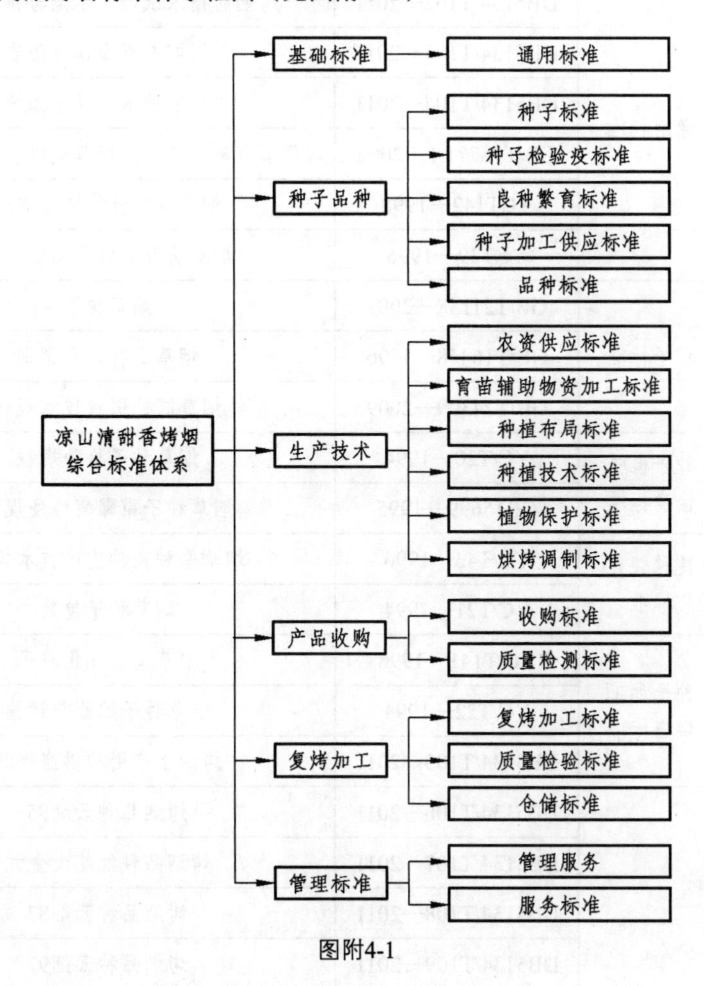

图附4-1

4.2 烤烟综合标准体系明细表（见表1）

表1 烤烟综合标准体系明细表

标准类型	标准种别	标准编号	标准名称
基础标准	通用标准	DB5134/T101—2011	凉山清甜香优质烤烟综合标准体系

续表

标准类型	标准种别	标准编号	标准名称
基础标准	通用标准	DB5134/T102—2011	烤烟新技术试验、示范与推广规则
		DB5134/T103—2011	烤烟农事操作月历表
		DB5134/T104—2011	信息技术烟叶子系统
		GB/T18771.1—2002	烟草术语第一部分：烟草栽培、调制与分级
		YCT142—1998	烟草农艺性状调查方法
		YCT39—1996	烟草病害分级及调查方法
种子品种标准	种子标准	GB/T21138—2007	烟草种子
		GB/T16448—1996	烟草品种命名原则
		GB/T24309—2009	烟草国外引种技术规程
	种子检验检疫标准	YC/T20—1994	烟草种子检验规程
		GB15699—1995	烟草种子霜霉病检疫规程
	良种繁育标准	YC/T43—1996	烟草原种良种生产技术规程
		YC/T21—1994	烟草种子包装
	种子加工供应标准	YC/T141—1998	烟草包衣丸化种子
		YC/T22—1994	烟草种子贮藏与运输
		DB5134/T105—2011	烤烟生产用种供应规程
	品种标准	DB5134/T106—2011	烤烟品种云烟85
		DB5134/T107—2011	烤烟品种红花大金元
		DB5134/T108—2011	烤烟品种云烟87
		DB5134/T109—2011	烤烟品种云烟97
		DB5134/T110—2011	烤烟品种中烟103
		DB5134/T111—2011	烤烟品种NC89
		DB5134/T112—2011	烤烟品种K326
		DB5134/T113—2011	烤烟品种K346
		DB5134/T114—2011	烤烟品种KRK26

续表

标准类型	标准种别	标准编号	标准名称
生产技术标准	农资供应标准	DB5134/T115—2011	烤烟专用苗肥、基肥、追肥内控标准
		DB5134/T116—2011	烟用农膜
		DB5134/T117—2011	聚苯乙烯漂浮育苗盘
		DB5134/T118—2011	聚苯乙烯漂浮育苗盘生产工艺
	育苗辅助物资加工标准	YCT310—2009	烟草漂浮育苗基质
		DB5134/T119—2011	烤烟漂浮育苗基质生产规程
		DB5134/T120—2011	有机肥堆积发酵技术规程
	种植布局标准	DB5134/T121—2011	烤烟种植布局规划要求
		DB5134/T122—2011	烤烟育苗壮苗标准
	种植技术和植物保护标准	DB5134/T123—2011	烤烟漂浮育苗技术规程
		DB5134/T124—2011	烟田轮作技术要求
		DB5134/T125—2011	烟地整地开厢技术规程
		DB5134/T126—2011	烤烟地膜覆盖技术规程
		DB5134/T127—2011	烤烟平衡施肥技术规程
		DB5134/T128—2011	烤烟移栽技术规程
		DB5134/T129—2011	烤烟田间长相标准
		DB5134/T130—2011	烤烟田间管理技术规程
		DB5134/T131—2011	烤烟病虫害预测预报
		DB5134/T132—2011	烟草病害综合防治技术规程
		DB5134/T133—2011	烟草虫害防治技术规程
		DB5134/T134—2011	烟草农药使用规则
		YC/T40—1996	烟草病害药效试验方法
	烤烟调制标准	DB5134/T135—2011	普改密烤房建造规程
		DB5134/T136—2011	烤烟密集式烤房建造技术标准

续表

标准类型	标准种别	标准编号	标准名称
生产技术标准	烤烟调制标准	DB5134/T137—2011	烤烟成熟采收技术规程
		DB5134/T138—2011	烟叶烘烤技术规程
		DB5134/T139—2011	特殊烟叶烘烤技术规程
		DB5134/T140—2011	初烤烟叶分级扎把技术规程
产品收购标准	收购标准	DB5134/T141—2011	烤烟预检预验技术规程
		DB5134/T142—2011	烤烟收购技术规程
		DB5134/T143—2011	凉山烤烟产品质量内控标准
		DB5134/T144—2011	收购质量检验办法
		DB5134/T145—2011	初烤烟包装及规格要求
		DB5134/T146—2011	初烤烟储存保管及运输要求
		DB5134/T147—2011	初烤烟入库及工商交接质量控制规程
		YCT25—1995	烤烟实物标样
		GB 2635—1992	烤烟
	质量检测标准	CB/T19616—2004	烟草成批原料取样的一般原则
		YCT138—1998	烟草及烟草制品感官评价方法
		YC7T149—2002	烟草及烟草制品转基因的测定
		YC7T161—2002	烟草及烟草制品总氮的测定连续流动法
		YCT162—2002	烟草及烟草制品氧的测定连续流动法
		YCT159—2002	烟草及烟草制品水溶性糖的测定连续流动法
		YCT173—2003	烟草及烟草制品钾的测定火焰光度法
		YCT166—2003	烟草及烟草制品总蛋白质含量的测定
		GB/T13595—2004	烟草及烟草制品拟除虫菊酯杀虫剂有机磷杀虫剂、含氮农药残留量的测定

续表

标准类型	标准种别	标准编号	标准名称
复烤加工标准	复烤加工标准	DB5134/T148—2011	烟叶挑选操作规程
		DB5134/T149—2011	烟叶打叶复烤成品检验规程
		DB5134/T150—2011	烟叶打叶复烤工艺规程
		DB5134/T151—2011	打叶复烤在线检验规程
		YCT146—2001	烟叶打叶复烤工艺规范
	质量检验标准	YC/T147—2001	打叶烟叶质量检验
		DB5134/T152—2011	凉山烟叶标志规定
	仓储标准	DB5134/T153—2011	复烤烟叶仓储管理规范
服务管理标准	服务标准	Q/21300037 0.01—2011	烤烟生产计划合同签订服务
		Q/21300037 0.02—2011	农资供应服务
		Q/21300037 0.03—2011	技术培训服务
		Q/21300037 0.04—2011	技术指导服务
		Q/21300037 0.05—2011	预检收购服务
		Q/21300037 0.06—2011	烟叶调拨管理规程
		Q/21300037 0.07—2011	烟叶工业企业客户管理办法
	管理标准	Q/21300037 0.08—2011	烟叶生产基地建设规程
		Q/21300037 0.09—2011	烤烟生产投入管理规范
		Q/21300037 0.10—2011	物资采购管理规范
		Q/21300037 0.11—2011	烟叶仓储管理规范
		Q/21300037 0.12—2011	标准化烟站建设要求
		Q/21300037 0.13—2011	烟农户籍化管理办法
		Q/21300037 0.14—2011	烤烟生产档案管理
		Q/21300037 0.15—2011	烟叶工商交接管理
		Q/21300037 0.16—2011	烤烟生产基础设施建设管理规范

4.3 烤烟综合标准体系统计表（见表2）

表2烤烟综合标准体系统计表

标准种类	标准种别	标准数	其中			
		合计	国家标准	行业标准	地方标准	企业标准
基础标准	通用标准	7	1	2	4	
种子标准	种子标准	3	3			
	检验检疫标准	2	1	1		
	良种繁育标准	2		2		
	种子加工供应标准	3		2		1
	品种标准	9				9
生产技术标准	农资供应标准	4			4	
	育苗辅助物资加工标准	3			3	
	种植布局标准	1			1	
	种植技术和植物保护标准	12		1	11	
	烘烤调制标准	7			7	
产品收购标准	收购标准	10	1	1	8	
	质量检测标准	9	2	7		
复烤加工标准	复烤加工标准	6		2	4	
	质量检验标准	2		1	1	
	仓储标准				1	
服务管理标准	服务标准					7
	管理标准					9
合计		97	8	19	54	16

DB5134

四川省（区域性）地方标准

DB5134/T107—2011

烤烟品种　红花大金元

2011-07-28 发布　　**2011-08-28 实施**

四川省凉山质量技术监督局　　发　布

前　言

本标准按GB/T1.1《标准化工作导则第1部分：标准的结构和编写》进行编写。

本标准由四川省烟草公司凉山州公司、四川省凉山质量技术监督局提出。

本标准由四川省烟草公司凉山州公司起草。

本标准主要起草人：宋俊、邢小军、虞卫东、王勇、吴晓彦。

本标准由四川省烟草公司凉山州公司负责解释。

烤烟品种　红花大金元

1　范围

本标准描述了烤烟良种红花大金元品种来源、特征特性、产量、品质特点及栽培与烘烤技术要点。

本标准适用于凉山州烤烟种植区。

2　品种来源

红花大金元原名路美邑烟，1962年云南省路南县路美邑村烟农从大金元变异株中选出，1972年至1974年云南省农业科学院烤烟研究所、曲靖地区烟叶办公室进一步选择培育而成，因花色深红于1975年定名为红花大金元（简称红大）。

3　特征、特性

3.1农艺性状：株型筒形或塔形，打顶株高120 cm左右，着生叶20～22片，可采收叶15～18片左右，腰叶长68～75 cm，宽25～30 cm，节距4.7 cm左右，茎围9.5～11 cm。

3.2植物学性状：叶形长椭圆，叶色绿色，叶面较平，叶尖渐尖，叶缘波浪状，叶耳大，主脉较粗，叶肉组织细致，茎叶角度小，叶片较夺厚，花序集中，花冠深红色。大田生育期120 d左右，移栽至中心花开放52～62d。

3.3抗逆性：中抗南方根结线虫病，低抗黑胫病，气候性斑点病轻，感赤星病，中感野火病和普通花叶病。

3.4产量和质量特点：该品种烤后原烟颜色桔黄、柠檬黄色，光泽强，油分多，富弹性，身份适中，单叶重8～12 g。产量1 950～2 700 kg/hm^2（130～180 kg/亩）左右。评吸为清香型，清甜香韵明显、香气质好，香气量尚足，浓度中等，杂气有，劲头适中，刺激性有，余味尚舒适，燃烧性强，灰色白。

4 栽培与烘烤技术要点

4.1栽培技术要点：适宜在海波1 800 ~ 2 000 m区域，中等肥力地块种植，按照控氮、稳磷、增钾、补微的施肥原则，严格掌握氮肥的用量，一般每亩施纯氮控制在4 ~ 5 kg，可适当增施农家肥，氮磷钾比例1：1：3，基追肥比例原则按5：5分配；行距110 cm，株距50 cm，种植密度为1 200 ~ 1 300株666.67 m^2。针对产量较低和抗逆性较差的问题，红大品种除在苗期施用2次抗水解稳定性钛离子外，团棵期再用抗水解稳定性钛离子1 000倍液喷雾1次。

4.2烘烤技术要点：红大叶片叶绿素含量较多，叶片变黄慢，需充分成熟采收，严防采青。烘烤中变黄速度较慢，而失水速度又快，较难定色。难烘烤。烘烤中采用“低温慢烤促叶黄，顺畅排湿稳定色，控温控湿促筋黄，干叶延时叶烤香”的调制方法，变黄期温度34 ~ 38℃，烟叶变黄7 ~ 8成左右，38 ~ 42℃，升温速度要慢，进行少量排湿，烟叶呈黄片青筋状态；定色期温度46 ~ 48℃，需加强排湿，使烟叶全部变黄，叶片全干，呈黄片黄筋小卷筒状态；54 ~ 59℃，呈大卷筒状态；干筋期温度65 ~ 68℃，烤干全炉烟叶。

DB5134

四川省（区域性）地方标准

DB5134/T108—2011

烤烟品种　云烟87

2011-07-28 发布　　2011-08-28 实施

四川省凉山质量技术监督局　发 布

前 言

本标准按GB/T1.1《标准化工作导则第1部分：标准的结构和编写》进行编写。

本标准由四川省烟草公司凉山州公司、四川省凉山质量技术监督局提出。

本标准由四川省烟草公司凉山州公司起草。

本标准主要起草人：宋俊、邢小军、虞卫东、王勇、吴晓彦。

本标准由四川省烟草公司凉山州公司负责解释。

烤烟品种　云烟87

1　范围

本标准描述了烤烟良种云烟87品种来源、特征特性、产量、品质特点及栽培与烘烤技术要点。

本标准适用于凉山州烤烟种植区。

2　品种来源

云烟87是云南省烟草科学研究所、中国烟草育种研究（南方）中心以云烟二号为母本，K326为父本杂交选育而成。2000年12月通过国家品种审定委员会审定。

3　特征、特性

3.1农艺性状：株式塔型，打顶后为简型，自然株高178～185 cm，打顶株高110～118 cm，大田着生叶片数25～27片，有效叶数18～20片。

3.2植物学性状：腰叶长椭圆形，长73～82 cm，宽28.2～34 cm，叶面皱，叶色深绿，叶尖渐尖，叶缘波浪状；叶耳大，花枝少，比较集中，花色红；节距5.5～6.5 cm，叶片上下分布均匀；大田生育期110～115 d，种性稳定，变异系数较K326小。

3.3抗逆性：抗黑胫病，中抗南方根结线虫病，而普通花叶病，抗叶斑病，中抗青枯病。

3.4产量和质量特点：云烟87品种下部烟叶为柠檬色，中上部烟叶为金黄色或桔黄色，烟叶厚薄适中，油分多，光泽强，组织疏松；产量175 kg左右；评吸质量档次为中偏上。

4 栽培与烘烤技术要点

4.1栽培技术要点：云烟87最适宜种植海拔为1 500 ~ 1 800 m，海拔超过1 800 m的烟区采用地膜栽培技术；适应性广，抗逆力强；苗期生长速度快，品种较耐肥，需肥量与K326接近，666.67 m^2施纯氮8 ~ 9 kg；针对云烟87前期生长慢，后期生长迅速的特点，基肥不超过三分之一，追肥占三分之二，分再次追施较为合理；并根据年份的气候、雨量等特点因素，合理掌握封顶时间，不过早封顶，以免烟株后期长势过头。

4.2烘烤技术要点：云烟87烟叶变黄速度适中，变黄较整齐，失水平衡，定色脱水较快，烟叶变黄定色，脱水干燥较为协调，容易烘烤，烘烤特性与K326接近，可与K326同炉烘烤。

参考文献

一、专著与教材

[1] 尹福强，刘铭．优质烤烟实用栽培技术[M]．成都：四川大学出版社，2010.

[2] 夏明忠，任迎虹．四川烤烟[M]．北京：中国农业出版社，2013.

[3] 董华芳，罗蔓，彭世逞．攀枝花市特色优质烟叶生产实用技术[M]．成都：西南交通大学出版社，2015.

[4] 郑传刚，吴昊，彭世逞．四川攀西地区现代烟草生产理论与技术[M]．成都：四川师范大学出版社，2013.

[5] 夏明忠，赵益强，张文友．攀西现代烟草农业培训教程[M]．北京：北京理工大学出版社，2013.

[6] 尹福强，刘铭．烟草专业综合实验实训教程[M]．北京：北京理工大学出版社，2014.

二、论文

[1] 尹福强．烟草苗期干旱胁迫诱导根系mRNA和miRNA快速响应机理研究[D]．成都：四川农业大学，2013.

[2] 郑传刚．攀西烟区烤烟质量分区及其提质栽培技术研究[D]．成都：四川农业大学，2015.

[3] F Yin, Gao J , Liu M , et al. Genome-wide analysis of Water-stress-responsive microRNA expression profile in tobacco roots[J]. Functional & Integrative Genomics, 2014, 14（2）：319-332.（SCI）

[4] Yin F , Cheng Q , Gao J , et al. Genome-Wide Identification and Analysis of Drought-

Responsive Genes and MicroRNAs in Tobacco[J]. International Journal of Molecular Sciences, 2015, 16（3）：5714-5740.（SCI）

[5] Yin F , Liu M , Gao J , et al. Analysis of global gene expression profiles in tobacco roots under drought stress[J]. Open Life Sciences, 2015, 10（1）： 339–353.（SCI）

[6] Gao J , Yin F , Liu M , et al. Identification and characterisation of tobacco microRNA transcriptome using high - throughput sequencing[J]. Plant Biology, 2015, 17（3）：591-598.（SCI）

[7] 赵伟洁，许春梅，熊梅，等．烤烟不同砂培基质育苗试验[J]．西昌学院学报（自然科学版），2010，24（4）：13-15，18.

[8] 刘铭．淹水对烟草理化特性的影响[J]．安徽农业科学，2010（24）：2.

[9] 申汶彬，黄俊杰，彭传金，等．河砂粒径和营养液浓度对砂培育烟苗素质的影响[J]．安徽农业科学，2011，39（35）：21618-21620，21622.

[10] 尹福强．凉山烟区烤烟主要真菌性病害及其防治技术[J]．现代农业科技，2012（18）：2.

[11] 郑传刚．四川攀枝花烟区烤烟抗旱栽培技术研究[J]．广东农业科学，2012（21）：40-43.

[12] 郑传刚．攀枝花烟区烤烟湿润育苗适应性试验[J]．湖北农业科学，2012（23）：4.

[13] 吴昊，彭世逞，胡建新，等．四川攀枝花烟区湿润育苗基质配比研究[J]．西昌学院学报（自然科学版），2012，26（3）：3.

[14] 彭世逞，潘兴兵，官宇，等．四川攀枝花烟区不同育苗方式效果分析[J]．西昌学院学报（自然科学版），2012，26（4）：3.

[15] 尹福强，张文友，赵云飞，等．不同基质配比对烤烟烟苗生长发育的影响[J]．广东农业科学，2012，39（17）：60-62.

[16] 尹福强，张文友，赵云飞，等．不同营养液配方对砂培漂浮育苗烟苗生长及农艺性状的影响[J]．河南农业科学，2012，41（10）：62-65

[17] 官宇，吴昊，胡建新，等．攀枝花烟区不同基因型烤烟的光合特性研究[J]．西南农业学报，2013，26（6）：2558-2561.

[18] 张鹏，易晓鑫，李桂霞，等．会理南阁乡植烟土壤中铅、镉、铬、砷含量测定

及污染评价[J]. 西昌学院学报：自然科学版，2013，27（1）：4.
[19] 郑传刚. 四川攀西烟区烤烟新品种（系）筛选试验[J]. 广东农业科学，2013，40（8）：4.
[20] 郑传刚. 自然干旱条件下烤烟新品种（系）光合特性及抗旱性的比较研究[J]. 广东农业科学，2013，40（20）：4.
[21] 尹福强. 不同育苗基质对烟苗素质的影响[J]. 江苏农业科学，2013，41（2）：102-104
[22] 郑传刚. 不同育苗方式烟苗生理指标与烟苗素质的相关性[J]. 江苏农业科学，2013，41（5）：70-72
[23] 郑传刚，吴昊，余祥文，等. 钾肥调控对烤烟光合作用和产量及品质的影响[J]. 湖南农业大学学报（自科版），2015，041（006）：621-626.
[24] 潘兴兵，张建慧，谢华英. 攀西烟区烤烟不同垄作方式对烤烟生理生化和品质的影响[J]. 西昌学院学报（自然科学版），2017，31（003）：9-11.
[25] 官宇，张馨月，谢华英，等. 海拔与起垄高度对攀西烟区烤烟生长的影响[J]. 浙江农业科学，2017，58（8）：1330-1331，1334
[26] 张利，郑传刚，潘兴兵. 攀西烟区不同海拔高度对烤烟移栽期影响的研究[J]. 西昌学院学报（自然科学版），2017，31（3）：5.
[27] 官宇，谢华英，潘浪，等. 攀西烟区津巴布韦烤烟新品种引种试验初报[J]. 广东农业科学，2017，44（5）：6.
[28] 刘铭，尹福强. 牛粪作为烟草漂浮育苗替代基质的效果[J]. 江苏农业科学，2018，46（21）：3.
[29] 任杰，刘新民，冯长春，等. 凉山促进烟农增收种植模式调查分析[J]. 中国烟草科学，2019，40（4）：8.
[30] 董华芳，李文赟，王勇，等. 生物炭和微量元素对烤烟生长及产质量的影响[J]. 安徽农业科学，2022，50（1）：4.
[31] 张文友. 凉山烤烟主要细菌性病害发生特点及防治技术[J]. 现代农业科技，2012（19）：2.
[32] 张文友. 凉山州烤烟漂浮育苗消毒技术[J]. 现代农业科技，2014（19）：2.
[33] 刘铭，尹福强，张文友. 攀西地区烟草黑胫病菌对甲霜灵的抗药性[J]. 河南农

业科学，2011.
[34] 刘铭. 甲霜灵与其他杀菌剂复配对烟草黑胫病菌联合毒力测定[J]. 安徽农业科学，2011，39（19）：3.
[35] 刘铭，尹福强，张文友，等. 凉山州烟草黑胫病菌生理小种的鉴定[J]. 广东农业科学，2012，39（18）：71-72.
[36] 刘铭，尹福强，张文友，等. 几种杀菌剂及其复配剂对烟草黑胫病菌的毒力测定[J]. 现代农业科技，2012（17）：3.
[37] 张文友，刘铭，尹福强，等. 烟草黑胫病菌培养特性的研究[J]. 现代农业科技，2013（19）：2.
[38] 华劲松，欧阳朝辉. 紫茎泽兰提取物对烟青虫的生物活性试验[J]. 现代农业科技，2014（11）：2.
[39] 华劲松，陈建英，曲继鹏. 紫茎泽兰提取物对烟青虫的田间防效试验[J]. 技术与市场，2014，21（5）：2.
[40] 华劲松，李艳，汤德燃，等. 紫茎泽兰提取物防治烟蚜田间药效研究[J]. 农业灾害研究，2014，4（4）：3.
[41] 彭世逞，吴昊，朱陈曾，尹鹏嘉，官宇，潘兴兵，董华芳. 几种药剂对烟草赤星病菌的抑制作用[J]. 西昌学院学报（自然科学版），2015（29）：3.
[42] 宋俊、刘好宝、邢小军、史万华等。凉山烟叶质量风格探讨[J]. 现代烟草农业学术论文集2008.

特色优质烟叶生产技术培训

特色优质会理县基地单元烟叶烘烤培训

特色优质烟叶生产示范片

课题组在普格县螺髻山马场坪基地单元开展的肥效试验

普格县基地单元特色优质烟叶长势

特色优质烟叶集中示范片烟株长势情况

课题组张文友老师在做田间性状调查

课题组王志明教授观察田间烟叶长势情况

课题组尹福强老师在测量烟叶成熟度

课题组尹福强老师和川渝中烟梁涛、何孝斌在观察采后烟叶的成熟度

课题组张文友与尹福强老师现场观察烟株长势

普格县螺髻山烟站烟叶分级现场

川渝中烟技术员王佩在会理县太平烟站选择烟叶样品

青州烟草研究所史万华教授和课题组张文友老师观察烤后烟叶质量

烤后烟叶回潮中

西昌学院课题组成员与河南农业大学专家现场交流

西昌学院课题组及川渝中烟公司、凉山州烟草公司接受国家烟草专卖局的检查验收

国家烟草专卖局对特色优质烟叶基地单元开展现场验收（一）

国家烟草专卖局对特色优质烟叶基地单元开展现场验收（二）

云南农业大学烟草学院杨志新教授现场指导